KLAUS ROLFS

Der Deutsch-Drahthaar

KLAUS ROLFS

Der Deutsch-Drahthaar

Pflege · Ausbildung · Zucht

NEUMANN-NEUDAMM

Bildnachweis: Die Bilder stammen vom Autor, wenn nicht anders angegeben.

ISBN 3-7888-0656-7

Verlag Neumann-Neudamm GmbH & Co. KG
Riedforststr. 39, 34212 Melsungen

Printed in Germany

Titelgestaltung: Philipp Schneider unter Verwendung eines Dias von F. Hirsch
Reprotechnik: Satzpunkt Ewert, Braunschweig
Satz: Satzpunkt Ewert, Braunschweig
Schrift: Palatino 10/13 Punkt
Druck: Grindeldruck Hamburg

Meiner Zwingermeisterin
Erika Rolfs in Dankbarkeit

Inhaltsverzeichnis

Geleitwort

Historisches über den Deutsch-Drahthaar und den VDD 1
Die Vorgänger des Deutsch-Drahthaar 1
Das kynologische Zeitalter 8
Die „älteren Geschwister" des Deutsch-Drahthaar 9
Der Griffon 9
Der Deutsch-Stichelhaar 10
Der Pudelpointer 10
Der Deutsch-Drahthaar 12
Die Vereinsgründung 12

Der VDD zwischen den beiden Weltkriegen 21

Der Wiederbeginn und die Trennung 29

Die Zuchtleitung DD-Ost 35

Der VDD-West 41

Der Verband DD wächst 51

Der Deutsch-Drahthaar Welt-Verband 52

DD-Zucht 53

Körperbau 53
F.C.I.-Standard „Deutsch-Drahthaar" 53

Allgemeine Bemerkungen 59

Zuchtmethoden 63
Fremdzucht 63
Linienzucht 64

Zucht auf Mutterlinie 65
Inzucht 68
Farbvererbung 69
Haarvererbung 70
Zuchtziel: Drahthaar mit Bart und Augenbrauen 71
Geschlechtsreife 74
Deckakt 75
Zeit der Trächtigkeit 77
Scheinträchtigkeit 80
Geburt 80
Ammenaufzucht 85
Verhalten der Hündin als Muttertier 87
Kupieren der Rute und Entfernen der Wolfskrallen 87
Aufzucht 90

Vom Welpen zum Jagdgebrauchshund 95
Welpenerwerb 95
Spieltage 96
Haltung 98
Die Abrichtung des Deutsch-Drahthaar 100
  Grundlagen der Ausbildung 100
  Stubenreinheit 100
  Herankommen auf Ruf 101
  Fördern der Bringelust 102
  Gewöhnen an Halsung und Leine 102
Wichtige Hilfsmittel für die DD-Ausbildung 103
  Übungsangel 103
  Teleboc 106
  Teletakt 107
  Einsatz des Teletakt-Gerätes beim Totengräber 108
  Sitzen 109
  Leinenführigkeit und Frei-bei-Fuß-Gehen 110
  „Halt“ oder „Down“ 112
  Vorwärtskriechen 114
  Hasenspur 114
  Suche und Vorstehen 117
  Die Ausbildung der Suche 119
  Ablegen 122

Apportieren 124
Führerspur 129
Schleppe 134
Die künstliche Schweißfährte 135
Nasenleistung – Fährtenwille 136
Lernen am Erfolg 137
Notwendige Hilfsmittel 137
Schweißhalsung und Schweißriemen 137
Aufdocken – Abdocken 139
Kleidung 139
Schnitthaarbuch 140
Tropfverfahren – Tupfverfahren 140
Verleitfährten 140
Fährtenkreuz 141
Schweiß zeigen 143
Abtragen 143
Legen der Schweißfährte 143
Totverbellen – Totverweisen 145
Arbeit auf der natürlichen Wundfährte 146
Pirschzeichen 146
Einweisen des Hundes zur Riemenarbeit 147
Nachsuche 148
Der Hund wird geschnallt 149
Haken und Widergänge 150
Fluchtverhalten 151
Stellen und Verbellen 152
Genossenmachen 153
Stöbern 153
Buschieren 155
Wasserarbeit 156
Feldarbeit 161
Saugatter 164
Die Korrektur erworbener Untugenden 165
Der schußhitzige Deutsch-Drahthaar 166
Korrektur der Schußhitzigkeit 166
Harthörigkeit 168
Quetschen und Knautschen 168
Der schußscheue Hund 168

Der handscheue Deutsch-Drahthaar 170
Der Anschneider 170
Der Totengräber 171
Der bissige Deutsch-Drahthaar 173
Der Deutsch-Drahthaar als Schutzhund 174
Das Prüfungswesen 175
Notwendige Formalitäten 175
Verbandsjugendprüfung (VJP) 176
Verbands-Herbstzuchtprüfung (HZP) 178
Die Hegewald-Zuchtprüfung 181
Verbandsgebrauchsprüfung (VGP) 181
Zensurentafel für VGP 182
Waldarbeit 182
Wasserarbeit 183
Feldarbeit 183
Gehorsam 183
Bringen 183
Zusatzleistungen 184
Armbruster-Haltabzeichen (AH) 184
Härtenachweis (/) 184
Lautjagerstrich (\) 184
Verlorenbringen auf natürlicher Wundspur (Vbr) 184
Bringtreueprüfung (Btr) 184
Verbandsschweißprüfungen (VSwP) 185

Der kranke Deutsch-Drahthaar 189
Krankheiten, vorbeugende Maßnahmen und andere Hinweise 189
Die häufigsten Erkrankungen 191
Tollwut 191
Staupe 192
Aujeszkysche-Krankheit 192
Parvovirose 192
Coronavirus-Infektion 193
Reovirus-Infektion 193
Infektiöse Leberentzündung 193
Herpesvirus canis-Infektion 193
Zwingerhusten 193
Leptospirose 193

Hautkrankheiten 193
Gehörgangsentzündung 194
Rachitis 194
Gebärmuttervereiterung 194
Entzündung der Lidbindehäute 195
Furunkulose der Zwischenzehenhaut und Ballen 195
Hüftgelenksdysplasie (HD) 195
Verletzungen 196
Angefahrene Hunde 196
Verletzungen durch Schrotschuß 196
Verletzungen durch Kugelschuß 196
Biß-, Stich-, Hieb- oder Rißverletzungen 197
Verschluckte Fremdkörper 198
Das Ende, der Alterstod 199

Literaturverzeichnis 201

Gliederung und personelle Besetzung des VDD 205
Geschäftsführender Vorstand 205
Gruppen 205

Zuchtordnung des Vereins Deutsch-Drahthaar e. V. 215
1. Teil – Allgemeines 215
2. Teil – Zulassung zur Zucht 217
3. Teil – Zuchtausschließende Mängel 219
4. Teil – Das Verfahren 222
5. Teil – Zuchtschauen – Zuchtregister – Leistungszucht 225
6. Teil – Gebühren des Zuchtbuchamtes 226
7. Teil – Verstöße – Beschwerden 226
8. Teil – Der Versuchszwinger 227

Register 233

Geleitwort

In Rüdemännerkreisen ist der Name Klaus Rolfs längst ein Begriff. Ihn sah man während der Jagdausübung niemals ohne einen vierläufigen Begleiter, unabhängig davon, ob es sich um einen Erd-, Stöber- oder Vorstehhund handelte. Sein Faible für das Rauhhaar veranlaßte ihn 1951, in den VDD einzutreten und nach drei Jahren Zwingerschutz zu beantragen. Dies machte ihn über seinen Zwingernamen „von der Diamantenen Aue" nicht nur national, sondern auch international bekannt.

Als Vorsitzender der VDD-Gruppe Uckermark wurde Forstmeister Rolfs nicht bloß als erfolgreicher DD-Züchter und -Führer, sondern auch als versierter Sachbuchautor bekannt. Sein bislang bedeutendstes Werk ist zweifelsfrei „Der Jagdgebrauchshund", das 1964 erstmalig erschien und bis 1970 insgesamt drei Auflagen erlebte. Rolfs origineller Ausbildungsleitfaden „Abrichtung des Jagdhundes" kam 1970 in erster Auflage heraus und erreichte 1994 als „Abrichten des Jagdgebrauchshundes" die sechste (überarbeitete) Auflage. Und nun – aller guten Dinge sind schließlich drei – kommt sein drittes Werk, eine Monographie über den meist geführten Jagdgebrauchshund in Deutschland, den Deutsch-Drahthaar, auf den Markt.

Das Buch „Der Deutsch-Drahthaar" ist in fünf Hauptkapitel untergliedert. Im ersten widmet sich Rolfs der Entstehungsgeschichte des DD und skizziert obendrein die historische Entwicklung des VDD. Im zweiten Hauptkapitel beschäftigt er sich intensiv mit der Zucht von Deutsch-Drahthaar. In jeder Zeile spürt man hier den langjährigen Routinier. Dies gilt noch mehr für das folgende Hauptkapitel „Vom Welpen zum Jagdgebrauchshund", dem wohl wichtigsten Teil der Monographie. Schließlich handelt der Autor das Prüfungswesen und die potentiellen Krankheiten der Jagdhunde ab.

An wen richtet sich dieses brillante Werk in erster Linie? Am meisten profitieren dürfte der Erstlingsführer sowie der Erstlingszüchter nicht nur von drahthaarigen Hunden. Rolfs ist es gelungen, Ausbildung und Zucht so detailliert und kenntnisreich darzustellen, daß Neulingen auf diesen Gebieten Fehler erspart bleiben, aus denen er selbst so viel gelernt hat. Selbst versierte DD-Halter und -Züchter, aber auch Freunde anderer Rassen werden „den Rolfs" mit Gewinn studieren, verrät er doch so manches seiner Erfolgsgeheimnisse.

Klaus Rolfs hat das vorliegende Buch mit großer Sachkenntnis und unendlicher Liebe zum Jagdgebrauchshund und besonders zum DD geschrieben: Es ist weder ein historisches Werk, noch ausschließlich eine Ausbildungs- oder Zuchtanleitung. Vielmehr ist es im besten Sinne des Wortes eine Enzyklopädie des Deutsch-Drahthaar, ein Buch aus der Praxis für die Praxis. Der Monographie „Der Deutsch-Drahthaar" ist eine weite Verbreitung sehr zu wünschen. Werk, Verfasser und natürlich die vierläufigen Jagdhelfer verdienen es.

Daß es dem Autor nicht mehr möglich war, das Erscheinen dieses Buches zu erleben, betrübt alle, die diesen bescheidenen, grundehrlichen Rüdemann näher kannten, zutiefst. Der Name Klaus Rolfs war schon vor der Wende selbst für viele Jagdgebrauchshundleute aus dem Westen Deutschlands ein Begriff und untrennbar mit der Rasse des drahthaarigen Vorstehhundes verbunden. Als ich ihn auf der Hegewaldzuchtprüfung in Nürnberg persönlich kennenlernte, nahmen wir uns viel Gemeinsames vor. Leider war es nur möglich, einen kleinen Teil der geplanten Zusammenarbeit zu verwirklichen. „Alles andere", so versicherte er mir kurz vor seinem Tode, „machen wir, wenn das Drahthaar-Buch bei Neumann-Neudamm erschienen ist." Das ist nun nicht mehr möglich, weil das Schicksal es anders wollte, aber vergessen tun alle, die ihn schätzten, diesen sensiblen, geradlinigen Mann nicht. Und seinen Angehörigen bleibt als Trost: Klaus Rolfs lebt in seinen Büchern weiter.

Hamburg, im April 1996 Rolf Kröger
Redaktion WILD UND HUND

Historisches über den Deutsch-Drahthaar und den VDD

Die Vorgänger des Deutsch-Drahthaar

Die Entstehung eines rauhhaarigen vielseitigen Jagdgebrauchshundes, wie es der Deutsch-Drahthaar ist, hat nicht erst vor 90 Jahren begonnen, sondern hängt unmittelbar mit der Entwicklung der Jagd und der Jagdtechnik zusammen. Die uns bekannten ältesten Überlieferungen über das Vorhandensein von jagenden Hunden sind Zeichnungen auf Felswänden aus der Stein- und Bronzezeit, „Inschriften" auf Jagdurnen, Wandbildern – etwa aus der ägyptischen Gräberstadt Theben (über 1.000 Jahre v. Chr.) –, aber auch Plastiken wie die Bronzegruppe aus Pompeji, die zwei kurzhaarige Bracken beim Stellen eines Stückes Schwarzwild zeigt. 400 bis 500 Jahre v. Chr. gab es dann schon Abhandlungen in Schriftform wie den „cynegeticos" von Xenophon, den Arrian 600 Jahre später erweitert herausgab. Die Hunde wurden damals nach ihrer Art des Jages in drei Gruppen eingeteilt. Die Grupppeneinteilung ist wie bei Arrian in Lateinisch.

fortes = die Starken oder die Tapferen
sagaces = die Feinnasigen
celeres = die Schnellen

Die Ahnen der rauhhaarigen Vorstehhunde

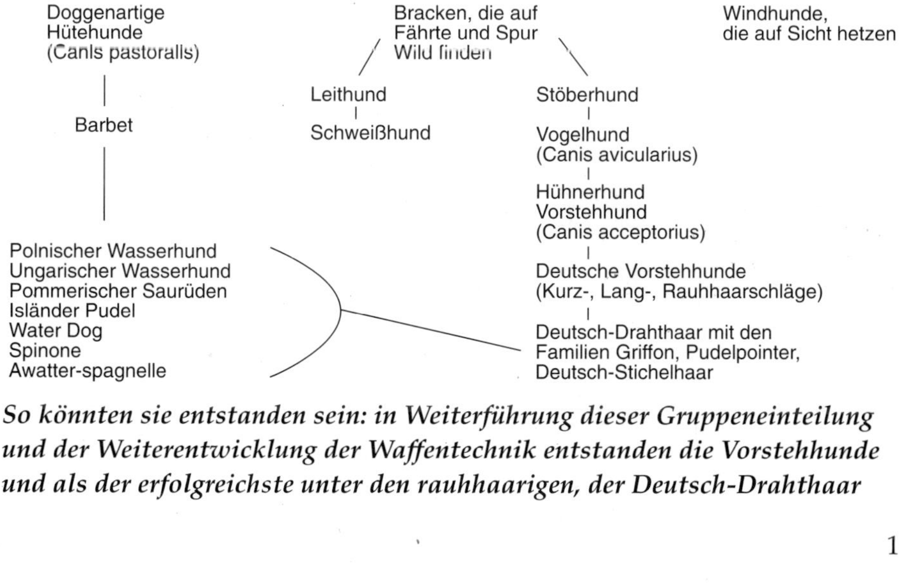

So könnten sie entstanden sein: in Weiterführung dieser Gruppeneinteilung und der Weiterentwicklung der Waffentechnik entstanden die Vorstehhunde und als der erfolgreichste unter den rauhhaarigen, der Deutsch-Drahthaar

Mit dieser Aufstellung habe ich versucht, die Entwicklung der zur Jagd eingesetzten Hunde bis zum Deutsch-Drahthaar Vorstehhund aufzuzeigen. Daß es seit Jahrhunderten rauhhaarige Jagdhunde in ganz Europa gegeben hat, belegen die Barbets und deren Abkömmlinge. Die Mehrzahl davon ist namentlich aufgeführt und gestattet damit eine Deutung über ihre Herkunft.

Gab es zunächst nur handgeschriebene Aufzeichnungen über die Jagd und Jagdhunde, so änderte sich das nach 1450 mit der Erfindung der Buchdruckerkunst durch Gutenberg. Doch dauerte es fast noch ein ganzes Jahrhundert, ehe das erste zoologische Werk erschien.

In dieser berühmten „Historia animalium" von Conrad Gesner (1516–1564) sind auch Abbildungen enthalten, von denen eine im ersten Band „De Quadrupedipis viviparis", im Kapitel „De Cane" (Vom Hunde) einen pudelähnlichen Hund darstellt.

Canis aquaticus aviarius

Dieser Hund wird als „Canis aquaticus aviarius", zu deutsch „Wasservogelhund" bezeichnet.

Da Gesner dieses Bild vom englischen Naturforscher John Kaj erhielt, der auch den Text dazu lieferte, mag ein Spanielführer den von Kaj genannten „Waterspagnelle" wörtlich ins Deutsche übertragen und als den Urahnen des Spaniels angesehen haben. Wer jedoch weiß, daß ein langhaariger Hund niemals Bart und Augenbrauen hat, sondern dieses die typischen Erkennungsmerkmale des rauhhaarigen Hundes sind, wird den abgebildeten Hund als rauhhaarig bezeichnen müssen. Der ins Deutsche übersetzte, ursprünglich lateinische Text Gesners lautet: „Der Wasservogelhund, welcher zur Jagd in den Gewässern benutzt wird, wozu er, wie mir Kaj schreibt, von Natur aus so veranlagt ist, daß er nur noch wenig dressiert zu werden braucht. Er ist nicht größer als die vorher beschriebenen, auf dem Trockenen jagenden Vogelhunde und am ganzen Körper mit langen Haaren bedeckt. Ich habe ihn dennoch abgebildet als von den Schultern bis zum Hinterteil, sogar bis zur Schwanzspitze geschoren; denn dies ist unser Brauch, weil er, von Haaren befreit, beweglicher und im Schwimmen weniger behindert ist. Englisch: ein Wasserspaniel."

Strebel bringt in seinem Werk „Die deutschen Hunde" einen etwas anderen Text von Gesner: „Dieser ist viel größer, hat viel längere Haare denn der vorgeschriebene Vogelhund, ist ganz ähnlich den Hunden, so man auf französisch „Barbet“ nennt. Ist aus seiner angeborenen Art also genaturet, fürnemlich wo sie ein wenig angeleitet werden, daß er dem Wassergefögel nachholt und jaget. Ist also abconterfeit als einer, der biß auff die Schultern hinten aus beschoren ist, daß er in dem Schwimmen desto fertiger sey. Die Engländer nennen ihn Awatter-spagnelle.“

Auch nach Hüther ist dieser abgebildete und als Spaniel bezeichnete Hund ein rauhhaariger, ein Pudel, weil es seiner Ansicht nach nicht möglich wäre, einen Spaniel so zu scheren und hierzu infolge des weniger üppigen Haarwuchses ohnehin keine dringende Veranlassung bestünde.

Daß es solche Hunde bei uns gab, beweisen die Abbildungen bei Jost Amman (1539 bis 1591). Wer sich die beiden Hunde auf ihre Rauhhaarigkeit hin ansieht, wird feststellen, daß einer der beiden Hunde ein kürzeres und vermutlich härteres, der andere ein leicht gewelltes, wolliges langes Rauhhaar zeigt. Kadich ist der Ansicht, daß es sich bei dem kürzer behaarten um die Übergangsform zum rauhhaarigen Hühnerhund handelt, der aus einer Kreuzung des jagenden Hundes mit dem zottelhaarigen Hirtenhund entstanden sein soll.

Hier seine Begründung: „Der erstere steht angeleint beim Falkonier,

Falkner mit rauhhaarigem Stöberhund

Rauhhaariger Wasserhund

der, die Radschloßbüchse über der Schulter und den Falken auf der Faust, hinausziehen will zu fröhlichem Stöbern in Bruch, Heide und Au mit dem Stöberer, während der andere eine geschossene Ente apportiert als Wasserhund." Es wird dem Unvoreingenommenen nicht einfallen, den ersteren als einen stichelhaarigen deutschen Vorstehhund nach heutigen Kriterien zu bezeichnen (obgleich dies auch schon geschehen ist). Aber die kürzer und straff behaarte Form des rauhhaarigen, zur Federwildjagd verwendeten Hundes ist da, und zwar in der ursprünglichen Verwendung des Hundes, der noch jagt und stöbert, mithin aus einem jagenden hervorgegangen ist. Diese Form ist der anderen, zottigen gegenübergestellt, die Wasserarbeit verrichtet. Die beiden Bilder beweisen nicht mehr, aber auch nicht weniger, als daß um diese Zeit dem deutschen Jäger bereits zwei rauhhaarige Hundetypen dienten und daß somit die Basis vorhanden war, aus der sich die späteren Formen entwikkeln konnten.

Hätten die damaligen Fachautoren geahnt, welche Meinungsverschiedenheiten ihr Sammelbegriff „Wasserhundt" für alle rauh- und langhaarigen Jagdhunde unter den späteren „Fachkynologen" auslösen würde, wäre den zur Jagd verwendeten mehr Interesse entgegengebracht worden. Doch damals wird das Interesse der Brauchbarkeit und nicht der „Haarspalterei" gegolten haben.

Wasserhunde um 1700, wie sie uns Flemming überlieferte

Als eine weitere Bestätigung der Existenz des „Barbets" gilt die 1669 in Frankfurt erschienene Arbeit von Conrad Forrer über den Wasserhund.

Das Bestreben, aus einheimischen Jagdhunden Hühnerhunde zu entwikkeln, geht aus dem Sammelwerk „Fürstadlyche Jagdlust", erschienen 1711, hervor. Das aus Jagdhunden durch Fütterung von Feldhühnerabfällen Vorstehhunde werden sollen, weist den Autor jedoch als wenig sachkundig aus.

Flemming ist der erste Autor, der die bisherige Behauptung dokumentarisch bestätigt, daß der Jagdhund mit dem Schafpudel gekreuzt wurde. In seinem 1719 erschienenen Werk „Der vollkommene Teutsche Jäger", III. Teil „Von den Hunden", schreibt er: „Es haben die Schäfer niedrige Mittel-Treib-Hunde, welche zottlicht von Haaren sind, und kriegen solche Art aus nordischen Landen, sonderlich aus Ißland, solche Ißländer Budel nun werden mit einem Jagd-Hunde beleget, so fallen die Jungen von langen Ohren, zottlich von Haaren, welchen, damit sie besser schwimmen können, das große dicke Haar abgenommen ihnen ein rechter Barth und die Augenbrauen [die Kennzeichen des rauhhaarigen Hundes, d. Verf.] stehen gelassen und der Schwanz gestutzt wird, darumb sie die Franzosen wegen ihres Barts Barbet nennen. Diese Art Wasser-Hunde, welche von der Ißländischen grauen Farbe und des Jagd-Hundes rothen Haaren mehrentheils braun, auch oft weiß mit braunen Flecken als ein Hühner-Hund, oder gar schwarz angetroffen werden, sind hurtige und treue Hunde, suchen und jagen gern, lieben auch von Natur aus das Wasser Baden, mit welchem man des Früh-Jahrs, bey warmen Wetter, in flache kleine Wasser-Pfützen hineinwaden und sie durch wiederholen eines Höltzgens, nachmahls eines Vogels, herauszubringen [zu apportieren, d. Verf.] gewöhnen muß, bis er hinter dem Schützen zu kriechen und nach dem Schuß zu lauffen begierig werden, sodann muß man ihn nach einer lebenden Ente hetzen und blind schießen, so wird er hitzig darnach schwimmen, dieselbe würgen und herausholen lernen, welches mit der Zeit durch offtmalige Uebung um ein merkliches sich bessert, daß er gar in Teichen oder Seen, jawohl in schnellen Flüssen seine Dienste thun wird. Es müssen ihm aber keine Steine, so untersinken, heinein geworffen werden, dann weil er untertauchen müßte, mochte ihm das Wasser in die Ohren lauffen, und er taub [Gehörgangsentzündung, Otitis, d. Verf.] werden, er würde auch die Zähne stumpff machen und abnutzen. Diese Hunde tun gute Stöberdienste im Geröhrigt, Morast und Wasser, alles Wasser-Geflügel, so es angeschossen, heraus zu hohlen, welches man sonst ohne Kahn schwerlich kriegen, sondern wohl liegen bleiben und verderben würde, zumahl da mancher Wasser-Vogel nur Lahm geschossen, oder Flatternd fortzuschwimmen, sich unterzutauchen und im Schilf zu verstecken Pfleget, welchen der Hund durch den Wind wohl vernehmen, finden und herausbringen kann. Sie stöbern aus dem Rohr gleich einem Jagdhunde, die Füchse, Ottern und wilde Katzen mit besonderem Fleiß, daß man ihnen im Schießen desto besser beykommen kann, trieben auch die

Wohldressierter Huenerhundt mit dem Storchschnabel

Phasianen, Schnepffen, Wasser-Hühner, Kybitz und andere Vögel mit Gewalt zur Flucht. Die Franzosen pflegen solche Barbet, wie ich vom Hühnerhunde geschrieben, eben auch nach französischer Sprache zu gewöhnen und ist ein solcher Wasser-Budel einem Feder-Schützen sehr nützlich und nebst einem Hühnerhund bei allen vorfallenden Gelegenheiten dienlich zu gebrauchen."

Hüther betrachtet diese Ausführungen Flemmings als Beweis der Annahme von Studer, daß der Pudel aus einer Kreuzung von Jagd- und Schäferhunden entstanden ist. Daß dieser Hundetyp von Flemming außer „Budel", „Schütze", „Taucher" auch „Spion" benannt worden ist, zeigt, daß die für den italienischen rauhhaarigen Hühnerhund gebräuchliche Bezeichnung auch in Deutschland bekannt war.

Die oben wiedergegebenen Ausführungen Flemmings und auch die Döbels in seinem 1746 (in zweiter Auflage 1754) erschienenen Werk „Jäger-Praktika" finden ihre bildliche Bestätigung in den berühmten Kupferstichen von Joh. Elias Ridinger (1695–1769).

Hühnerhunde: links kurz-, rechts rauhhaarig

Diese Kupferstiche entstanden nach naturgetreuen Vorbildern, nämlich den Hunden des Kurfürsten von Bayern und des Herzogs von Württemberg, und spiegeln die Entwicklung des vorliegenden und vorstehenden Hühnerhundes aus den einheimischen jagenden Hunden wider.

Auch die Autoren späterer Werke, wie Walther 1817 in seinem Buch „Der Hund, seine verschiedenen Zuchten und Varietäten", Borch in dem „Sylvan, Jahrbuch für Forstmänner, Jäger und Jagdfreunde", bestätigen alle wieder die Wasserfreudigkeit und den Bringwillen inklusive der bei Flemming und Döbel bereits geschilderten anderen jagdlichen Eigenschaften und stimmen darin überein, daß die besten rauhhaarigen Vorstehhunde „Blendlinge [Kreuzungen, d. Verf.] aus dem Pudel mit dem Vorstehhund" sind.

Wasserhunde: links Jagdpudel, rechts langhaariger Wasserhund

Daß der Pudel nicht nur zur Wasserjagd, sondern auch zur Hühnerjagd verwendet wurde, bestätigt auch Götz in seiner 1834 in Gotha erschienenen „Monographie des Hundes".

War nach Kleemann die eigentliche Geburtsstunde des vielseitigen Gebrauchshundes das Jahr 1806, als die deutschen Staaten durch Napoleon zerschlagen wurden und sich dadurch der Kreis von Menschen, die sich an der Ausübung der „Niederjagd" beteiligen durften, vergrößerte, so nahm doch erst nach 1848 die Verbreitung des Vorstehhundes, des vielseitigen „Gebrauchshundes", weiter zu. Leider war die nachfolgende Zeit nicht frei von züchterischen Wirren und Fehlern.

Die Zeit nach 1870 schildert Kleemann recht treffend: „... nach 1870 kam mit dem wirtschaftlichen Aufstieg auch ein Aufstieg in jagdkynologischer Beziehung und damit gleich ein Chauvinismus! Wie man glaubte, sich zur Bekräftigung seines echten Deutschtums nur in altdeutschen, mit Butzenscheiben verdunkelten Trinkstuben als altdeutscher Zecher bestätigen zu können, so wollte man nur mit dem Hunde auf Jagd gehen, mit dem unsere Vorfahren gejagt hatten! In Wahrheit jedoch nur zugesehen hatten, wenn ihre Fürsten sich vergnügten!"

Borch bezeichnet 1813 im Sylvan den „bildsamen Hühnerhund" als „factotum", das sich nicht nur bei der Feldjagd unermüdlich zeigt, sondern auch im Wasser ganze Arbeit leistet, alle Wildgattungen, die zur Niederjagd gehören (außer Rehwild), apportiert, der Begleiter auf dem Anstand und bei der Treibjagd ist und noch dazu Schweißarbeit leistet.

Von diesen Gedanken ausgehend, bemühten sich die Jäger aus den vorhandenen kurz-, lang- und rauhhaarigen „bildsamen [führigen, d. Verf.] Hühnerhunden“ unter mannigfaltigen Experimenten jahrzehntelang noch ohne stammbuchmäßige Zucht, einen Jagdhund, einen kontinentalen Vorstehhund zu züchten, der ihren jagdlichen Anforderungen gerecht würde. Die Einkreuzungen englischer Vorstehhunde erwies sich für unsere jagdlichen Verhältnisse gerade in der Arbeit nach dem Schuß, also der Nachsuche, dem Apportieren, als nicht günstig, da diese „Deutsch-Englischen-Flitzer“ oder „Pointerlinge“, wie man sie damals nannte, den Ansprüchen nicht genügen konnten. Daß aber diese Zuführung englischen Blutes, speziell des Pointers, sich günstig auf die Suche im Feld (Flüchtigkeit), also auf die Leistungsform und auch nicht zuletzt in der Nasengüte bemerkbar machte, ist jedoch nicht von der Hand zu weisen.

Das kynologische Zeitalter

Es beginnt im Jahre 1879, als von der „Delegierten-Commission (D.C.)“ die Kennzeichen für die einzelnen Rassen aufgestellt wurden und damit in Deutschland der Grundstein für die Reinzucht gelegt wurde.

Finden wir in der früheren jagdlichen Fachliteratur noch die einzelnen „Hundesorten“, ihrem Einsatz entsprechend, bei den jeweiligen Wildarten vermerkt sowie z. B. auch noch in der 5. Auflage von Winckells „Handbuch für Jäger“ von 1878, so änderte sich das danach schlagartig. Sämtliche nach 1879 veröffentlichten und dem Verfasser bekannten Werke widmen den Jagdhunden ein gesondertes Kapitel, führen die einzelnen Rassen an und beschreiben sie, vielfach auch ihre Ausbildung.

Von jetzt ab befaßte man sich auch stärker mit Zuchtfragen, und nur die „rein“ gezüchteten Hunde wurden in das Stammbuch ihrer Rasse eingetragen. Anstatt jedoch das Für und Wider entsprechend den jagdlichen Erfordernissen abzuwägen, huldigte man dem Chauvinismus und schied das eingedrungene englische Blut wieder aus. Dieses machten aber nicht alle Züchter mit. Ihr Vorgehen war zwar nicht ehrlich, da laut Abstammungsnachweis nur deutsche Deckrüden zugelassen, in Wirklichkeit aber weiterhin auch englische Hunde die Väter waren, doch der Zweck heiligte die Mittel. Ausgeschlossen von der Zucht wurden alle die Vorstehhund-Stämme, bei denen die Delegierten-Commission als Rückschlag auf einen Pointer deutende gelbe Flecken, Pointerknochen, Anflug von Bürstenrute und anderes mehr als gegeben annahm.

Gegen diese Art der Reinzucht und den damit einsetzenden Ausstellungsrummel verwahrten sich Hegewald und Oberländer.

„Selbst als sich diese sog. 'Reinzucht' durch ihre krummgebauten, schlottrigen, jagdlich vollkommen unbrauchbaren Zuchtprodukte auch dem blödesten Auge als verhängnisvoller Irrweg zu enthüllen begann, hielt jene unglaubliche Hypnose noch an, die nur erklärlich wird durch die verblüffende Sicherheit, mit der die 'D.C.' [Delegierten-Commission, d. Verf.] auftrat, durch die rücksichtslose Entschiedenheit, mit der sie ihre vernichtenden Bannstrahlen gegen die unglücklichen, der englischen Blutbeimischung verdächtigten Hunde samt ihren Züchtern schleuderte, und nicht zuletzt durch die vornehmen adeligen Namen, welche sich an der Spitze der 'Reinzuchts'-Bewegung zusammenfanden." So schrieb Oberländer in den Herbstblättern.

Die „älteren Geschwister" des Deutsch-Drahthaar

Der Griffon

Bereits bevor die Delegierten-Commission die Kennzeichen für die einzelnen Rassen aufstellte, hatte Karl-Edvard Korthals 1873 mit der planmäßigen Zucht rauhhaariger Vorstehhunde begonnen. Korthals betreute zu der Zeit den Zwinger Wolfsmühle beim Prinzen Solms-Braunfels. Das Ausgangsmaterial für seine Zucht nahm er sich dort, wo er es fand, entscheidend dabei war, daß es für die jagdliche Praxis brauchbar war. Seine harte Leistungsauslese brachte ihm auch die gewünschten Zuchterfolge. Hinsichtlich des Phänotyps vertrat Korthals den Standpunkt, daß alle Rauhhaarformen innerhalb der Vorstehhundgruppe nach Veranlagung und Abstammung identisch seien, wozu auch die rauhhaarigen der außerdeutschen Länder zählten.

Unter diesen Prämissen wurde 1888 der Griffon-Klub unter der Führung von Korthals gegründet. Farbmäßig dominierten stahlgrau mit braunen Platten sowie einfarbig braun, wobei eine Stichelung mit grauen Haaren öfter vorkam. Zulässig waren weiterhin die Farben weiß mit braun oder weiß mit gelb.

Nach dem Tode von Korthals trugen die Stammbücher des Griffon-Klubs nicht mehr die Bezeichnung „Stammbuch für drahthaarige Vorstehhunde", sondern wurden Anfang der zwanziger Jahre in „Griffon-Stammbuch" umbenannt. Nunmehr gab es bei den Griffons nur noch eine „Reinzucht". Die Eintragung von Deutsch-Stichelhaarigen oder die Paarungsprodukte Stichelhaar mit Griffon kamen für das Griffon-Stammbuch nicht mehr in Frage. Die Möglichkeit, daß der Griffon-Klub das große Sammelbecken aller drahthaarigen Hunde wurde, war somit dahin. Das geistige Erbe des konsequenten Drahthaar-Züchters Korthals hat der VDD übernommen und fortgesetzt.

Der Deutsch-Stichelhaar

Die Gründung des Klubs „Stichelhaar“ erfolgte 1898. Vom Aussehen her sollte der Deusch-Stichelhaar aus einiger Entfernung wie ein Deutsch-Kurzhaar erscheinen, aus der Nähe betrachtet, sollten ihn aber Bart und Augenbrauen als rauhhaarigen Hund ausweisen. Sein Deckhaar durfte eine Länge von etwa 4 bis höchstens 6 cm haben. Grashey gibt 1894 weiterhin für den Kopf an: Am Fang bilden die Haare einen nicht zu langen borstigen Schnurrbart; auf dem Nasenbein sind sie kurz und rauh, nicht lang und weich oder gar überfallend. Auf dem Oberkopf ist das Haar flach anliegend, kurz und harsch. Die Augenbrauen buschig kräftig, die Haare nach oben und die Spitze der einzelnen Haare im Bogen schräg nach außen stehend.

Da der Klub nur Hunde gelten ließ, die dem von ihnen gewünschten Phänotyp entsprachen, wurde ihre Zuchtbasis rasch enger, ihre zahlenmäßige Ausbreitung stockte. Der Stichelhaar-Klub wich auch dann nicht von seiner Reinzuchtidee ab, als ihm nachgewiesen wurde, daß einer der wichtigsten Träger der Stichelhaarfamilie „Lump vom Berge“ stark Pointerblut führte.

Der Pudelpointer

Obwohl es nun schon zwei drahthaarige Zuchten gab, sah sich Hegendorf veranlaßt, einen weiteren drahthaarigen Vorstehhund nach dem Vorbild der bewährten Methoden zu züchten. Er tat es, weil es den Stichelhaarzüchtern nicht gelang, der Jägerei die benötigten Hunde zur Verfügung zu stellen und die Griffonzüchter nach dem Tode ihres Begründers Korthals ebenfalls zu dem vom Klub Stichelhaar praktizierten Formalismus übergingen. Nach der damaligen Ansicht, „Blut ist der Saft, der Wunder schafft“, wurden „Vollblut-Pointer“ mit „Vollblut-Pudeln“ gepaart, wie es Hegewald gewollt hatte. So entstand der Pudelpointer. 1897 wurde dann der Pudelpointer-Verein gegründet.

Die theoretische Vorgabe, reinrassige Pudel mit reinrassigen Pointern zu kreuzen, wurde in der Praxis aber nicht eingehalten. Viele Züchter trennten sich vom Gedanken der Reinzucht Pudel mit Pointer zugunsten des Gebrauchswertes und hielten es für unwesentlich, ob Pointerblut direkt durch englisches Vollblut oder indirekt durch veredeltes neudeutsches Kurzhaar zugeführt wurde, wenn nur garantiert leistungsfähiges Material zur Zuchtwahl gelangte. Das waren Hunde, die die Gebrauchshund-Prüfung bestanden hatten und damit im deutschen Gebrauchshundestammbuch eingetragen waren und sich im jagdlichen Einsatz bewährt hatten.

Da ein Teil der Züchter bei der Reinzucht Pudel mit Pointer bleiben wollte, kam es zur Trennung. So entstand die Drahthaar-Bewegung. Hegewald ließ die Pudelpointeridee fallen, weil er die Reinzucht nicht weiter mitmachen wollte und bekundete seine Sympathie den Drahthaar-Anhängern.

Aus ihnen wurde der heutige Deutsch-Drahthaar geformt: Griffon, Deutsch-Stichelhaar, Deutsch-Kurzhaar nach H. Sperling, der Pudelpointer nach O. Vollrath

Ein typischer Vertreter des Deutsch-Drahthaars

Der Deutsch-Drahthaar

Die Möglichkeit, einen vielseitigen Jagdgebrauchshund in rauhhaariger Jacke zu züchten, war nun mit dem Pudelpointer bereits dreimal und noch dazu in „Reinzucht" gelungen. Doch auch die so gepriesene Paarung Pudel mit Pointer ergab nicht das, was man sich davon versprochen hatte.

Berkhan, einer der Mitbegründer des „Verein Drahthaar", probierte es selber aus. Er sagte dazu in den Deutsch-Drahthaar-Blättern Nr. 5 vom Mai 1927: „Damals war ich noch der Ansicht, daß man zur Pudelpointer-Zucht auch 1 Pudel und 1 Pointer haben müßte! Es gelang mir auch, ein ganz famoses Pudelpaar zu meinen Vollblutpointern zu erwerben. Der bekannte Kynologe, Herr Dr. Steffens-Lollar, meinte, als ich ihm s. Z. meinen Pudel Rappo – auch jagdlich – vorführte, daß ein geeigneterer Pudel für die Pupo-Zucht wohl schwerlich zu finden sei.

Rappo deckte einige schöne und jagdlich ausgezeichnete, stammbuchmäßig gezogene Vollblutpointerhündinnen. Die Nachkommen waren natürlich nicht gerade schlecht, aber es waren durchaus keine Phänomene. Nach Oberländer und Hegewald – beide haben praktisch in der Zucht ja wenig geleistet – sollte diese Kreuzung alles übrige turmhoch übertreffen.

War es nun nicht ganz natürlich, hieraus zu schließen, daß zu einem guten Gebrauchshund die Mischung Pudel mit Pointer allein nicht genügte, sondern daß ein drittes Blut, nämlich das des Deutsch-Kurzhaarigen durchaus nützlich, sogar erforderlich dazu war? Ich sprach diese Meinung zuerst in „Hundezucht und Sport" aus. Zahllose Zustimmungen liefen ein. Erfahrene Züchter wie Haß-Birkbusch, Lauffs-Unkel sprachen sich ähnlich aus und bald wurde aus dieser Idee heraus der Verein DD gegründet."

Die Vereinsgründung

Der Aufruf zur Gründung eines „Vereins Drahthaar" erschien am 30. Ja-

Alexander Lauffs war von der Gründung 1902 bis 1934 erster Vorsitzender, dann bis zu seinem Tod 1951 Ehrenvorsitzender

nuar 1902 in der Vereinsbeilage der „Deutschen-Jägerzeitung", dem ein „Entwurf zu den Satzungen" beigefügt war. Dazu kam eine ausführliche Begründung der Notwendigkeit, diesen Verein ins Leben zu rufen. Folgende Namen standen dafür: G. Meier-Kurzwalde, Berlin-Friedenau; Dr.J. Müller-Liebenwalde, Berlin; C. Koch, Großfurra/Thür.; A. Lauffs, Unkel a.Rh.; Dr. C. Rindfleisch, Chemnitz; P. van Gülpen, Wesel; O. Salzwedel, Groß Plehnendorf bei Danzig.

Das erste Vereinsabzeichen des VDD

Als Gründungstermin war der 11. Mai 1902 im Schützenhaus zu Sangerhausen festgesetzt. Obwohl mehrere begeisterte Drahthaar-Anhänger ihr Erscheinen zugesagt hatten, trafen sich doch dort nur drei Herren. Es waren dies C. Koch, J. Kohlhase und G. Meier. Sie kannten aber das Ziel und gründeten im Glauben an die Richtigkeit ihrer Idee den „Verein Drahthaar". Eine elf Paragraphen umfassende Satzung wurde angenommen und, zum Teil in Abwesenheit der Betroffenen, ein Vorstand gewählt: 1. Vorsitzender A. Lauffs; stellvertr. Vorsitzender G. Meier; 1. Schriftführer C. Koch; stellvertr. Schriftführer G. Berkhan; Schatzmeister J. Kohlhase; Beisitzer: C. von Freeden, Berlin; Oberförster Kirschbaum, Roth a. D. Roth; Dr. Müller-Liebenwalde; Dr. med. C. Rindfleisch. Veröffentlicht wurde ein ausführlicher Gründungsbericht in Nr. 18 Band 6 der Vereinsbeilage der „Deutschen Jäger-Zeitung".

Die tragende Idee geben folgende 5 Punkte wieder:

„1. Ohne einen brauchbaren Jagdhund ist jede Jagdausübung elende Aasjägerei. Die Jagdhundzucht und -führung ist nicht Selbstzweck, sondern Mittel zur weidgerechten Jagdausübung.
2. Deshalb gibt es für den Verein Deutsch-Drahthaar nur eine Aufgabe: Schaffung brauchbarer, vielseitig veranlagter Gebrauchshunde mit praktischer wetterharter Behaarung.
3. Klarheit und Wahrhaftigkeit in der Zucht.
4. Es gibt nur eine Rasse Deutscher Vorstehhund; die einzelnen Haar-

formen (Kurzhaar, Langhaar, Rauhhaar) sind Schläge dieser Rassengruppe. Deshalb ist die Paarung von Hunden dieser Schäge untereinander nicht als blut- oder wesensfremde Kreuzung zu betrachten.

5. Alle rauhhaarigen Vorstehhunde des Kontinents sind nach Herkunft, Zweckbestimmung und Veranlagung identisch."

Mit Beschluß der Versammlung vom 7. Mai 1904 wurde der „Verein Drahthaar" in „Verein Deutsch-Drahthaar" umbenannt.

Im nächsten Jahr besaß der VDD schon ein Vereinsorgan unter dem Titel: „Mitteilungen des Vereins Deutsch-Drahthaar", in dem zusätzlich und ohne weitere Kosten das „Stammbuch Deutsch-Drahthaar" eingefügt wurde. In Nr. 1 des Jahrgangs 1905 wurden die Grundsätze des VDD angeführt: „Der Verein Deutsch-Drahthaar züchtet weder eine „neue Rasse", noch will er andere Rassen verdrängen; in seinem Streben, der deutschen Jägerei einen ideal gebauten, praktisch behaarten Gebrauchshund zu schaffen, ist er also lediglich bemüht, die zerfahrene Rauhhaarzucht in einheitliche Bahnen zu lenken.

Wie wir nur einen deutsch-kurzhaarigen, einen deutsch-langhaarigen Vorstehhund haben, so können wir schließlich doch auch nur einen deutsch-drahthaarigen Hund gelten lassen. Griffon, Pudelpointer, Stichelhaar und sonstiges Drahthaar sind Unterarten, Varietäten des Drahthaarigen, und ihre künstliche Trennung führt lediglich zu Begriffsverwirrungen, Haarspaltereien, Zersplitterung der Kräfte; sie ist das größte Hindernis für die Zucht selbst, für das redliche Bemühen, der rauhhaarigen Varietät unserer deutschen Vorstehhunde eine einheitliche Form und Behaarung zu verschaffen.

Der „Verein Deutsch-Drahthaar" hat die für die vielseitige Praxis am besten geeignete und somit anzustrebende Form durch Aufstellung eines durch Kennzeichen (Merkmale) erläuternden Idealtypus genau beschrieben, den Züchtern überlassen, dieses Ziel entweder durch Paarung innerhalb der Rasse – also lediglich mit dem vorhandenen Rauhhaarmaterial der einzelnen Unterarten – oder durch Zuhilfenahme von geeignetem Kurzhaar zu erreichen, wo sich dies, bei anderen Rassen bewährte Verfahren, zur Verbesserung von Form, Nase oder Behaarung als wünschenswert erweisen sollte."

Daß solche Zuchtgrundsätze in ähnlicher Form bereits vertreten wurden, belegen die Ausführungen in „Winkells Handbuch für Jäger" von 1878: „Wenn hingegen unter mehreren meiner Vorgänger namentlich Jester behauptet, die Einmischung fremden Bluts sei nicht nur unnütz, sondern sogar schädlich, so glaube ich unter der Bedingung daß man vorsichtig in der Auswahl sei, widersprechen zu müssen; denn sei eine Rasse auch noch so gut, so wird man immer noch Fehler oder Schwächen entdekken, welche jedem Individuum, oder doch den meisten Gliedern der Familie ankleben. Kann ich nun einen Sprößling von fremder Abkunft finden, dem jener Fehler oder jene Schwäche nicht eigen ist, der aber in Rücksicht des Körperbaues, der Abzeichung und der Eigenschaften Vorzüge besitzt, warum soll ich meiner Rasse durch Einmischung besseren Blutes nicht größere Vollkommenheit zu verschaffen suchen? Ist nicht das Nützliche dieses Verfahrens bei anderen Thieren, z. B. bei Pferden, Schafen u. a. m. erwiesen? Was soll uns wohl berechtigen, mit Hunden eine Ausnahme zu machen? Die Einbildung, im Besitz des Besten zu sein, zeugt immer von Egoismus, das Versäumen der Gelegenheit, sich das anerkannt Bessere auf erlaubte Art eigen zu machen, von Eigensinn."

In den „Bedingungen für die Eintragung in das Stammbuch Deutsch-Drahthaar" (St. D. D.) heißt es unter Punkt 2: Der Drahthaarige soll aus einiger Entfernung betrachtet dem gutgebauten, kurzrückigen deutsch-kurzhaarigen Gebrauchshunde gleichen.

Und unter Punkt 3: Die Schulterhöhe muß bei Rüden mindestens 60 cm, bei Hündinnen 58 cm betragen. Ausnahmsweise können auch Rüden unter 60 cm Schulterhöhe eingetragen werden, wenn sie sonst in jeder Beziehung allen Anforderungen entsprechen und auf einer in Betracht kommenden Gebrauchssuche mindestens den 3. Preis erhalten. In jedem einzelnen Fall einscheidet der Vorstand. Jede weiße oder zu helle Färbung ist ausgeschlossen. Schwarz ist zulässig, jedoch nicht erwünscht.

Die damaligen „Kennzeichen des deutsch-drahthaarigen Gebrauchshundes" waren:

Gesamterscheinung

Vorstehhund mittleren Schlages von edler Erscheinung, unscheinbar gefärbt, mit sehr harter, die Haut möglichst vollkommen schützender Behaarung, lebhaftem Temperament und klugem, treuem, energischem Gesichtsausdruck.

Körpermaße

Verhältnis von Rumpflänge zu Schulterhöhe wie 10 zu 9. Schulterhöhe (Stockmaß): Rüden 60 bis 65 cm, Hündinnen nicht unter 58 cm.

Haut

Nicht übermäßig fein, ohne überflüssige Falten, straff anliegend.

Haar

Behaarung sehr hart, mittellang, unscheinbar gefärbt, drahtig. Das Haar soll die Umrisse des Körpers nicht verdecken, trotzdem aber eine solche Länge haben, daß es guten Schutz gegen Witterungseinflüsse und Verletzungen bietet. Haarkleid gut anliegend, Haar an den unteren Teilen der Läufe kürzer, sehr dicht auf dem Behange. Buschige Augenbrauen; kräftiger, aber nicht zu langer Bart.

Körperformen

Körperproportionen, Muskeln, Sehnen und Gelenke so gebildet, daß das Tier sich ausdauernd, schnell und gewandt bewegen kann. Namentlich sollen sein:

1. Kopf mäßig lang, mit breitem und langem Fang, kräftigem Gebiß, mittelgroßem Behang, klaren Augen, deren Lider gut schließen.
2. Hals mittellang und kräftig.
3. Widerrist hoch, lang und voll.
4. Brust mäßig breit und tief, Rippen gut gewölbt.
5. Rücken kurz und gerade, Lendenpartie muskulös, Hüften breit.
6. Kruppe lang und mäßig schräg gestellt, gut bemuskelt.
7. Bauch nach hinten aufgezogen, schlank; Weichen kurz.
8. Läufe mit richtiger Winkelstellung der Knochen. Fest anliegende, schräg gestellte Schulter; Läufe, in der Längsrichtung betrachtet, senkrecht stehend.
9. Füße rund, mit geschlossenen Zehen und derben Ballen.
10. Rute weidgerecht gekürzt.

In der Anfangszeit war es möglich, Nachkommen von rauhhaarigen oder rauh- und kurzhaarigen Vorstehhunden in das Stammbuch Deutsch-Drahthaar eintragen zu lassen; ausgeschlossen waren Kreuzungsprodukte, von denen ein Elternteil langhaarig war. Die einem Vertrauensmann des VDD (Zuchtwart, d. Verf.) vorgeführten Hunde mußten mindestens ein Jahr alt sein und nach Möglichkeit eine jagdliche Anlagenprüfung haben. Ging die Begutachtung positiv aus, wurde vom Vertrauensmann ein vorgefertigtes Formular ausgefüllt und dieses mit eventuellen Prüfungsbescheinigungen und möglichst ausführlichem Stammbaum an die Redaktion des Stammbuches zu Händen Gustav Richerts, Stettin, mit der Empfehlung zur Eintragung in das Stammbuch Deutsch-Drahthaar geschickt.

Vertrauensmänner des VDD gab es in Bayern zwei, in Brandenburg sechs, in Braunschweig-Hannover drei, im Elsaß einen, ebenso für Hamburg, Lübeck und Bremen einen, in Hessen zwei, in Lothringen einen, in Mecklenburg zwei, in Ostpreußen drei, in Pommern zwei, in Posen einen, im Rheinland zwei, in der Provinz Sachsen zwei, im Königreich Sachsen zwei, in Schlesien zwei, in Thüringen drei, in Westfalen drei, in Westpreußen einen und in Württemberg ebenfalls einen.

Mit diesem flächendeckenden Stand an Vertrauensmännern mit Datum vom 1. Januar 1906 konnte der VDD wohl zufrieden sein. Die Mitgliederzahl betrug Anfang des Jahres 1906 70, sie stieg bis zum Jahresende auf 165 an.

Die drei Farbschläge des Deutsch-Drahthaar

Ostermann schrieb über diese Jahre des Ringens und den Sieg der Idee: „Keine Jagdhundeorganisation ist mit ihren Einrichtungen und Mitgliedern so unbegründet und rücksichtslos bekämpft worden, wie der VDD. Um die Jahrhundertwende tobte zwischen den Vertretern der vier Richtungen der Kampf um die Anerkennung der Ideen in einem für den praktischen Jäger unverständlichen 'Rauhhaarwirrwarr', den die Rauhhaarfreunde in Österreich und der Tchechoslowakei, wo man sich allgemein zum Drahthaargedanken bekannte, bezeichnenderweise nicht mitmachten. Als sich der Drahthaargedanke 1902 in Deutschland Bahn gebrochen hatte, begann von seiten der offiziellen Kynologie gegen den jungen VDD ein Feldzug, von dessen Auswüchsen sich die Jüngeren unter uns kaum eine blasse Vorstellung machen können. Die Stufenleiter ging von Totschweigen über den Boykott, die Lüge bis zur persönlichen Verunglimpfung und Verleumdung. Der VDD hat in diesen Kampfjahren mit Ausnahme der 'Deutschen Jäger-Zeitung' nahezu die gesamte kynologische Presse und Jagdpresse gegen sich gehabt. Man unterstellte dabei dem VDD, er triebe keine Reinzucht, wobei doch jedem offen zutage stand, daß gerade er es war, der in seinen Reihen die schroffste Leistungsreinzucht nicht nur propagierte, sondern in der Tat auch betrieb, allerdings frei von den verhängnisvollen Irrtümern seiner Gegner. Er hat niemals die Kreuzung und Fremdpaarung zum Prinzip erhoben, sondern sie lediglich von Fall zu Fall als notwendige Ausnahme anerkannt. Er tat nur das, was andere Tierzüchter zur Erreichung ihres Leistungsziels auch taten: Sie nahmen sich nach großen und bewährten Vorbildern das Gute zur Verbesserung und zum Fortschritt dort, wo man es am zweckmäßigsten fand. Wer diese freie, fortschrittliche und zweckbedingte Zuchtmethode als 'Diebstahl an anderen Rassen' bezeichnete, bewies nur, daß er den Sinn und Zweck der Jagdhundzüchtung nicht erfaßt hatte und ihn zum Selbstzweck degradierte. In der Verbesserung der Leistungsform mit geeigneten Hunden anderer Schläge kann doch nur eine hohe Anerkennung der Züchtungskunst der anderen Züchter liegen.

Die vornehme Zurückhaltung des größten Teils der Kurzhaar- und Langhaarmänner in diesem Kampf sei rühmlichst hervorgehoben. Die stärkste Stütze fand die junge Bewegung im Jagdgebrauchshundeverband, in der 'Deutschen Jäger-Zeitung' und in ihren eigenen Einrichtungen: dem Zuchtbuch DD, den seit 1905 erscheinenden 'Mitteilungen des VDD' (später DD-Blätter), der straffen organisatorischen Gliederung; besonders aber durch die Kraft der tragenden Idee, dem kameradschaftlichen Geist des Zusammenhalts und die Leistungen seiner Hunde auf öffentlichen Prüfungen. Dies alles führte schließlich zur Anerkennung bei der breiten Masse der praktischen Jäger."

Gebrauchshundearbeit: Das Totverbellen. Ein beglückendes Gefühl für den Schützen, wenn ihn der Laut seines DD zum Stück ruft

Mit dem Stand vom 1. Januar 1906 gab es beim VDD 22 registrierte Zwinger. Geographisch ansonsten recht gut verteilt, gab es eine Konzentration in Hannover. Beruflich dominierten die Forstleute mit sieben Zwingern. Aus dem Vorstand des VDD waren Alex Lauffs, Carl Koch, J. Kohlhase und Gustav Richert mit je einem Zwinger vertreten.

Der VDD zwischen den beiden Weltkriegen

Der verlorene 1. Weltkrieg hinterließ eine Situation, die erst aufgearbeitet werden mußte. So dauerte es auch etwa ein Jahr, bis sich die Freunde des Deutsch-Drahthaar wieder zusammenfanden und am 2. Mai 1919 in Stettin unter der Leitung ihres Schriftführers Gustav Richert ihre erste Hauptversammlung veranstalteten. Zu dieser Zeit hatte der VDD 368 Mitglieder.

Die nächste Hauptversammlung am 21. Februar 1920 befaßte sich u. a. mit der Bildung von DD-Ortsgruppen. Als Vorbild diente die 1914 gegründete „Ortsgruppe Süd". Nach anfänglichem Zögern sowie mit einer großen Portion Skepsis wurde dem vom „Hauptverein" zugestimmt. Zur Hauptversammlung am 26. Februar 1921 in Berlin gab es schon folgende Gruppen: Niederrhein, Mittelrhein, Hannover, Ostpreußen, Hercynia und Magdeburg. Wie sich der Deutsch-Drahthaar gegenüber den anderen Rassen zahlenmäßig entwickelte – und dies nicht zuletzt wegen der DD-Ortsgruppen –, zeigen die Eintragungen in das Deutsche Gebrauchshunde Stammbuch der Jahrgänge 1892 bis 1925.

Im Jahr 1927 wurden 124 Deutsch-Drahthaar in das DGStB eingetragen, damit wurde der einzig ebenbürtige „Rivale", der Deutsch-Kurzhaar, übertroffen. Es gab nun kein Zurück mehr, es gab nur noch ein Vorwärts.

Die rapide Entwicklung der Ortsgruppen bzw. der Gaue machte eine Aufstellung von Zuchtwarten in den jeweiligen Gruppen nötig. Die erste Arbeitstagung der „Gauzuchtwarte" wurde 1929 vom zweiten Vorsitzenden von Arnim einberufen und fand ihre berechtigte Weiterführung in den jährlich stattfindenden Zuchtwartetagungen. Vorausgegangen war eine Erweiterung des Hauptvorstandes nach Vorschlägen der Ortsgruppen und Gaue analog dem heutigen Gesamtvorstand des Verein Deutsch-Drahthaar.

Analysiert man die überaus schnelle Entwicklung des VDD nach dem 1. Weltkrieg, so ist diese in erster Linie mit Alex Lauffs aus Unkel am Rhein verbunden, der damals die Geschikke des Vereins als erster Vorsitzender lenkte und leitete und das vom Gründungsjahr 1902 bis zum Jahre 1934. Alex Lauffs war Zeitgenosse von Hegewald und Oberländer und hatte immer stärksten Anteil an der Förderung und Entwicklung des deutschen Jagdgebrauchshundwesens genommen, wenngleich er an keiner Tagung des Jagdgebrauchshundverbandes und nur selten an einer Versammlung

Der Anteil der einzelnen Rassen an den Eintragungen ins DGStB Band I bis XXIV (Jahrgänge 1892–1925)

DGStB Band	Gesamteintragung	DK eingetr.	%	DD eingetr.	%	PP eingetr.	%	DSt eingetr.	%	DB eingetr.	%	Gr. eingetr.	%	andere Rassen eingetr.	%
I	51	33	64,7	1	2	7	13,7	3	5,9	2	3,9	5	9,8	0	0
II	104	75	72,1	2	1,9	8	7,7	8	7,7	8	7,7	3	2,9	0	0
III	36	28	77,8	0	0	3	8,3	1	2,8	4	11,1	0	0	0	0
IV	23	15	65,2	1	4,4	4	17,4	0	0	2	8,7	1	4,3	0	0
V	33	21	63,6	1	3	5	15,2	2	6,1	2	6,1	1	3	1	3
VI	29	21	72,4	0	0	7	24,1	0	0	1	3,5	0	0	0	0
VII	39	23	59	1	2,6	5	12,8	4	10,2	1	2,6	1	2,6	0	2,6
VIII	34	29	85,4	1	2,9	2	5,9	1	2,9	1	2,9	0	0	0	0
IX	31	24	77,4	0	0	0	0	4	12,9	3	9,7	0	0	0	0
X	54	42	77,8	2	3,7	6	11,1	3	5,6	0	0	0	0	1	1,8
XI	55	41	74,5	4	7,3	4	7,3	2	3,6	4	7,3	0	0	0	0
XII	74	40	54,1	6	8,1	14	18,9	11	14,9	2	2,7	1	1,3	0	0
XIII	100	65	65	13	13	6	6	10	10	5	5	1	1	0	0
XIV	89	62	69,7	9	10,1	6	9,8	11	12,3	0	0	0	0	1	1,1
XV	71	43	60,6	12	16,9	7	7,8	8	11,3	1	1,4	0	0	0	0
XVI	108	72	66,7	17	15,7	8	7,4	7	6,5	3	2,8	1	0,9	0	0
XVII	123	81	65,9	17	13,8	8	6,5	15	12,2	0	0	1	0,8	1	0,8
XVIII	136	75	55,1	42	30,9	9	6,6	7	5,2	2	1,5	0	0	1	0,7
XIX	89	49	55,1	25	28,1	4	4,5	6	6,7	5	5,6	0	0	0	0
XX	129	62	48,1	46	35,7	3	2,3	10	7,8	3	2,3	3	2,3	2	1,5
XXI	117	56	47,9	39	33,3	15	12,8	3	2,5	2	1,7	1	0,9	1	0,9
XXII	135	58	43	66	48,9	0	0	3	2,2	6	4,5	1	0,7	1	0,7
XXIII	227	101	44,5	99	43,6	10	4,4	6	2,6	7	3,1	2	0,9	2	0,9
XXIV	198	81	40,9	93	47	8	4,1	7	3,5	5	2,5	3	1,5	1	0,5
	2085	1197	57,4	497	23,8	149	7,2	132	6,3	72	3,5	25	1,2	13	0,6

des VDD teilnahm. Er kam, wie viele Mitglieder der DD-Gründungszeit, aus dem Lager der Pudel-Pointer-Züchter zu Deutsch-Drahthaar.

Die liberalen Zuchtgrundsätze des Deutsch-Drahthaar setzten sich dank der Mithilfe begeisterter DD-Mitglieder und Förderer durch „Züchte den Drahthaarigen wie du willst, aber züchte ihn – züchte ihn rein Stammbaummäßig! Nie mit unbekannten Größen."

Aus Lauffs Zwinger „vom Unkeler Rabenhorst" konnten so erfolgreiche DD-Züchter wie Geheimrat Dr. Ströse, J. Braschoss und K. Siepen, Auenheim ihre Zuchten erfolgreich aufbauen. Seinen letzten Wurf zog Alex Lauffs am 7. Juli 1927, also mit 62 Jahren, aus seiner Schwarzschimmelhündin „Lola v. Empelde" (aus DSt. Lola v. Schloßgrund 2034/W nach DK Ali Altenau, Stammbuch-Preußisch-Kurzhaar 41) nach „Odin vom Saarforst." Diese Paarung entsprach nicht der damals aufkommenden Tendenz Schwarzschimmel zu züchten, sondern diente der Erforschung der Farbenvererbung, wobei ihm die schwarze Farbe dazu am dienlichsten erschien. „Lola" war eine derbdrahtige Hündin, hatte jedoch keinen Bart. Aus dieser Paarung mit „Odin" entsprang die glatthaarige „Chorina vom Unkeler Rabenhorst" registriert im Band X 3205, welche die Stammutter der bekannten Schwarzschimmelzucht „von der schwarzen Chorina" des Revierförsters Warzecha wurde.

Das Bemühen von Alex Lauffs, Theorie und Praxis in der Zucht in Einklang zu bringen, veranlaßte ihn, um sich getreue Mitarbeiter zu scharen, die ihm halfen, diese Arbeit zu meistern. Dazu gehörten Ströse, G. Richert, C. Koch, H. Schmidt und T. Reidel.

Zum Gedeihen des VDD trugen die DD-Blätter wesentlich bei. Sie erschienen ab 1924 wieder kontinuierlich und ihr Schriftleiter, H. Schmidt, Bisten, bestimmte über 20 Jahre lang das Niveau mit. Sein Zwinger „vom Saarforst" lebt noch heute in acht von vierzehn DK-Mutterlinien weiter, ein Zeichen seiner wegweisenden Züchtertätigkeit. Zu dieser Zeit kursierte noch die Lehre, daß Kurzhaar über Rauhhaar dominiert. Dazu schrieb Ostermann 1927: „Wo ist für unsere Drahthaarzucht das zwingende Beweismaterial, das dieser Lehre auch für unser Gebiet Gültigkeit verschafft? Ich habe in dieser Hinsicht das Material einiger Zwinger („vom Saarforst", „vom Freikorps", „Auenheim", „vom Unstruttal") studiert und bin bis jetzt der Überzeugung, daß in diesen Zuchten Rauhhaar über Kurzhaar dominiert. Herr Lauffs hat sich die dankbare Aufgabe gestellt, diese Frage durch exakte eigene Zuchtversuche zu klären."

Gerade die züchterische Freiheit beim VDD, Paarungen mit anderen deutschen Vorstehhundschlägen vornehmen zu dürfen, und die daraus entstandenen züchterischen Erfolge auf den Prüfungen wie der Verbandsgebrauchshundeprüfung veranlaßten die Gegner und Vertreter der „Reinzucht", die DD-Züchter der Mischmaschzucht zu bezichtigen. An diesen Kampagnen beteiligten sich unter anderem der Pudelpointer-Verein, der Griffon-Klub, aber auch der Stichelhaar-Verein.

Die Hegewaldnadel, eine stilisierte Wolfsangel, war das Symbol des Hegewaldbundes. Heute wird sie an VDD-Mitglieder für besondere Verdienste in Silber, für hervorragende Verdienste in Gold verliehen

Um eine einheitliche Richtung in das zerstrittene Rauhhaarlager zu bekommen, wurden im Juni 1920 von Peter Dorff und C. Hilbrig die „Erste Zuchtprüfung für Rauhhaarjährlinge" ausgeschrieben, die nach dem Förderer des rauhhaarigen Jagdgebrauchshundes „Hegewald-Zuchtprüfung" genannt wurde. Diese Prüfung sollte die vier rauhhaarigen Varietäten im friedlichen Wettstreit vereinen. Die Beurteilung sollten aber nicht nur Richter aus den eigenen Reihen übernehmen, sondern es kam darauf an, auch Richter aus anderen Zuchtgebieten, besonders auch anspruchsvolle Kurzhaarzüchter, zu bekommen, was glücklicherweise gelang. Zu der Teilnahme aller vier Rauhhaarschläge kam es leider nicht, sie blieb der 2. Hegewald-Zuchtprüfung in Dutenhofen vorbehalten.

Hegewald Gedenkstein in Lübbenau

Die Gründung des „Hegewaldbundes" von Ernst Johann Faber, am Abschlußabend dieser ersten Hegewald-Zuchtprüfung, wurde mit großer Begeisterung aufgenommen. Veranstalter der weiteren Hegewald-Zuchtprüfungen war der Hegewaldbund, von dem auch am 26. Juni 1921 anläßlich der 2. Hegewald-Bundestagung die Prüfungsordnung festgelegt wurde. In Lübbenau wurde noch nach freiem Ermessen gerichtet. Die Hegewald-Zuchtprüfungen blieben noch bis zur 9. in der Regie des Hegewaldbundes, dessen Ziel, die Rauhhaarschläge zu vereinen, ein gemeinsames „Hegewald-Zuchtbuch" mit selbständiger Zuchtbuchführung für PP, DD, DSt und Griffon zu erhalten, leider nicht gelang. Die Vertreter der anderen Rauhhaarschläge blieben peu à peu der Hegewald-Zuchtprüfung fern, da sie nicht vom VDD integriert werden wollten. So kam es zur Auflösung des Hegewald-Zuchtbundes und damit übernahm der VDD ab der 10. Hegewald-Zuchtprüfung diese nunmehr in eigener Regie.

Einen Höhepunkt der Anerkennung der Zuchtprinzipien des VDD gab es am 27. August 1927 in Berlin durch die offizielle Kynologie, nämlich durch das „Deutsche Kartell für Hundewesen". Es wurde dort festgelegt: „Es gibt nur eine Vorstehhundrasse, da sämtliche Vorstehhunde die gleichen Arbeitsleistungen und Anlagen zeigen und sich nur in für die Arbeit belanglosen Äußerlichkeiten – Haarform und Farbe – unterscheiden. Die Rasse Vorstehhund wird in folgende Schläge eingeteilt: 1. Kurzhaar, 2. Langhaar, 3. Rauhhaar; letztere mit den Familien Griffon, Stichelhaar, Pudelpointer und Deutsch-Drahthaar. Paarungen von Hunden aus verschiedenen Schlägen sind keine Kreuzungen. Den Zuchtvereinen bleibt es überlassen, Verfügungen über Eintragungen von Nachkommen der Unterarten in ihre Zuchtbücher zu treffen."

Ostermann beurteilt diese Anerkennung der züchterischen Grundsätze des VDD so: „Dieser Beschluß bedeutet mehr als ein Sieg des VDD. Er war der Sieg des gesunden Menschenverstandes über das tote Dogma, der Sieg der lebendigen Praxis über erklügelte Theorien, der Sieg der Freiheit über die Unduldsamkeit, der Sieg der Idee und des Geistes über die Materie, der Sieg des Hegewaldgedankens."

Hegewald auf der Hühnerjagd
Aus „Hegewalds Schriften über den Gebrauchshund"

Der Grundsatz „Durch Leistung zum Typ" setzte eine nachprüfbare Leistung der geforderten Jagdgebrauchshunde voraus, deren Verfechter in Hegewald einen kompromißlosen Vorkämpfer gegen den sportlichen Mißbrauch der Jagd und den Ausstellungsrummel hatten. Um seine Ideen, nämlich dafür, daß die Jagd weidgerecht nur mit zur Nachsuche brauchbaren Jagdhunden auszuüben sei sowie für die Herausgabe eines Leistungsstammbuches, das alle Ergebnisse der öffentlichen Leistungsprüfungen enthalten sollte, sammelten sich um ihn einsatzwillige Mitstreiter. Gleichgesinnte gründeten 1891 den „Berliner Gebrauchshundeverein“, dem bald weitere Gründungen folgten. Der Zusammenschluß dieser Vereine erfolgte 1899 zum „Verband der Vereine für Prüfung von Gebrauchshunden zur Jagd“, der 1937 in „Jagdgebrauchshundverband“ umbenannt wurde.

Der Schöpfer der ersten Prüfungsordnung für eine Gebrauchshundprüfung war Hauptmann Meier-Kurzwalde. Nach dieser Ordnung fand die erste Gebrauchsprüfung noch im selben Jahr, veranstaltet vom Berliner Stammverein, am 11. und 12. Oktober bei Sonnenwalde statt.

Hegewald, Koch und Oberländer ist es in erster Linie zu verdanken, daß die Ergebnisse dieser Prüfungen nicht nur bei den Gebrauchshundvereinen vorhanden waren, sondern vom Jagdgebrauchshundverband gesammelt und in Buchform, als „Deutsches Gebrauchshund-Stammbuch“, aufbereitet, allen dem Jagdgebrauchshundverband angeschlossenen Vereinen zur Verfügung standen. Waren es anfangs die Gebrauchsprüfungen, die als Leistungsprüfungen, im Grundsatz bis heute unverändert, unseren Hunden entsprechende Leistungen im Wald, Wasser und Feld mit dem dazu gehörenden Bringen abverlangten, so wollte man ja von den Nachkommen dieser so geprüften Hunde wissen, ob sie von ihren Eltern neben Frühreife deren Anlagen für die Arbeit im Wald, Wasser und Feld mitbekommen hatten. Oberländer, der diese Ansprüche (Forderungen) dem „Derby“ absprach, entwarf 1897 eine „Prüfungsordnung für verdeutschte Jugendsuchen“, auf denen ein dreiköpfiges Richterkollegium mit den Noten 0 (= ungenügend) bis 5 (= hervorragend) und entsprechenden Fachwertziffern eine Beurteilung vorzunehmen hatten. Die einzelnen Disziplinen sollten folgendermaßen gewertet werden:

1. Feldprüfung	mit Fachwertziffer
a) Nase	4
b) Güte der Suche	2
c) Ausdauer	4
d) Schnelligkeit	3
e) Vorstehen	2
f) Appell	2
g) Lautjagen hinter Haarwild	4
h) Spursicherheit beim Verfolgen des Hasen	4
i) Spursicherheit beim Zurückfinden zum Führer	4
k) Benehmen beim Abfeuern eines Schusses	2
2. Neigung für das Wasser	4
3. Schneid am Raubzeug	4

Die anhand dieses Entwurfes durchgeführten Jugendsuchen setzten sich gegenüber dem Derby durch. Die Arbeit auf der Spur des dem Hund nicht oder nicht mehr sichtbaren Hasen verzeichneten 75 % der 1925 durchgeführten Jugendsuchen; nur in ausgesprochenen Niederwildrevieren zog man die Führerfährte heran, gegebenenfalls noch die Kaninchenschleppe. Der Grund dafür war der überreiche Hasenbesatz in diesen Revieren, der eine einwandfreie Spurarbeit in dem Gewirr von Hasenspuren und der Vielzahl der Sichthetzen kaum ermöglichte. In dem Fach „Neigung für das Wasser" sollten die Jährlinge ein seichtes, nicht über einen Meter tiefes Wasser überwinden, um zu ihrem Führer zu gelangen, für den „Schneid am Raubzeug" sollte ein an den Hinterläufen gebundener Fuchs im Feld ausgesetzt werden. Bei der Abgabe des Schusses durfte der Hund weder Schußscheue noch Schußhitze zeigen.

Ostermann wertete ab 1927 die Jugendsuchen statistisch im Deutschen-Gebrauchshund-Stammbuch aus, indem er die Ergebnisse der einzelnen Würfe nach ihren Vätern aufteilte, so daß Züchter sich einen guten Überblick über die Vererbungskraft der Deckrüden verschaffen konnten. Später wurden die Herbstzuchtprüfungen ebenso ausgewertet, wie die weiterhin abgelegten Prüfungen Härtenachweis (HN), Armbruster-Haltabzeichen (A. H.), Bringtreue bestanden (Btr), Verlorenbringen auf natürlicher Wundspur (Vbr), Lautjager-Nachweis (LN), Verbandsschweißprüfung bestanden (Sw). Außer den Zensuren der Jugend- und Herbstzuchtprüfungen wurden noch die festgestellten Mängel im Wesen, in Form und Haar wie auch das Anschneiden, das Vergraben, das hochgradige Knautschen und das Nichtbringen gegriffenen Wildes ausgewertet. Mit dieser Auswertung konnte der interessierte Züchter seine Schlußfolgerungen für den für seine Hündin passenden Deckrüden ziehen.

Im Zuge der Entwicklung gab es Änderungen in den einzelnen Disziplinen, so fielen bei den Jugendsuchen die Fächer „Neigung für das Wasser", „Schneid am Raubzeug" und „Spursicherheit beim Zurückfinden zum Führer" weg; der Härtenachweis während der HZP und der VGP, der Vbr und die Prüfung auf Mannfestigkeit entfielen ebenfalls. Für die künstlichen Schweißfährten durfte nur Wildschweiß und kein Haustierblut genommen werden.

Alex Lauffs, der mit dem Jahr 1934 als erster Vorsitzender des VDD sein Amt an einen jüngeren, den zweiten Vorsitzenden Gerhard Wulf abgab, wurde auf Lebenszeit zum „Reichsehrenobmann" gewählt und hatte damit Sitz und Stimme in dem kleinen und dem großen Führerrat, der vordem geschäftsführender Vorstand und Gesamtvorstand hieß. Die „Gleichschaltung" nach der „Machtergreifung" machte aus dem VDD eine „Fachschaft" im „Deutschen Schießsportverband" unter dem Reichssportführer von Tschammer und Osten, die 1937 aufgrund einer Verordnung des Reichsjägermeisters Göring der „Deutschen Jägerschaft" angeschlossen wurde. Das Herauslösen aus dem sportlich ausgerichteten „Reichsbund für das Deutsche Hundewesen" (RDH) und den Übergang in eine selbständige jagdkynologische Organisation mit Anschluß an die Deutsche Jägerschaft verdankt das Jagdhundwesen und damit der DD Friedrich Ostermann, der 1935 wegen seiner jagdlichen Erfolge und Leistungen in das Reichsjagdamt berufen wurde und von dort aus den dafür notwendigen Einfluß wahrnahm.

Dieser Anschluß faßte die bisherigen Fachschaften von DD, DSt, PP und Gr in eine „Fachschaft für deutsch-drahthaarige Vorstehhunde" (FDD) zusammen. Was der Hegewaldbund erreichen wollte, war hiermit 17 Jahre später durch eine „Verordnung" geschaffen worden. Die Mitgliederzahl in der FDD ging weiterhin in die Höhe, für 1939 erwartete man die Zahl von 3.000. Die Zahl der zu den Hegewald-Zuchtprüfungen gemeldeten Hunde überstieg 1935 in Breslau, 1936 in Hildesheim, 1937 in Magdeburg und 1938 wiederum in Breslau die Hunderter-Marke. Im selben Jahr waren von den 561 in das DGStB eingetragenen Vorstehhunden 270 Deutsch-Drahthaar. Die DD-Blätter wurden ab 1938 für alle vier Rauhhaarschläge ein gemeinschaftliches Organ mit dem neuen Titel „Der deutsch-drahthaarige Gebrauchshund", bis ihr Druck kriegsbedingt 1944 eingestellt wurde.

Der Wiederbeginn und die Trennung

Das Ende des Zweiten Weltkrieges im Mai 1945 brachte Deutschland eine Aufteilung in vier Besatzungszonen.

Wenn es so schnell auch noch kein Jagdgesetz gab, so sammelten sich doch die Rüdemänner und sichteten, was von den Jagdgebrauchshunden übrig geblieben war. Der Jagdgebrauchshundverband unter dem Vorsitz von Friedrich Ostermann, seinem Stellvertreter Rommeswinkel, dem Geschäftsführer Eiserhardt und dem Stammbuchführer Ebeling hatte sich wieder organisiert. Als Beisitzer aus der Ostzone fungierte der bekannte DK-Züchter, Abrichter und Führer O. Sahre aus Zerbst. Das Deutsche Gebrauchshund-Stammbuch wurde weitergeführt und beinhaltete im ersten Nachkriegsband die bereits 1946 in den Westzonen durchgeführten drei Verbandsgebrauchsprüfungen. Von den 19 prämierten Hunden waren 16 Deutsch-Drahthaar. Außer den Verbandsgebrauchsprüfungen wurden ab 1949 auch wieder die Ergebnisse der Verbandsjugend- und der Herbstzuchtprüfungen eingetragen.

Die erste Hauptversammlung des VDD fand 1947 in Gießen statt. Zum 1. Vorsitzenden wurde Franz Zillikens, zum 2. Vorsitzenden Peter Dorff gewählt. Der Geschäftsführer für die Ostzone wurde Fritz Landsperger, Friedrich Ostermann der Schriftleiter der Deutsch-Drahthaarblätter.

Während Landsperger in der Ostzone als Koordinator des VDD und Zuchtbuchführer die dortigen DD-Züchter und Führer wieder sammelte, die sich in Sachsen, Thüringen, Mecklenburg, Berlin und Brandenburg als Landesgruppen organisierten, gab es im Geschäftsführenden Vorstand des VDD Schwierigkeiten mit der Leitung des VDD. Der 1949 zum ersten Vorsitzenden gewählte Peter Dorff löste diese Probleme nicht. Erst mit Franz Albert kehrte ab 1950 wieder Kontinuität in den Vorstand des VDD ein. Bruno Merkel, Stellvertreter des Vorsitzenden, kümmerte sich aktiv um den Wiederaufbau der Thüringer DD-Züchter und Führer im Raum Gotha. Die erste VGP in der Ostzone wurde 1948 von der Landesgruppe Sachsen in Röhrsdorf durchgeführt.

Wenn auch das Jahr 1949 mit der Gründung zweier deutscher Staaten die politische Trennung Deutschlands brachte, so galt das in keiner Weise für die Zucht des Deutsch-Drahthaar. Es gab noch keine kompletten Wurfeintragungen in das Zuchtbuch-DD wie heute, sondern jeder legal gezogene DD wurde einzeln vorgestellt, begutachtet und einzeln in das Zuchtbuch des VDD mit dem Nachweis seiner Eltern und seinen abgelegten Prüfungen eingetragen. Die Zulassung zur Begutachtung setzte ein Mindestalter von 7 Monaten voraus. Aufgrund dieses Verfahrens war es normal, daß es bei den Geschwistern eines Wurfes kaum eine fortlaufende Zuchtbuchnummer gab. Keine Zuchtbuchnummer erhielten die DD, die als glatt- bzw. kurzhaarig oder als zu lang und zu weich im Haar eingestuft wurden. Sie wurden im Anhang des jeweiligen Zuchtbuches registriert und erhielten hinter ihrem Namen: reg. Bd. und die Nummer des Zuchtbuchbandes in römischen Ziffern, z. B. XIX.

Die ab 1. Januar 1951 gewölften Welpen erhielten vom Zuchtbuchamt mit der Ahnentafel auch eine Stammbuchnummer. Es wurde also der gesamte Wurf mit fortlaufender Nummer eingetragen, zuerst die Rüden, danach die Hündinnen. Damit wurde die Anlage eines Zuchtregisters notwendig. Die Begutachtung für die Eintragung in das Zuchtregister erfolgte nunmehr auf einer Zuchtschau entsprechend den geltenden Zuchtbestimmungen, so auch auf der Hegewald-Zuchtprüfung. Die Zuordnung zu einer Mutterlinie (ML) erfolgte aufgrund der Abstammung mittels der Ahnentafel.

Hegewald-Zuchtprüfung in Alzey 1957. Bildmitte (mit Zigarre): Zuchtwart Dr. Uter, neben ihm der Suchenleiter Dr. Carl Tabel und rechts mit Schirmmütze Konrad Andreas

Ein wichtiges Bindeglied zwischen Ost und West bestand in den DD-Blättern, die ab März 1949 erstmalig nach dem Krieg wieder laufend erschienen. Zu der Zeit war es noch möglich, die DD-Blätter auch in die DDR zu verschicken. Es konnten auch Berichte von Prüfungen bzw. Ausschreibungen für Prüfungen in bzw. aus der DDR in den DD-Blättern veröffentlicht werden.

Die stetige Aufwärtsentwicklung bei DD nach dem 2. Weltkrieg zeigte sich u. a. in der Teilnehmerzahl der Hegewald-Zuchtprüfungen. Wurden 1949 zur 20. nach Hamm 83 Hunde gemeldet, so wurde schon 1951 fast die doppelte Meldezahl erreicht, um dann 1954 in Gießen sogar die Nennungszahl von 200 zu erklettern. Das blieb zwar nicht so, sondern pegelte sich in den fünfziger Jahren auf ungefähr 170 ein, doch auch das war eine Anzahl, die organisatorisch und finanziell zu bewältigen etlicher Anstrengungen bedurfte.

Wohl in der Auswertung des vom Zuchtwart Dr. Uter genannten Aderlasses des Zweiten Weltkrieges und seiner Folgen mit der Einengung der Zuchtbasis, wurden zahlreiche Paarungen mit anderen Haarschlägen vorgenommen, wobei Deutsch-Kurzhaar den größten Anteil hatte, aber auch Weimaraner und Deutsch-Langhaar beteiligt wurden. Für die Verwendung von Deutsch-Langhaar gab es Befürworter wie Dr. Uter, Ostermann und Andreas, doch die Gegner befürchteten für die Folge ein Herausmendeln des Langhaars, mit dem sie sich nicht einverstanden erklärten. Es blieb also nur bei Versuchen.

Wenn schon Anfang der fünfziger Jahre einzelne Nennungen von DD-Führern aus dem Osten für die Hegewald-Zuchtprüfungen eingingen, so sind die Jahre 1956 und 1957 insofern erwähnenswert, weil es in diesen beiden Jahren möglich war, daß sich je eine Delegation an den Hegewald-Zuchtprüfungen 1956 in Peine und 1957 in Alzey beteiligte. Der Verfasser dieser Zeilen kann sich deshalb so gut daran erinnern, weil er beide Male als Suchenfotograph eingeladen war. Ein Foto von ihm wurde 1957 Titelbild auf den DD-Blättern Band 35. Es stellt den DD-Rüden „Xot von der Grumpenburg“ 33582 dar, der aus dem Versuchswurf der Deutsch-Langhaarhündin „Tessa von der Grumpenburg“ 23875 stammt. „Xot“ holte sich aus der VJP Osnabrück ebenso wie auf der 27. Hegewald-Zuchtprüfung in Peine je einen I. Preis.

Von der Auswertung der Hegewald-Zuchtprüfung Peine in Heft 12/56 in der ostdeutschen Jagdzeitschrift „Unsere Jagd“ soll hier der letzte Absatz wiedergegeben werden: „Die Tage in Peine zeigten, daß wir uns mit unseren Hunden schon sehen lassen können, doch war den meisten Hunden anzumerken, daß ihnen die Führung unter der Flinte fehlte. Hoffen wir, daß unsere Oberste Jagdbehörde soviel Verständnis für das Jagdgebrauchshundwesen hat, daß sie den Führern und Abrichtern von Jagdgebrauchshunden die Möglichkeit gibt, ihre Hunde aktiv unter der Flinte führen zu können".

Der Wille, die gute Zusammenarbeit zwischen dem VDD und den DD-Züchtern und Führern im Osten nicht abreißen zu lassen, zeigte sich anläßlich der Hauptversammlung des VDD 1957 in Bingen, wo nach der Satzung das Amt des 2. Vorsitzenden des VDD dem Vorsitzenden (bzw. Obmann) der Landes- bzw. Bezirksgruppe der DDR zustand; dasselbe galt für den Posten eines Beisitzers. Daß es andererseits auch möglich war, Beiträge westdeutscher Autoren in „Unsere Jagd" zu veröffentlichen, bewies der Artikel von Dr. Tabel in den Heften 8 und 9/1956 über die Hasenspurprüfung als Pflichtfach auf den Herbstzuchtprüfungen.

Das Jahr 1958 brachte eine weitere Trennung, diesmal speziell für die Jagdhunde, somit also auch für Deutsch-Drahthaar. In der DDR wurde nämlich eine „Zentrale Zuchtbuch-

Das vorläufige Ende der öffentlichen Zusammenarbeit zwischen DD-West und DD-Ost, die HZP Bad Wilsnack 1959

stelle" der „Gesellschaft für Sport und Technik" in Halle / Saale eingerichtet, wo von nun an alle Ahnentafeln ausgestellt und alle Prüfungen registriert wurden. Beim VDD-Zuchtbuchamt wurden 1958 noch 45 Würfe aus dem Osten registriert, 41 Würfe dann schon bei der Zentralen Zuchtbuchstelle in Halle. Daß ab 1958 in der DDR keine glatthaarigen DD mehr angekört wurden, hatte mit der obigen Trennung nichts zu tun, sondern geschah aus der Erfahrung heraus, daß der Anteil der glatthaarigen DD nicht noch weiter ansteigen sollte, weswegen ab 1956 schon die Paarung einer DK-Hündin mit einem DD-Rüden untersagt wurde, um keine neue DK-Mutterlinie entstehen zu lassen.

In der DDR wurde die Ankörung für eine Zuchtzulassung 1954 eingeführt. Forstmeister Curschmann, der nach Dr. Wittmann Hauptzuchtwart wurde, beschrieb in Heft 3/1960 der Jagdzeitschrift „Unsere Jagd", welche Anlagen beim DD züchterisch gefördert werden sollten:

1. Spurwillen (Ausdauer), Spursicherheit (Nase, Wesen), Bringfreudigkeit
2. Schärfe, Wasserfreudigkeit, Spurlaut

Flotte, elegante Feldsuche und markantes eindrucksvolles Vorstehen sind selbstverständlich weiterhin erwünscht und erfreulich, als Erbanlage erhaltenswert, aber nicht mehr erstes und oberstes Zuchtziel."

Die DD-Zucht im Osten ging also in Richtung Arbeit des Hundes nach dem Schuß, es gab somit kein Auseinanderdriften der DD-Zucht in Ost und West.

Bei der HZP Bad Wilsnack 1959 kam es letztmalig zu einer öffentlichen Zusammenarbeit zwischen DD-West und DD-Ost. An ihr nahmen der Zuchtwart des VDD, Dr. Uter, zudem Ahrendt und Laderick sowie aus Norwegen Frau Stuan teil. Das Urteil des VDD-Zuchtwartes über die Jährlinge war sehr positiv, besonders gelobt in ihrer Ausgeglichenheit wurde von ihm die Hündinnenklasse.

Das Veröffentlichen eines Photos, das Dr. Uter und Frau Stuan auf dieser HZP zeigt, brachte der Redaktion von „Unsere Jagd" und speziell Klaus Rolfs harte Kritik ein. Die Auswirkungen dieser Kritik zeigten sich 1960 auf der HZP Feldberg. Dazu Dr. Heuer in den DD-Blättern 1/1961: „Die HZP Feldberg wird allen Teilnehmern in sehr guter Erinnerung bleiben. Ihr Verlauf wurde nur dadurch getrübt, daß infolge der verschiedensten Umstände in diesem Jahre keinerlei Gäste aus den Reihen des VDD anwesend sein konnten. Wir hoffen sehr, daß dafür im Jahre 1961 bessere Voraussetzungen bestehen, zumal die HZP des nächsten Jahres die 10. HZP der Spezialzuchtgemeinschaft-DD und damit eine Jubiläumsveranstaltung sein wird. Mögen alle beteiligten Stellen sich darum bemühen, daß unser

Wunsch in Erfüllung geht, 1961 Führer und Richter vom VDD als Gäste bei uns zu sehen."

Dieser Wunsch ging nicht mehr in Erfüllung. Die 10. HZP im Raum Suhl wurde abgesagt. Aktivitäten im nunmehr staatlich gelenkten Jagdhundewesen gen Osten ja, gen Westen nein. Mit dem Bau der Mauer im August 1961 war die Abkapselung zum Westen perfekt. Der Kalte Krieg ließ keine Kontakte mehr zu. Nur wer das Rentenalter erreicht hatte, durfte noch zu seinen Verwandten in den Westen fahren.

Die Zuchtleitung DD-Ost

Da es nach dem Mauerbau keine Belieferung von Deutsch-Drahthaar-Blättern mehr gab, versuchte die Zuchtleitung ein eigenes Mitteilungsblatt herauszubringen, wenn auch nur einmal im Jahr. Papier war ja auch kontingentiert und man benötigte dafür eine Freigabe. Der Text mußte jeweils der Obersten Jagdbehörde der DDR zwecks Druckgenehmigung vorgelegt werden, was auch noch das pünktliche Erscheinen erschwerte, so daß ein jährliches Erscheinen erst in den siebziger Jahren erfolgen konnte.

Das Jahr 1962 brachte eine organisatorische Veränderung im Jagdwesen der DDR, weg von der Gesellschaft für Sport und Technik (GST). Die Zuchtleitung-DD war nun wie alle anderen auch der Obersten Jagdbehörde der DDR unterstellt, die Züchter und Hundeführer wurden Mitglieder in den neugebildeten Jagdgesellschaften. Damit wurde eine bessere Bindung an das Jagdgeschehen erreicht. Die Waffenfrage wurde jedoch nur insofern besser, als die Waffen für den Jäger näher beim jeweiligen Jagdleiter eingelagert waren, aber auch von dort wieder nur für 24 Stunden ausgegeben werden durften.

Die von den Kreisen zum Bezirk übermittelten Jagdhunde-Prüflinge wurden dort zusammengefaßt, die Kreisarbeitsgruppen mit der Durchführung der notwendigen Prüfungen beauftragt. Die Finanzierung dieser Prüfung erfolgte über die Nenngelder, vornehmlich jedoch über die zweiprozentige Abgabe des Wildbreterlöses der Staatlichen Forstwirtschaftsbetriebe als den Wildbewirtschaftern, die für das Jagdhundewesen zweckbestimmt war. 1963 wurden im DDR-Maßstab 40 Jugendsuchen durchgeführt, an denen 756 Jährlinge aus 149 Würfen des Jahres 1962 teilnahmen, wovon 480 in die Preise kamen.

An die Zuchthunde wurden für die Eintragung in das Körregister erhöhte Anforderungen gestellt. Neben der bisher geforderten Mindest-Schärfenote 2 wurde jetzt die Note 3 und als weiterer Leistungsnachweis eine bestandene Herbstzucht-, Gebrauchs-, Vbr- oder erschwerte Schweißprüfung gefordert.

Daß der Deutsch-Drahthaar im Zuchtgeschehen wie auch im Prüfungswesen in der DDR immer an der Spitze der kontinentalen Vorstehhunde stand, zeigen nachstehende Zusammenstellungen:

Wurfeintragungen, Zwingerschutz und Körungen in den Jahren 1968 und 1986				
	Würfe	Welpen	Zwingerschutz	Körungen nur 1968
Deutsch-Drahthaar	161/103	823/517	36/18	96
Deutsch-Kurzhaar	80/32	411/161	30/8	52
Weimaraner	–/2	–/13	1/–	2
Deutsch-Langhaar	31/13	138/72	13/5	14
Gr. Münsterländer	3/2	14/7	–/–	11
Kl. Münsterländer	19/22	108/111	7/9	22
Pudelpointer	4/4	21/28	1/–	3

Jahreszusammenstellung der Prüfungen 1967 und 1968							
Rasse	JP	HZP	GP	Vbr.	Lt-Stö.	Er.Schweiß	Härte
DD	415/458	222/413	77/142	23/26	–/3	19/20	320/273
DK	138/200	77/169	18/33	1/8	–/–	3/4	80/103
Weim.	–/1	1/2	–/–	–/–	–/–	–/–	–/2
DL	57/46	28/40	25/14	1/3	-/1	5/2	35/30
Gr. Mü.	8/9	5/2	–/1	–/–	–/–	–/–	2/1
Kl. Mü.	32/61	15/51	4/7	2/1	–/–	3/1	3/7
PP	8/32	5/25	3/10	1/2	–/1	2/–	4/4

Im Jahr 1968 machte die Oberste Jagdbehörde der DDR starken Druck auf die Zuchtleitung, um diese personell zu verjüngen. Die Anforderungen an die Zuchtzulassung für Rüde und Hündin wurden ab dem 1. März höher gesteckt: Einmal durch die Anlagenkennziffer und zum anderen aufgrund der Forderung: HD-frei. Die Mutterlinien wurden nun nach Zwingernamen benannt, die den Züchtern auch bekannt waren.

Die Anlagenkennziffern waren in Noten des Vierersystems angegeben und bedeuteten Mindestforderungen, die für eine Ankörung auf Jugend-, Herbstzucht- oder Gebrauchsprüfung von den Hunden erzielt werden mußten. Die Abkürzungen gelten: F = Führigkeit, N = Nase, V = Vorstehen, Sp = Hasenspur, H = Härte, W = Stöbern hinter Ente, Lt = Sichtlaut.

	F	N	V	Sp	H	W	Lt
JP	3	4	3	4	3	–	sil
HZP	3	4	3	4	3	3	sil
GP	3	4	3	Vbr.	3	3	sil
	3	4	3	4	3	3	sil

Die erforderlichen Höchstnoten auf der Hasenspur und bei der Nase belegen, daß die Zuchtrichtung auf den Hund der Folge ausgerichtet war, der eine sehr gute Nase verlangt. Den Noten auf den Anlageprüfungen wurde natürlich die größere züchterische Bedeutung beigemessen. Die Härtenote mußte innerhalb von 24 Monaten nachgewiesen werden, die Gebißstellung mußte Schere sein. Diese erhöhten Anforderungen für die Zuchtzulassung brachten anfangs einen Rückgang in der Anzahl der bisherigen jährlichen Würfe:

1969	=	145 Würfe mit 768 Welpen
1970	=	138 Würfe mit 711 Welpen, Teilnahme JP 513, HZP 465, GP 63, Körung 73
1971	=	121 Würfe mit 631 Welpen, Teilnahme JP 300, HZP 335, GP 85, Körung 99
1972	=	135 Würfe mit 700 Welpen, Teilnahme JP 474, HZP 493, GP 71, Körung 75
1973	=	129 Würfe mit 686 Welpen, Teilnahme JP 306, HZP 231, GP 55, Körung 55
1974	=	150 Würfe mit 814 Welpen
1975	=	126 Würfe mit 658 Welpen
1976	=	139 Würfe mit 708 Welpen
1977	=	140 Würfe mit 739 Welpen
1978	=	156 Würfe mit 829 Welpen
1979	=	148 Würfe mit 752 Welpen

Um die Züchter anzuspornen, wurde von Bezirkszuchtwart Fritz Altermann ein Zwingerwettbewerb ausgearbeitet, der von ihm jährlich ausgewertet wurde. Die Grundlage dazu bildeten die erreichten Noten der Jugend- und Herbstzuchtprüfung, des Härtenachweises und des Form-/Haarwertes.

Die Zuchtsiegerprüfung im DDR-Maßstab wurde nach den Bestimmungen der Herbstzuchtprüfung unter Fortfall der Schleppen, aber mit Anrechnung der Härtenote zum ersten Mal 1969 in Brück durchgezogen, zu der 31 Hunde erschienen, wovon 14 Rüden und 10 Hündinnen in die Preise kamen. An der zweiten nahmen nur 15, an der dritten in Bantikow 28, an der vierten in Stendal 26 und an der fünften und letzten in Götzer Berge 25 Hunde teil. Da die Resonanz dafür so gering war, lief diese Prüfung mit der 5. Veranstaltung aus.

Für die Rüden gab es daher 1977 eine Pflichtprüfung etwa in derselben Form wie die Zuchtsiegerprüfung, aber erweitert um den Schußtest im Wasser. Die Prüfungen fanden im April/Mai des nächsten Jahres nach der Herbstzuchtprüfung statt, so daß die Rüden schon Wasserpassion zeigen mußten (Tab. S. 38).

Mit dem 1. Oktober 1979 gab es eine neue Zuchtordnung, die sich in der Höhe der Anlagenkennziffern von der vorhergehenden nicht unterschied, aber eine Präzisierung der Bewertungsmaßstäbe für die Benotung der Fächer Hasenspur und Raubzeugschärfe brachte. Die Schulterhöhe bei Rüden wurde von der Mindesthöhe 60 auf 62 cm angehoben; die Körper- und Barthaarlänge für die Ankörung beim Deckhaar auf 4 bis 6 cm, beim Barthaar für „vorzügliches" Haar auf mindestens 5 cm, für eine „sehr gute" Bewertung mindestens auf 4 cm, für „gut" auf 3 cm, die Körperhaarlänge von über 6 cm als zu lang, von unter 4 cm als zu kurz festgelegt. Hunde mit fehlendem P1 oder M3 konnten

Chronik der Zuchtrüdenprüfungen Deutsch-Drahthaar in der ehemaligen DDR, veranstaltet durch die Zuchtleitung Deutsch-Drahthaar (aus: DD-Blätter 9/92, Seite 282):

Jahr	Ort (Bezirk)	Leistungssieger	Führer	Züchter
1977	Möhringen (Magdeburg)	Eps von Schallo	Karl Susdorf Neustrelitz	H. Schallock Neubrandenburg
1978	Nausdorf (Schwerin)	Kant von Kattensohl	A. Lebeda Calvörde	W. Lange Wedringen
1979	Möhringen (Magdeburg)	Quant von der Diamantenen Aue	G. Sührig Oschersleben	K. Rolfs Milmersdorf
1980	Kemnitz Potsdam	Coran von der Kahling	R. Wolff Lancken/Granitz	W. Cruciger Appelshof
1981	Haldensleben (Magdeburg)	Creck vom Papensee	H.-D. Schröder Hohen-Sprenz	E. Preuß Hohen-Sprenz
1982	Seelow (Frankfurt/O.)	Artist vom Kranichsteich	L. Weber Laaslich	L. Weber Laaslich
1983	Markleeberg (Leipzig)	Condor vom Winkelberg	W. Zink Haldensleben	J. Mehne Hörsingen
1984	Bochow (Potsdam)	Panther vom Dahmetal	J. Geburtig Briesen	H. Vogler Rietzneunendorf
1985	Zislow (Neubrandenburg)	Harko von der Elms	E. Müller Schwerin	G. Straube Balsdorf
1986	Gierstädt (Erfurt)	Astor vom Sudequell	A. Dröse Rothemühl	J. Kuhn Lübbesse
1987	Rodleben (Halle)	Rex vom Teltow-Kanal	R. Zapf Kuhstorf	Dr. H. Rambusch Teltow
1988	Gröden (Cottbus)	Artos von der Burgruine	F. Fahrmayr Neeken	D. Kadner Elsterberg
1989	Haldensleben (Magdeburg)	Arrak vom Etzdorf	W. Braumann Libbesdorf	M. Obrist Dessau-Mosik.
1990	Bantikow (Potsdam)	Ferro von der Diamantenen Aue	M. Werth Kittendorf	K. Rolfs Milmersdorf

mit einer vollen vierer Anlagenkennziffer und dem Form-/Haarwert sg/sg auch angekört werden.

Von der Zuchtleitung Deutsch-Drahthaar wurden Züchter, Führer und Richter, die sich um den Aufbau und die Weiterentwicklung des DD verdient gemacht hatten, mit der goldenen DD-Nadel ausgezeichnet.

Ab 1980 blieb die jährliche Wurfstärke in etwa konstant. 1980 fielen 132 Würfe mit 670 Welpen, 1990 119 Würfe mit 520 Welpen. Der Durchschnitt in den elf Jahren betrug 111 Würfe mit durchschnittlich 560 Welpen.

Der Rückgang der Wurfzahl ist durch die höheren Selektionsanforderungen bei den Ankörungen, den Rückgang des Niederwildes und die Ausweitung der Parvovirus-Erkrankungen zu erklären.

Das Erarbeiten einer einheitlichen Prüfungs- und Zuchtordnung für alle

Der Abbau der überhöhten Schwarzwildbestände erforderte den Einsatz von an Sauen eingearbeiteten Jagdhunden

aus der DDR anerkannten Jagdhundrassen mit der Einführung des Benotungssystems von 0 bis 9 erfolgte gegen den Widerstand der Zuchtleitung-DD und einiger Bezirksarbeitsgruppen Jagdhundwesen. Sie wurde mit Wirkung vom 1. Januar 1987 durch den Minister für Land-, Forst- und Nahrungsgüterwirtschaft als Leiter der Obersten Jagdbehörde in Kraft gesetzt.

Es gab zwar weiterhin rassespezifische Zuchtbestimmungen, Anlagen-, Zucht- und Leistungsprüfungen, doch war ein Vergleich durch das veränderte Prüfungs- und Bewertungssystem mit den vorhergehenden Prüfungsordnungen nicht mehr möglich. So kamen zu den Anlageprüfungen im Frühjahr für kontinentale Vorstehhunde die Fächer Kreistest, Wasserfreude, der allgemeine Gehorsam mit Setzen, Leinenführigkeit und Ablegen dazu. Die extra für diese Fächer angeführten Benotungsrichtlinien legten die zu vergebende Punktzahl fest. Bei den Herbstprüfungen konnte man zwischen verschiedenen Varianten wählen: Feldarbeit – Schweißarbeit – Bringen; Feldarbeit – Bringen – Wasserarbeit (analog HZP); Schweißarbeit – Bringen – Wasserarbeit; Schweißarbeit – Wasserarbeit – Schwarzwildschärfe. Für den I. Preis war auch die bestandene Raubzeug- bzw. Raubwildschärfe notwendig, die ein Zeitlimit von 5 Minuten hatte und bei Ausübung der Jagd oder bei sonstigen Gelegenheiten von einem Richter und einem weiteren Weidgenossen festgestellt werden konnte und benotet wurde.

Die Prüfung der Schwarzwildschärfe fand in einem Schwarzwildgatter von 0,75 bis 1,5 ha Größe bei einem Zeitlimit von 10 Minuten statt, wobei der Hundeführer seinen Hund zur Suche schickte, dann aber das Gatter verlassen mußte und sich völlig ruhig zu verhalten hatte. Vom Hund wurden mindestens 2,5 Minuten Arbeit mit Bindung zum Stück verlangt, um zu bestehen. 1989 bestanden 54 DD die Schwarzwildschärfe-Prüfung. Analog dazu gab es die Schwarzwild-Natur-Zusatzprüfung.

Aber auch unter den veränderten Bedingungen blieb der Deutsch-Drahthaar an der Spitze der Prüfungsergebnisse. Insofern erwies sich die gemeinsame Prüfungsordnung letztlich als nützlich für die Weiterverbreitung des Deutsch-Drahthaar.

Die Anlagenkennziffer, die dem Hund bei der Ankörung durch Eintrag auf der Ahnentafel bestätigt wurde und bei den Eltern in der Ahnentafel mit der Abkürzung AKZ und in derselben festgelegten Reihenfolge unter der KR-Nummer stand, mußte auf das neue Bewertungssystem (0 bis 9) umgestellt werden.

Stummel am Schwarzwild

Der VDD West

Während in den ersten drei Jahren des Bestehens des VDD der Vorsitzende maßgebend auf die züchterischen Belange einwirkte, änderte sich das mit dem Ausscheiden des um den VDD so hochverdienten Alex Lauffs, der den Nationalsozialisten nicht genehm war. Nach der Zeit der Gleichschaltung im NS-Staat und dem Zweiten Weltkrieg lag die Weiterentwicklung der DD-Zucht infolge der notwendig gewordenen Aufgabenteilung beim Hauptzuchtwart. Ihm zur Seite standen die Zuchtwarte der Gruppen, die ja unter der Regie des Hauptzuchtwartes in der Zuchtwartetagung den jeweiligen Stand in der Zucht berieten und notwendige Veränderungen über die nachfolgende Jahreshauptversammlung auch erfolgreich zum Beschluß erheben konnten.

Es ist das große Verdienst des Hauptzuchtwartes Dr. Wolfgang Uter, daß er nach dem Zusammenbruch des NS-Regimes und dem damit verbundenen großen Aderlaß bei der DD-Zucht die Initiative zum Neubeginn der DD-Zucht ergriff und selber keine Mühen und Kosten scheute, um die Vielseitigkeit der vordem vorhandenen Mutterlinien wieder zu erreichen.

Dr. Uters Tätigkeit als Hauptzuchtwart begann 1951 bis 1962 und von 1966 bis 1968, in der er sich von Anbeginn mit ganzer Kraft für das Wiedererstarken der DD-Zucht einsetzte. Vorsitzender war zu der Zeit Franz Albert, dessen Verdienst ist es, die Hegewald-Zuchtprüfung nach dem Zweiten Weltkrieg wiedererweckt zu haben.

Da es damals in den DD-Zuchten kaum Hunde gab, in deren Ahnentafel nicht ein „Blücher", „Wero" oder „Arndt vom Geyerstein" auftrat, bemühte sich Dr. Uter um den Erhalt und die Weiterführung der noch wenigen geyersteinfreien Zuchthunde. Er selber züchtete in seinem Zwinger „von der großen Rehkuhle" überwiegend in der Königsheide-Saarforst Mutterlinie. Aus seinen geyersteinfreien Würfen gab er kostenlos Welpen ab, wenn er wußte, daß diese in entsprechende Züchter- und Führerhände kamen. So kamen aus seinem Zwinger eine nicht geringe Anzahl auch in Führer- und Züchterhände aus der damaligen DDR, sehr zum Nutzen und Frommen der dortigen DD-Zucht. Daß ein Mann vom Format Dr. Uters sich auch Widersacher zuzog, war ein normaler Vorgang. Es gab eben im DD-Lager neben Dr. Uter eine große Zahl von verdienten und bedeutenden Männern, die in den fünfziger und sechziger Jahren in den

DD-Blättern ihre Meinungsunterschiede austrugen. Um den Zahnfehlern, wie dem Vor- aber auch dem Rückbiß entgegentreten zu können, sollten die Ahnentafeln der mit Zahnfehlern behafteten Hunde den Stempel „Warnblut" erhalten. Eine Maßnahme, die viel böses Blut erzeugte und nicht zuletzt dazu beitrug, daß das Zuchtamt um die Herren Dr. Keller, Gewecke und Linnemann erweitert wurde und Dr. Uter erst wieder 1966 als kommissarischer Hauptzuchtwart amtierte, was er bis zu seinem 73. Lebensjahr, also bis 1968 tat.

Dr. Wolfgang Uter

Dr. Uters Aufgabe als Hauptzuchtwart in den Nachkriegsjahren war nicht leicht, doch er schaffte es, mit Hilfe vieler DD-Freunde, die DD-Zucht wieder aufzubauen und den Freunden des rauhhaarigen Jagdgebrauchshundes den harten und wesensfesten Hund der Folge wieder zur Verfügung zu stellen.

In dieser Zeit des Wiederaufbaus der DD-Zucht gab es neben Dr. Uter natürlich Weggefährten, die tatkräftig mitarbeiteten. Stellvertretend muß neben anderen Friedrich Ostermann (1898–1992) genannt werden, der von 1949 bis 1965 Schriftleiter der DD-Blätter war, die, wie er selbst sagte, im Dienste der Pflege der DD-Schicksalsgemeinschaft standen und stehen. Aufgabe der DD-Blätter sollte es sein, maßgebend an der Bereinigung des Streites und der Differenzen im Drahthaarlager mitzuwirken, so daß ein allen nützliches Ergebnis zustande kam. So sah Friedrich Ostermann seine Aufgabe als Schriftleiter. Er nahm im übrigen das 50jährige Bestehen des VDD zum Anlaß, eine Festschrift herauszubringen, an der außer ihm noch Dr. Uter und Dr. Hilbrig durch fundierte Beiträge mitwirkten. Ostermanns Beiträge bezogen sich auf „Der Aufstieg einer Zuchtbewegung" und „Familientypen in der Drahthaarzucht". Der Anlaß zu einer weiteren gelungenen Festschrift war die 25. Jubiläums-Hegewald-Zuchtprüfung, in der diese 25 Prüfungen mit viel anschaulichem Bildmaterial chronologisch wiedergegeben wurden.

In seinen kynologischen Fachbeiträgen, die nicht nur in den DD-Blättern erschienen, trat Ostermann immer wieder für die Schaffung brauchbarer Jagdhunde als eine unerläßliche Voraussetzung für die jagdliche Praxis ein. Aufgrund seines Einsatzes für das Jagdgebrauchshundwesen wurde er 1946 zum Präsidenten des JGHV gewählt, ein Amt, das er bis 1965 innehatte. Er züchtete in seinem Zwinger „vom Unstruttal" sehr erfolgreich braune DD, die er auch selbst ausbildete und mit viel Erfolg auf den Verbandsprüfungen und in der jagdlichen Praxis führte. Theorie und Praxis stimmten bei ihm überein.

Zu den damaligen Zeitgenossen, bei denen Wort und Tat ebenfalls übereinstimmten, gehört der erst vor wenigen Jahren hochbetagt im Alter von 96 Jahren in die ewigen Jagdgründe übergewechselte Dr. Carl Tabel (1897–1993), der in Fachkreisen als der Nestor galt, was ihn als den ältesten Sachkundigen im Jagdgebrauchshundwesen ehrte. Er war wie wenige zuvor schon zu Lebzeiten eine Legende. Seine eigenen Führungserfolge und seine Veröffentlichungen in den DD-Blättern, der Jagdpresse und in Form von Büchern hatten ihn über Deutschlands Grenzen hinaus bekannt gemacht, so seine Werke „Richten und Führen", „Der Gebrauchshundjährling", „Dreizehn meiner besten Hunde" sowie „Der Jagdgebrauchshund".

Zwei Autoren mit dem gleichen Buchtitel „Der Jagdgebrauchshund", Klaus Rolfs und Dr. Carl Tabel

Aufgrund seiner Kenntnisse mit leitenden Funktionen bedacht, blieb er stets der Mann, bei dem Wort und Tat übereinstimmen mußten. Er machte aus seinem Herzen keine Mördergrube, wenn er auf Männer traf, bei denen das nicht so war. Sein Hauptanliegen war die Arbeit des Hundes nach dem Schuß, speziell die Schweißarbeit. Deswegen wurde er auch zum Hauptbegründer der erschwerten Schweißprüfung „Pfälzerwald", die erstmals 1956 durchgeführt wurde. In seinem Sohn Uwe fand er einen Rüdemann, der in die Fußstapfen seines Vaters trat und seit 1971 den bewährten Zwinger weiter führt. „Sachkundig und erfahren, redegewandt und überzeugend", so werden

Die Entwicklung des Verein Deutsch-Drahthaar e.V. und die Entwicklung seiner Mitgliederstärke von 1952 bis 1992

Gruppe jeweils 1.1.	1952	1962	1972	1982	1992
Altmark	19	–	–	–	–
Artland	81	101	–	–	–
Artland-Südoldenburg	–	–	211	261	279
Baden	87	218	223	237	281
Bayern	95	200	–	–	–
Berlin	–	–	48	95	–
Berlin-Brandenburg	–	–	–	–	158
Bremen	149	191	181	190	190
Canada	–	–	–	–	50
Essen-Ruhr-Lippe	147	–	–	–	–
Essen-Ruhr	–	106	152	185	255
Freistaat Sachsen	–	–	–	–	76
Hamburg	73	60	93	135	141
Hessen	205	351	443	613	594
Leer	16	–	–	–	–
Lüneburger Heide	–	90	83	84	138
Märkische Heide	–	–	–	–	39
Mecklenburg-Vorpommern	–	–	–	–	197
Mittelfranken/Oberpfalz	91	185	–	–	–
Mittelrhein	110	178	254	344	427
Niederlausitz	–	–	–	–	72
Niederrhein	204	228	338	370	321
Niedersachsen	205	410	315	470	491
Nordamerika	–	–	17	45	386
Nordbayern	–	–	557	844	1068
Nordoldenburg	–	–	121	–	–
Oberfranken	61	75	–	–	–
Oberschwaben	–	–	–	202	232
Osnabrück	–	65	213	255	253
Ostfriesland-Nordoldenburg	–	–	121	218	277
Porta Westfalica	–	–	153	287	261
Rhein-Maas	–	–	–	294	340
Rhein-Neckar	–	–	177	369	336
Saarland	27	83	115	197	285
Sachsen-Anhalt	–	–	–	–	99
Schleswig-Holstein	127	213	405	862	1123
(Rauhhaargruppe Westberlin als Untergruppe von Schleswig-Holstein)	–	33	–	–	–
Südbayern	–	–	279	524	539
Thüringen	–	–	–	–	118
Uckermark	–	–	–	–	62
Uelzen	36	–	94	181	186
Westfalen	291	353	340	389	382
Württemberg	51	168	578	473	446
Σ	2075	3308	5511	8124	10102

Vater und Sohn in der Festschrift der Gruppe Mittelrhein anläßlich ihres 75jährigen Bestehens eingeschätzt.

In Anerkennung seiner Verdienste wurde Dr. Carl Tabel an seinem 75. Geburtstag mit dem Bundesverdienstkreuz I. Klasse sowie mit der Statuette des JGHV ausgezeichnet.

In die sog. „Ära Dr. Uter" fällt auch noch das begehrte „Armbruster-Haltabzeichen", das seit 1958 verliehen wurde. Die Idee dazu hatte der Amerikaner L. F. Armbruster, der sich 1946 in Deutschland einen DD anschaffte und dadurch zu einem überzeugten DD-Anhänger wurde. Mit dem Haltabzeichen wird der Gehorsam am sichtigen Hasen gefordert, aber nicht die Hasenreinheit, denn der Hund soll nach erfolgtem Gehorsam am selben Hasen zeigen, daß er die Lust an einer entsprechend weiten Spurarbeit nicht verloren hat. Dieses Leistungszeichen wurde 1970 mit allen Rechten und Pflichten vom JGHV übernommen.

Der Tätowierzwang fällt ebenfalls in die o. g. Zeitspanne und wurde unter dem Vorsitzenden Hubert Schieffer mit aktiver Unterstützung von Fritz Linnemann bei den DD-Züchtern durchgesetzt. Linnemann, der versierte DD-Züchter „vom Jägerhaus", war langjähriger Vorsitzender und Zuchtwart der Gruppe Niedersachsen, seinem Zwinger entstammten viele hervorragende Hunde. Aufgrund seiner züchterischen Kenntnisse wurde er Mitglied des damaligen Zuchtamtes, in dem er von 1957 bis 1965 u. a. mit Dr. Uter, Dr. Keller und Gewecke das Zuchtgeschehen im VDD mit beeinflußte.

Mit dem Jahr 1968 begann die Amtsperiode des noch heute amtierenden Hauptzuchtwartes Georg Greller. Sein Amtsantritt begann nicht mehr unter den ungünstigen Bedingungen wie bei seinem Vorgänger Dr. Uter. Daß es nichtsdestotrotz Arbeit und immer wieder Einsatz bedeutete, einen laufend wachsenden Stand von Mitgliedern und nicht immer „einfachen" Züchtern erfolgreich zu lenken und zu leiten, 1972 gab es bereits 3.000 eingetragene Zwinger, soll hier deutlich gesagt werden.

Die herausragende Stellung des Hauptzuchtwartes im VDD wurde durch eine relativ kurzfristige Amtszeit der 1. Vorsitzenden begünstigt. Hubert Schieffer trat zwar sein Amt gleichzeitig mit Greller an, doch schon 1971 wurde Clito Hödicke sein Nachfolger. Dessen Amtszeit war aber an Jahren ebenso begrenzt wie die seines Vorgängers, nämlich auch nur auf eine Wahlperiode. Auf Hödicke folgte 1974 Bernd Fischer. Dessen Nachfolger war ab 1977 Paul Kühne, der mehr Kontinuität in den Vorsitz brachte. In seine Amtszeit fiel die 49. Hegewald-Zuchtprüfung in Hollabrunn/Österreich, auf der ein Führer aus Belgien Suchensieger wurde. Kühne stellte sich erfreulicherweise für drei Wahlperioden zur Verfügung. So gab es

Die Vorstellung der Hunde 1993 im Ring auf der 61. Hegewald-Zuchtprüfung im Raum Magdeburg, der ersten Hegewald-Zuchtprüfung in den neuen Ländern, durch den Hauptzuchtwart Herrn Greller. Aufmerksame Beobachter daneben waren Herr Exenberger aus Österreich und Herr Gallo aus Italien, im Hintergrund Herr Zooren

erst 1986 einen weiteren 1. Vorsitzenden, nämlich Theodor Schnepper, der dieses Amt bis 1995 bekleidet hat. Zu den bedeutenden Ereignissen in Schneppers Amtszeit ist – noch zu DDR-Zeiten – die Teilnahme an der letzten Zuchtrüdenprüfung in Bantikow im April 1990 zu nennen, danach die Wiedervereinigung von Deutschland-West und Deutschland-Ost und damit der Zusammenschluß der beiden Vereine im Frühjahr 1991, der des VDD mit dem CDD zu einem gesamtdeutschen VDD. Ein weiterer Höhepunkt war die Gründung des DD-Weltverbandes am 24. September 1992 anläßlich der 60. internationalen Hegewald-Zuchtprüfung im 90. Jahr des Bestehens des VDD, wobei Schnepper die Ehre hatte, zum Präsidenten des Weltverbandes gewählt zu werden. Last but not least muß die 61. Hegewald-Zuchtprüfung im Raum Magdeburg als die erste in den neuen Ländern nach der Einheit genannt werden, was im Vorfeld zunächst sehr skeptisch beurteilt, doch nichtsdestoweniger zu einem vollen Erfolg wurde.

Ein nicht wegzudenkender, immer dienstbereiter Weggefährte des Zuchtwarts Greller war von 1971 bis zum Jahre 1992 der damalige Schriftleiter der DD-Blätter Horst Detert. Die DD-Blätter sind ja das Bindeglied innerhalb des VDD, sie sind zwar ein Mitteilungsblatt für jagdkynologische Fragen, doch auch das Sprachrohr des Vorstands sowie aller Gruppen. Detert redigierte aber nicht nur allmonatlich die DD-Blätter, sondern erweiterte diese Arbeit anläßlich des 60. Jahrgangs der DD-Blätter mit einer Zusammenstellung dieser Mitteilungen ab Band 1. Weitere zusätzliche Publikationen nach dem Vorbild der Ostermannschen Festschriften waren das sehr gut ausgestattete Heft vom März 1977 zum 75jährigen Bestehen des VDD mit einem historischen Überblick über die Vereinsgeschichte sowie das Sonderheft Nr. 8/1982 anläßlich des 80jährigen Jubiläums unter dem Titel „Im Zeichen der Wolfsangel" mit einer ebenfalls reich bebilderten Schilderung der bisherigen 50 Hegewald-Zuchtprüfungen.

Georg Greller hatte einen erfolgreichen DD-Züchter zum Vater, damit besaß er schon von Hause aus eine gute Vorbildung für die notwendigen Kenntnisse in der DD-Zucht. Zu diesen Kenntnissen brachte Greller organisatorisches Talent mit, das er auch entsprechend einzusetzen wußte. Abgesehen von den Fähigkeiten, die ein Vorsitzender einer Gruppe besitzen muß, wie Georg Greller als Vorsitzender der Gruppe Nordbayern, so ist die Organisation der jährlichen Hegewald-Zuchtprüfungen auf internationaler Ebene nicht nur Sache des Prüfungsleiters, sondern gehört mit zu den Aufgaben eines Hauptzuchtwartes. Ein Höhepunkt ist immer die Vorstellung der

Hunde im Ring. Die Art und Weise, wie der Hauptzuchtwart dieses am Mikrophon zelebriert, ist schon zu einem Ritual geworden. Er weiß auch um die Publikumswirksamkeit dieser Vorstellung, die ja auch mit zur Öffentlichkeitsarbeit des VDD gehört, aber natürlich auch seine Person miteinschließt. Dazu zählen ebenso die Zuchtrüdenschauen, die außer für den interessierten Züchter auch eine für das Publikum sehr informative Veranstaltung sind. Auch auf diesen Ausstellungen zeigt der Hauptzuchtwart sein Talent in der Beurteilung der dort vorgeführten Rüden. Die unter der festen Hand Grellers stehende Tagung der Gruppenzuchtwarte dient natürlich dazu, anstehende züchterische Themen abzustimmen, die so vorbereitet in der Regel auch in der der Zuchtwartetagung nachfolgenden Jahreshauptversammlung des VDD bestätigt werden.

Die Zeit der züchterischen Freiheit der Anfangsjahre, des Experimentierens durch die Hereinnahme anderer Vorstehhundschläge, wie es unter anderem als Paarungen mit Deutsch-Langhaar und Weimaraner noch in den fünfziger Jahren geschah, ist Vergangenheit. Die Gefahr einer weiteren Ausbreitung der Schwarzschimmelzucht wurde durch eine Änderung in der Zuchtordnung verhindert. Die Tendenz, den jeweiligen Suchensieger als Deckrüden zu benutzen, wurde richtigerweise eingeschränkt. Ein Rüde darf pro Jahr nicht mehr als sechs Hündinnen belegen, was unbedingt zu begrüßen ist. Um ein aussagekräftiges System in Bewertung der Anlagen unserer DD-Jährlinge zu erhalten, gab es eine intensive Zusammenarbeit mit der Universität Gießen, dem Institut von Prof. Dr. Herzog. Es führte zu einem 12-Punkte-System, das nach Annahme durch den JGHV seit dem Frühjahr 1975 für DD auf den VJPen und HZPen angewendet wird.

Die Bekämpfung der HD, ein schwerwiegendes Problem, blieb nach dem Willen des Hauptzuchtwartes jedem Züchter selbst überlassen: Man konnte seinen Hund dem HD-Röntgen unterziehen. Wessen Hund HD-frei ist, erhält einen entsprechenden Stempel auf die Frontseite der Ahnentafel. Das trug auch dazu bei, dem Antrag die Zustimmung zu geben, daß ab dem 1. Januar 1992 nur HD-freie DD in das Zuchtregister aufgenommen werden. 1990 lag die Anzahl der auf HD untersuchten Hunde bei 11 %, 1991 bei 15 %, 1992 bei 22,4 %. 1993 wurden 763 DD überprüft, wovon 657 HD-frei, 72 HD I, 26 HD II, 4 HD III und weitere 4 nicht auswertbar waren. Setzt man die Anzahl der 1993 HD-überprüften Hunde zu der Anzahl der 1992 gewölften DD in Relation, so ergibt das gegenüber 1992 nur eine Erhöhung um 0,4 %. Gegenüber 1990 ist das zwar eine ansehnliche Steigerung, doch sollte zum Nutzen der DD-Zucht und damit zum Vorteil des jagdlichen Einsatzes die Anzahl der HD-Untersuchungen sich noch weiter erhöhen.

Von dem Hauptzuchtwart eines so großen Vereins kann nicht verlangt werden, alle anstehenden Dinge selber abzuhandeln. Er muß sich Mitarbeiter heranziehen, die ihn in seiner Arbeit unterstützen. Eine Herausforderung, die Greller als guter Organisator zu lösen versteht. Da ist als Mitarbeiter Walter Rost zu nennen, dem die statistische HD-Auswertung obliegt, Heide Haverland nach K. H. Tiefel als neue Zuchtbuchführerin und Norbert Feuerbach, der Vorsitzende der Gruppe Uelzen, dem wir die alljährliche überarbeitete „Statistische Nachkommensauswertung von DD-Rüden" zu verdanken haben. Daß Greller an seiner Frau eine gute Unterstützung hat, soll hier nicht unerwähnt bleiben.

Das Problem der unterschiedlichen Haarvererbung konnte auch durch weitere Hereinnahme von DK in der bisherigen Amtszeit Grellers nicht gelöst werden. Dieses betonte auch Uwe Tabel in seiner Festrede anläßlich der Jubiläumsfeier der DD-Gruppe Baden, am 2. Oktober 1993. „Es ist ja bis zum heutigen Tage eine Erkenntnis in der Rauhhaarzucht, daß die Haarqualitäten innerhalb eines ganzen Wurfes und erst recht innerhalb der Gesamtzucht nach wie vor stark variieren. Insgesamt sind wir zwar in der DD-Zucht zu besseren (standardentsprechenden) Haarqualitäten gekommen, aber Unterschiede bei der Nachzucht treten immer wieder auch dann auf, wenn bestbehaarte Elternhunde mehr versprachen."

Wenn man auf ein bestimmtes phänotypisches Aussehen Wert legt, sollte man auch die Meinung der Käufer berücksichtigen. Fragt man einen Jäger, der sich einen DD anzuschaffen gedenkt, wie dieser aussehen soll, so möchte dieser natürlich einen gut sichtbaren Bart haben und keinen nur mit Fusseln am Ober- und Unterkiefer, geschweige denn einen ohne Bart. Da der Jäger den Hund für die Jagdpraxis haben will, stellt er auch bestimmte Qualitätsanforderungen an den Gebrauch der Nase, an das Halten einer (Wund-) Spur und -Fährte, an die Wasserpassion, an die Vorstehanlage, an die Wildschärfe, die Raubwildhärte, meist auch das Verteidigen des erlegten Wildes und das Bewachen des Fahrzeugs. Da der Hund auch ausgebildet werden muß, soll er schnell begreifen, was der Ausbilder von ihm verlangt. Weil zur Jagd auch der Schuß gehört, muß auch dieser sehr harte Knall von unserem feinhörigen Hund vertragen werden. Frühreife und Leichtführigkeit, diese Forderungen zu überspitzen, dürfte die Wesensfestigkeit nicht fördern. Die Verantwortung des Züchters ist hier gefragt, was die Wahl der Elterntiere betrifft, aber ebenso die Aufzucht mit entsprechendem Kontakt zum späteren Meuteführer Mensch mit dem Berücksichtigen der jeweiligen Entwicklungsphasen. Am Käufer liegt es dann, den so vorbereiteten Welpen mit Sachverstand an die jagdliche Praxis einzuführen. Eine Ausbildung unter sachkundiger Anleitung, der Möglichkeit der Fortsetzung der mit den Geschwistern getätigten Spiele und Balgereien, hilft manchen Fehler zu vermeiden.

Alle zur Ausübung der Jagd benötigten Anlagen haben wir in der DD-Zucht im Optimum erreicht, ein Mehr zu verlangen, würde die Dinge ins Negative umschlagen lassen, wie es bereits durch eine Überpassion zum Ausdruck kommt. Welcher Richter ist schon in der Lage, eine drei Kilometer lange Arbeit auf der Hasenspur zu bescheinigen? Notwendig ist es, auf die Wesensfestigkeit zu achten und die kann, neben den Prüfungen des JGHV, nur im praktischen Jagdbetrieb erprobt werden. Ein Hinweis dafür dürfte auch das Meiden von Brennesselbewuchs sein. Die auf den Prüfungen geforderten Tests legen manche Schwäche bloß, an ihnen muß zum Wohle der Zucht auch festgehalten werden. Es gilt, den „Verfall der Wesensstabilität abzuwehren". Helfen alle Züchter mit, das Erreichte zu bewahren, wird die Amtszeit Greller auch die ihr gebührende Würdigung finden. Die staatliche Anerkennung für seine beruflichen, aber auch ehrenamtlichen Tätigkeiten erhielt Greller 1991 durch das Bundesverdienstkreuz am Band.

Der Verband DD wächst

Die politische Wende im Spätherbst 1989 gab auch den Deutsch-Drahthaar-Züchtern aus der ehemaligen DDR die Möglichkeit, die zwangsweise abgebrochenen Kontakte zu den Züchtern des VDD wieder aufzunehmen, die es über 30 Jahre nicht geben durfte. Um zu einem offiziellen Zusammenschluß, zu einer Deutsch-Drahthaar-Wiedervereinigung zu kommen, mußten allerdings vorher noch einige Formalitäten erledigt werden. Es wurde nun niemand mehr von oberster Stelle „berufen", sondern er mußte gewählt werden, und so fanden sich die aktivsten Deutsch-Drahthaar Züchter und Führer am 7. April 1990 zusammen, um den Club Deutsch-Drahthaar e. V. (CDD) zu gründen und einen Vorstand zu wählen. Damit bestand eine demokratisch legitimierte Organisationsform für die Züchter und Führer des Deutsch-Drahthaar in Ostdeutschland. Da die Organisationsform des VDD aus territorialen Gruppen besteht, deren Vorsitzende mit dem geschäftsführenden Vorstand den Gesamtvorstand bilden, wurden in den neuen Bundesländern dementsprechend auch Gruppen gebildet, die ihren Beitritt zum VDD erklärten, was 1991 Realität wurde. Vorausgegangen waren Teilnahmen an beiderseitigen Veranstaltungen, so an der Zuchtwartetagung 1990 in Fulda und an der letzten Zuchtrüdenprüfung vom 30. April/1. Mai 1990 in Bantikow, an der auch erfreulicherweise fünf Rüden aus den alten Bundesländern und zwei Rüden aus Österreich erfolgreich teilnahmen. Die Führer bekamen dadurch die Gelegenheit, ihre Hunde an Schwarzwild im Gatter zu testen. Personell vertreten waren der geschäftsführende Vorstand des VDD und viele Gäste, wie aus Österreich der Zuchtwart Fritz Schönberger sowie Alois Exenberger. Im Herbst gab es dann andererseits die Möglichkeit für Hunde des CDD, an der 58. Hegewald-Zuchtprüfung in Holdorf teilzunehmen.

Der 1957 in Bingen von der Hauptversammlung des VDD in die Satzung eingebrachte Beschluß, daß der 2. Vorsitzende des VDD dem Vorsitzenden der Landesgruppen DD-Ost sowie ein Beisitzer eingeräumt wurde, war nun nicht mehr nur nominell, sondern nach Abstimmung im CDD Dr. Rambusch aus Brandenburg zugestanden. So blieb es bis zur Neuwahl des geschäftsführenden Vorstandes 1992.

Züchterisch gesehen ist die Wiedervereinigung für beide Seiten von Vorteil, hat es doch in den neuen Bundesländern ebenso die Zucht nach

Mutterlinien gegeben wie in den Altbundesländern. Das Zuchtziel, ein wesensfester Deutsch-Drahthaar der Folge, war beiden gemeinsam. Im Westen gab es einen weiteren Zufluß von Deutsch-Kurzhaar, im Osten nicht, was sich beidseitig im Phänotyp bemerkbar macht. Der Grundsatz der züchterischen Freiheit gilt weiterhin für beide, und das ist gut so.

Der Deutsch-Drahthaar Weltverband

Die 60. internationale Jubiläums-Hegewald-Zuchtprüfung im 90. Jahr des Bestehens des Vereins Deutsch-Drahthaar wurde vom geschäftsführenden Vorstand des VDD zum Anlaß genommen, am 24. September 1992 den Deutsch-Drahthaar-Weltverband zu gründen.

Die Gründung des Deutsch-Drahthaar-Weltverbandes e.V. war der erste Schritt in die gewünschte Richtung, den Deutsch-Drahthaar in seinem Standard weltweit durchzusetzen und Mindestvoraussetzungen für die Zucht festzulegen, die eine internationale Prüfungsordnung für die Mitglieder des Weltverbandes notwendig werden läßt. Durch eine internationale Prüfungsordnung werden die nationalen Prüfungsordnungen der einzelnen Mitgliedsländer nicht berührt. Eine internationale Prüfungsordnung soll die geforderten Anlagen unseres Deutsch-Drahthaar hinter der lebenden Ente, zur Feststellung der Wesensfestigkeit und des Nichtvorhandenseins von Wildscheue beinhalten, um den Fortbestand des Deutsch-Drahthaar auf dem heutigen Stand zu erhalten.

Erfahrungsaustausch zwischen dem Vertreter des CDD Südafrikas, Herrn Joachim G. A. Kühn, mit dem Vertreter Rußlands, Herrn A. Solomentsev, und dem Geschäftsführer des Deutsch-Drahthaar-Weltverbandes, Gideon Freiherr von Redwitz

DD-Zucht

Körperbau

Die jagdlichen Leistungen eines Deutsch-Drahthaar werden wesentlich von seinem Körperbau beeinflußt. Züchter und Ausbilder von Deutsch-Drahthaar müssen deshalb mit den anatomischen Grundbegriffen und sollten mit den weidmännischen Bezeichnungen gut vertraut sein.

Von einem Deutsch-Drahthaar wird ein anatomisch fehlerfreies, leistungsfähiges Gebäude verlangt, das den Anforderungen der rauhen Jagdpraxis entspricht. Wie die Körperteile und das Skelett eines DD benannt werden, ist den beiden nachstehenden Abbildungen zu entnehmen. Zudem ist durch den sog. F.C.I.-Standard „Deutsch-Drahthaar" detailliert festgeschrieben, wie ein Deutsch-Drahthaar auszusehen hat. Der Standard hat folgenden Wortlaut:

F.C.I.-Standard Deutsch-Drahthaar:

Ursprung: Deutschland
Datum der Publikation des Originalstandards: 19. März 1994
Verwendung: Vielseitig einsetzbarer Jagdgebrauchshund
Klassifikation: Gruppe 7 Vorstehhunde, Sektion 1, Kontinentale Vorstehhunde, mit Arbeitsprüfung

Kurzer geschichtlicher Überblick:

Der Deutsch-Drahthaar ist ein rauhhaariger Vorstehhund, der nach züchterischen Anfängen Ende des 19. Jahrhunderts (Griffon Korthals) auf der Grundlage der Ideen von „Hegewald" (Sigismund Freiherr von Zedlitz und Neukirch) seit der Jahrhundertwende mit dem ausdrücklich erklärten Ziel gezüchtet wurde, einen wesensfesten und leistungfähigen, drahthaarigen deutschen Jagdgebrauchshund zu schaffen. Nach dem Prinzip „durch Leistung zum Typ" und bei konsequenter Beachtung der züchterischen Freiheit ist aus dem besten Material der Rauhhaarschläge (Pudelpointer, Griffon Korthals, Deutsch Stichelhaar) unter Zuführung von Deutsch-Kurzhaar in kurzer Zeit ein Jagdgebrauchshund entstanden, der sich durch praktische, wetterharte Behaarung und Vielseitigkeit auf allen Gebieten der Jagdpraxis auszeichnet. Durch diese Eigenschaften ist der Deutsch-Drahthaar in wenigen Jahrzehnten zum beliebtesten und bewährtesten der großen Jagdgebrauchshunde in Deutschland und in vielen Ländern der Welt geworden.

Allgemeines Erscheinungsbild
Vorstehhund von edler Erscheinung, mit harter, die Haut vollkommen schützender Behaarung, mit aufmerksamem und energischem Ausdruck. Seine Bewegungen sollen kraftvoll, raumgreifend, flüssig und harmonisch sein.

Wichtige Maßverhältnisse: Rumpflänge und Schulterhöhe sollen möglichst gleich sein. Die Rumpflänge kann die Schulterhöhe bis zu 3 cm überschreiten.

Wesen:
Fest, beherrscht, ausgeglichen, ohne Wildscheue, weder scheu noch aggressiv.

Kopf:
Der Körpergröße und dem Geschlecht entsprechend.

Oberkopf:
Flacher, nur an den Seiten leicht gerundeter Schädel, parallele Linie zum Nasenrücken, mäßig breit, deutlich ausgebildete Augenbrauenbögen.

Stop:
Deutlich erkennbar ausgeprägt.

Gesichtsschädel:

Nase: Der Haarfarbe entsprechend kräftig pigmentiert. Gut geöffnete Nasenlöcher.

Fang: Langer, breiter, kräftiger, tiefer Fang. Leichte Ramsnase. Parallele Linie zum Schädel.

Der Körperbau des Hundes

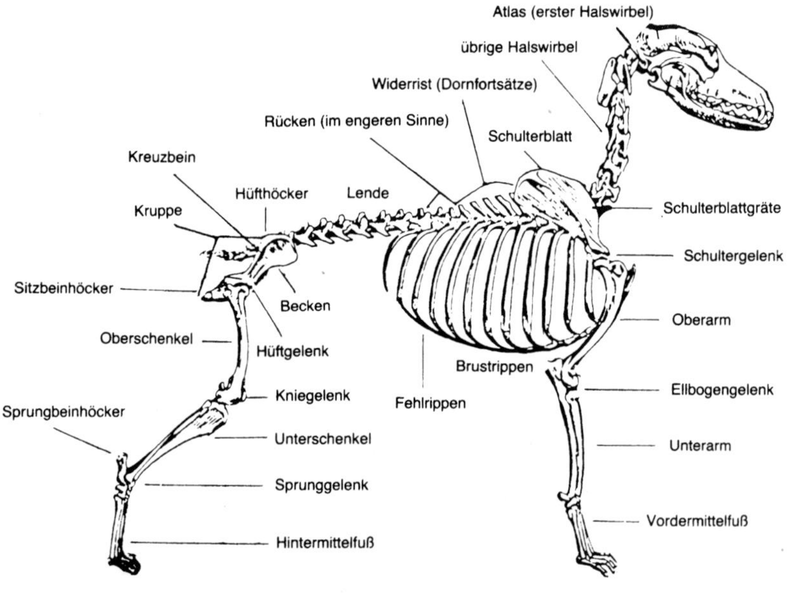

Skelett eines Vorstehhundes

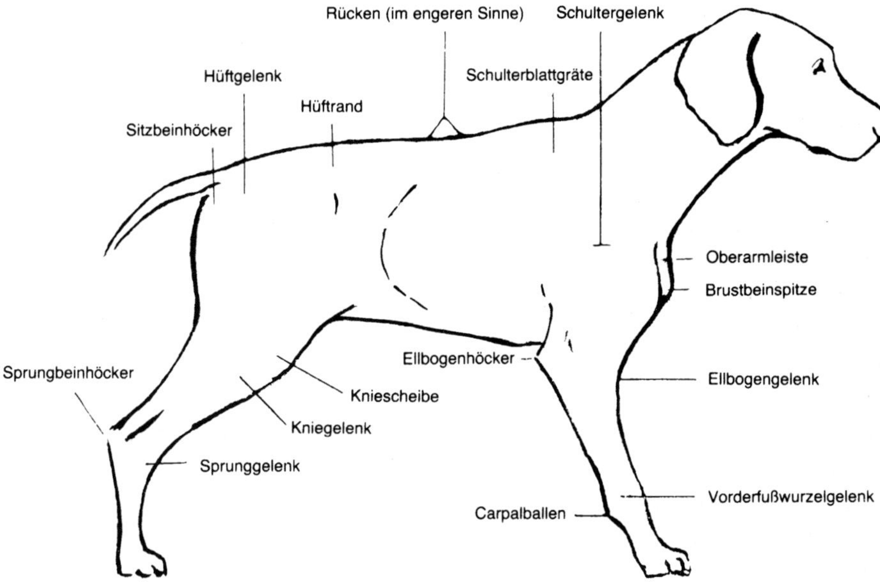

Umriß zur Skelettzeichnung mit Gelenken und Körpergegenden

Lefzen: Dicke, anliegende und nicht überhängende Lefzen. Gute, der Haarfarbe entsprechende Pigmentierung.

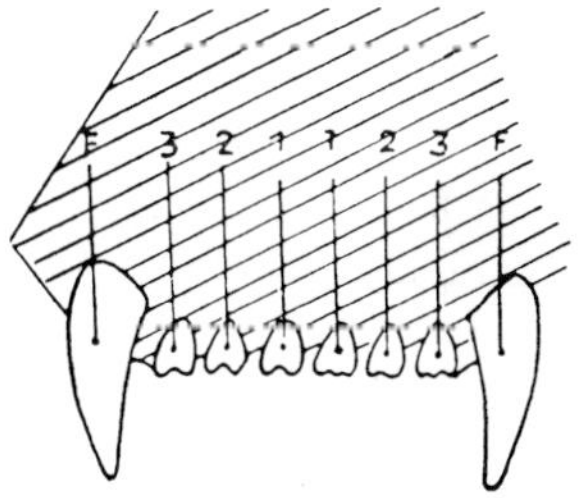

Oberkiefer

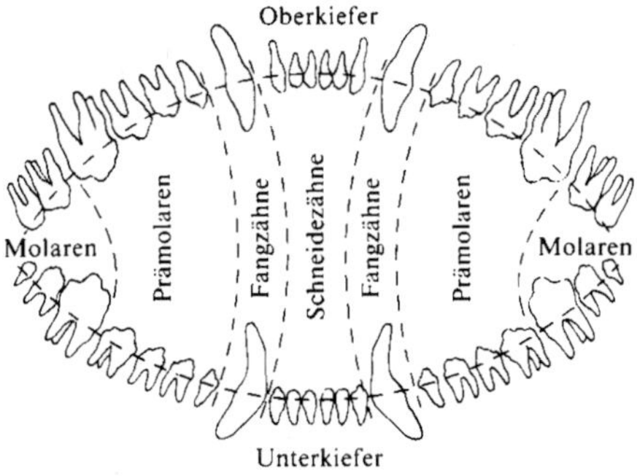

Das vollständige Gebiß des Hundes mit 42 Zähnen

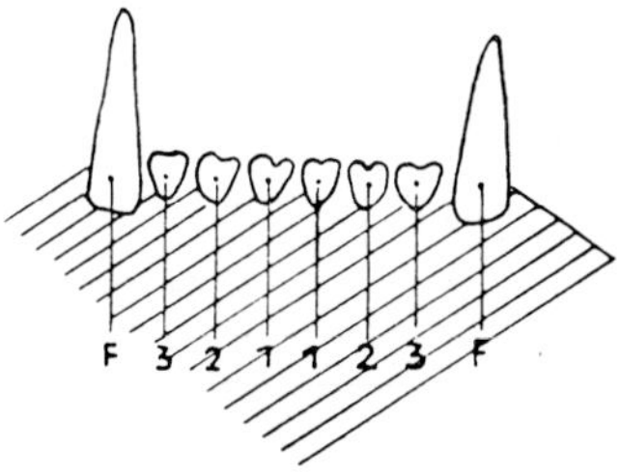

Unterkiefer

	Oberkiefer	6	2	8	4
Zahlenformel	————	I —	C —	P —	M —
	Unterkiefer	6	2	8	6

I = Incisivi = Schneidezähne
C = Canini = Fangzähne
P = Prämolaren = vordere Backenzähne
M = Molaren = hintere Backenzähne

Kiefer/Gebiß/Zähne: Große Zähne. Kräftiger Kiefer mit einem perfekten, regelmäßigen und vollständigen Scherengebiß, wobei die obere Schneidezahnreihe ohne Zwischenraum über die untere greift und die Zähne senkrecht im Kiefer stehen, mit 42 Zähnen gemäß der Zahnformel.

verschiedene Gebißformen:

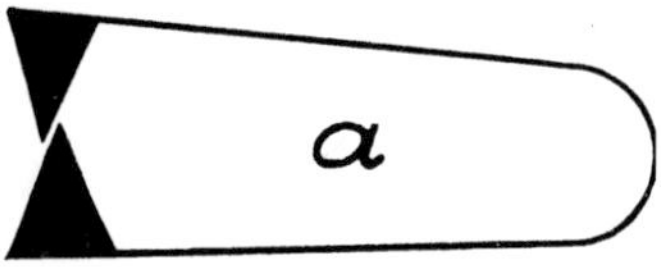

Schere = korrekte Stellung

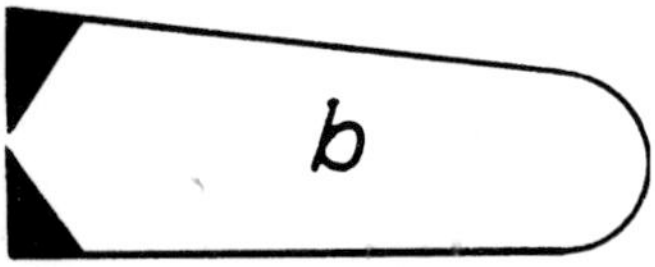

Zange = bedingt korrekte Stellung

Vorbiß = fehlerhafte Stellung

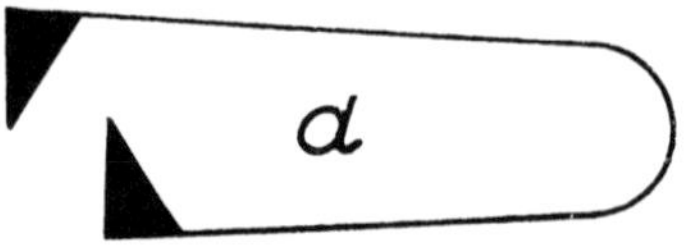

Rückbiß = fehlerhafte Stellung

Augen: Möglichst dunkel, weder zu tief gebettet noch hervortretend, mit lebhaftem, wachem Ausdruck. Am Augapfel anliegende, gut pigmentierte Lidränder.
Behang: Mittelgroß, hoch und breit angesetzt und nicht gedreht.
Hals:
Mittellang, kräftig bemuskelt, leicht geschwungene Nackenlinie, trockene Halslinie.
Körper:
Obere Linie: Gerade und leicht abfallend
Widerrist: Ausgeprägt
Rücken: Fest, gut bemuskelt, kurze, breite, muskulöse Lendenpartie, breites Becken.
Kruppe: Lang und breit, leicht abfallend und gut bemuskelt.
Brust: Breit und tief mit ausgeprägter Vorbrust und möglichst weit nach hinten reichendem Brustbein. Rippen gut gewölbt.
Untere Linie: In einem eleganten Bogen leicht aufgezogen nach hinten verlaufend, trocken.
Rute: Der Linie des Rückens folgend, möglichst horizontal oder leicht nach oben gerichtet getragen, nicht steil, weder zu dick noch zu dünn. Für den Jagdgebrauch zweckmäßig gekürzt.

In den Ländern, in denen der Gesetzgeber ein Rutenkupierverbot erlassen hat, kann die Rute naturbelassen bleiben. Sie sollte dann bis zum Sprunggelenk reichen und gerade beziehungsweise leicht säbelförmig getragen werden.

Gliedmaßen

Vorderhand:

Allgemeines: Von vorne betrachtet gerade und parallel, von der Seite betrachtet gut unter dem Körper stehende Läufe. Der Abstand vom Boden bis zu den Ellenbogen sollte etwa gleich dem von den Ellenbogen bis zum Widerrist sein.

Schultern: Gut schräg und nach hinten liegendes Schulterblatt, kräftig bemuskelt. Gute Winkelung von Schulterblatt und

Oberarm: Möglichst lang, gut und trocken bemuskelt.

Ellenbogen: Am Körper anliegend, weder einwärts noch auswärts gedreht. Gute Winkelung von Oberarm und Unterarm.

Unterarm: Trocken und senkrecht stehend, kräftige Knochen.

Vorderfußwurzelgelenk: Kräftig.

Vordermittelfuß: Gering nach vorne gerichtet.

Vorderpfoten: Ovalrund mit geschlossenen Zehen und genügend dicken, derben, widerstandsfähigen und gut pigmentierten Ballen. Sie fußen parallel, im Stand und in der Bewegung weder ein- noch auswärtsgerichtet.

Hinterhand:

Allgemeines: Von hinten betrachtet gerade und parallel. Gute Winkelung in Knie- und Sprunggelenken. Kräftige Knochen.

Oberschenkel: Lang, breit und muskulös, gute Winkelung von Becken und Oberschenkel.

Knie: Kräftig, mit guter Winkelung von Ober- und Unterschenkel.

Unterschenkel: Lang, muskulös und sehnig.

Sprunggelenk: Kräftig.

Hintermittelfuß: Kurz, senkrecht stehend.

Hinterpfoten: Ovalrund mit gut geschlossenen Zehen und genügend dikken, derben, widerstandsfähigen und gut pigmentierten Ballen. Sie fußen parallel im Stand und in der Bewegung, weder ein- noch auswärts gerichtet.

Gangwerk:

Weit ausgreifend, guter Vortritt und guter Schub, in Vorder- und Hinterhand gerade und parallel; dabei gut aufgerichtete Haltung.

Haut:

Straff, anliegend, ohne Faltenbildung.

Haarkleid:

Beschaffenheit des Haares: Drahthaarig hart, anliegend und dicht. Deckhaar zirka 2 bis 4 cm lang, dichte, wasserabweisende Unterwolle. Die Umrisse des Körpers dürfen durch längeres Haarkleid nicht verdeckt werden. Es soll durch Härte und Dichte möglichst guten Schutz gegen

Witterungseinflüsse und Verletzungen bieten. Die unteren Partien der Läufe sowie der untere Bereich von Brust und Bauch sollen kürzer, dicht, der Kopf und Behang kürzer und zugleich dichter, jedoch nicht weicher behaart sein. Betonte Augenbrauen und ein kräftiger, nicht zu langer, möglichst harter Bart unterstreichen den energischen Gesichtsausdruck.

Farbe: Braunschimmel, Schwarzschimmel, mit oder ohne Platten, braun mit und ohne Brustfleck. Andere Farben sind nicht zugelassen.

Größe:

Widerristhöhe Rüden: 61 bis 68 cm
Hündinnen: 57 bis 64 cm

Hoden:

Rüden müssen zwei offensichtlich normal entwickelte Hoden aufweisen, die sich vollständig im Skrotum befinden.

Fehler:

Jede Abweichung von den vorgenannten Punkten ist als Fehler anzusehen, dessen Bewertung im genauen Verhältnis zum Grad der Abweichung stehen sollte.

Schwere Fehler: Kurzer und schmaler, auch spitzer Fang, schwaches Gebiß, Zangengebiß, partielle Zange, stark lose Augenlider, Senk- oder Karpfenrücken, überbaut, zu kurzes Brustbein, stark nach außen oder nach innen gedrehte Ellenbogen; kuhhessig, O-beinig oder enghessig, sowohl im Stand wie auch in der Bewegung; Paßgang, steifer oder trippelnder Gang, dünnes Haar, fehlende Unterwolle.

Ausschließende Fehler:

Wesensschwäche, Schuß- und Wildscheue, Vor- und Rückbiß, Kreuzbiß, fehlende Zähne außer P1, Entropium, Ektropium, Hodenfehler, angeborene Knick- oder Stummelrute, Pigmentfehler, unterschiedliche Augenfarbe.

Allgemeine Bemerkungen

Ist man Besitzer einer Deutsch-Drahthaarhündin, die einem gefällt, und dies nicht nur deswegen, weil man sich an sie gewöhnt hat, sondern sie im äußeren Erscheinungsbild dem Phänotyp des Deutsch-Drahthaar entspricht, und sie auf den Anlagenprüfungen, zumindest auf der VJP sehr gute Anlagen gezeigt hat, dann spielt man schon einmal mit dem Gedanken, mit dieser Hündin züchten zu wollen. Verfolgt man diesen Gedanken weiter, so kommt man nicht umhin, sich mit der Zuchtordnung zu befassen. In ihr steht, welche Bedingungen es gibt, um züchten zu können. Sie gilt natürlich gleichermaßen für Rüden und Hündinnen:

Die Hündin soll mit kräftigem, nicht zu langem, möglichst hartem Bart am Ober- und Unterkiefer, betonten Augenbrauen sowie anliegendem, sich hart anfassendem Deckhaar mit Unterwolle ausgestattet sein. Wenn sie die VJP erfolgreich absolviert und den Härtenachweis erbracht hat, muß mit ihr noch der Schußtest auf dem Wasser durchgeführt werden. Der Zuchtwart der zuständigen Gruppe oder dessen Beauftragter überprüft die Hündin in Form und Haar auf zuchtausschließende Mängel sowie das Zensurenblatt der VJP, die Bescheinigung der Härte und des Schußtestes im Feld und auf dem Wasser. Hat alles seine Richtigkeit, erhält die Ahnentafel der Hündin den Stempelaufdruck „Zuchttauglich", wozu noch das Datum und die Unterschrift des Zuchtwartes gehören. Damit ist die DD-Hündin zur Zucht zugelassen, doch soll sie nicht vor der zweiten Hitze gedeckt werden. Für einen Rüden treffen die genannten Anforderungen ebenso zu. Was hier aufgezählt wurde, sind die Mindestanforderungen für die Zuchtzulassung. Sie werden einem Anfängerzüchter für das erste genügen. Doch der Rat für den Erstlingszüchter lautet: „Nicht Quantität, sondern Qualität". Für das Wort Qualität kann man auch „Züchter" setzen und für das Wort Quantität „Vermehrer". Das ist zwar etwas drastisch ausgedrückt, doch bringt es die Begriffe in die richtige Beziehung. Der gute Wille, ein erfolgreicher Züchter zu werden, soll dem Anfänger nicht abgesprochen werden, doch gehört entschieden mehr dazu, als nur eine zur Zucht zugelassene DD-Hündin. „Züchten heißt, in Generationen denken", diese Redensart besagt, daß man sich über die eigene Zuchthündin hinaus nicht nur mit der richtigen Auswahl des Deckrüden befaßt, mit dem Zuchtwart berät, sich die neuesten wissenschaftlichen Erkenntnisse zu eigen macht, die Ahnentafel seiner Hündin auf die vorhandenen Leistungszeichen auswertet, auf das Freisein von HD achtet, die Stärken, aber auch die eventuellen Schwachstellen kennt und sie bei der Partnerwahl berücksichtigt. Ferner ist zu empfehlen, aus jeder ersten Paarung einen Welpen zu behalten, um ihn selbst in der jagdlichen Praxis und auf den Prüfungen zu testen, inwieweit er dem angestrebten Zuchtziel entspricht. Wer sich auf das Urteil von Welpenkäufern verläßt, die einem beim Abholen Himmel und Berge versprechen, aber nicht dergleichen halten, hat voll daneben gegriffen. Aber auch das Berücksichtigen all der genannten Punkte ist keine Garantie für fehlerfreie Zuchtergebnisse, etwas Glück gehört nun einmal dazu. Wenn nämlich ein Züchter behauptet, daß er in seiner Zucht noch keinen mit zuchtausschließenden Mängeln behafteten Nachwuchs gehabt hätte, kann man ihm nur sagen, daß er eben noch nicht lange genug gezüchtet hat.

Das Prinzip: „Durch Leistung zum Typ“ stellt richtigerweise für den Jagdgebrauchshund Deutsch-Drahthaar im Feld, Wald und Wasser die Leistung voran. Zur Leistung gehört der Wille, diese zu erbringen, wie das Halten der Spur des nicht oder nicht mehr sichtbaren Hasen. Unsere Vorfahren ließen lieber Mängel im Gebiß zu, die, wie der Vorder- oder Rückbiß, immer mal wieder bei den Enkeln, Urenkeln, Ururenkeln auftauchten, als daß sie eine leistungsstarke Hündin von der Zucht ausschlossen. Das Fehlen von P1 und speziell von M3 im Unterkiefer gehört nicht zu dem die Nahrungsaufnahme beeinträchtigenden Vor- oder Rückbiß, sondern ist beim M3 eine stammesgeschichtliche Entwicklung bei den Fleischfressern, welche bei den katzenartigen – Felidae – am weitesten fortgeschritten ist. Die Untersuchung von 126 Schädeln der westkarpatischen Wolfspopulation – Canis lupus L. – ergaben das Fehlen der M3 bei insgesamt 19 %. Es ist Tatsache, daß diese verkümmerten, äußerst kleinen Backenzähne keinerlei Funktion mehr haben und ihr gänzliches Verschwinden damit wohl vorprogrammiert ist (vgl. auch Trummler, Hunde ernst genommen, S. 115). Die Abstammung des Hundes vom Wolf ist einwandfrei nachgewiesen, so daß es sich bei der Rückentwicklung des M3 beim Hund nur um die Fortsetzung eines stammesgeschichtlichen Entwicklungsprozesses handelt, nicht aber um eine Degenerationserscheinung oder Überzüchtung (siehe auch DD-Blätter Nr. 2 Band 60). Nach Hell ist das Fehlen der M3 für sich genommen kein Grund, um den betreffenden Hund von der Zucht auszuschließen. Bemerkenswert bei der Auswertung der 126 Gebisse ist das Fehlen von Vor- oder Rückbiß. Am häufigsten kam die Form des Scherengebisses vor, die Form des Zangengebisses war selten. Erfahrungen beim Paaren von Partnern mit Zangengebiß haben bei den Nachkommen immer einen hohen Anteil an Vorbiß ergeben. In Kenntnis dieser Ergebnisse wird man als Züchter letztgenannte Paarung vermeiden, aber ebenso nicht die stammesgeschichtliche Entwicklung des Fortfalls der M3 forcieren.

Zuchtmethoden

Die zur Verfügung stehenden Zuchtmethoden sind Fremdzucht, Linienzucht und In- bzw. Inzestzucht. Dazu in Kurzform eine Erläuterung: „Inzucht klärt, Fremdzucht verschleiert". Dabei kommt die „Aufklärung" in der In- bzw. Inzestzucht dadurch zustande, daß die bei einem Partner bisher rezessiven, also verdeckten, Erbmängel durch das Zusammenkommen mit demselben verdeckten Mangel des anderen Partners bei deren Nachkommen sichtbar werden. Bei Fremdzucht mit entsprechender Auswahl der Partner ist die Wahrscheinlichkeit groß, daß Mängel oder Fehler weiter unerkannt, also verschleiert, bleiben.

Das Herausbilden von Mutterlinien in der DD-Zucht, in denen neben der bevorzugten Methode der Linienzucht auch In- und Inzestzucht betrieben wurde, geben dieser Zucht das Gepräge. Die Züchter einer Mutterlinie sind im übrigen gut beraten, wenn sie in einer Art Zuchtgemeinschaft Verbindung halten.

Diese grundsätzlichen Erkenntnisse zu nutzen, um den wesensfesten, harten Deutsch-Drahthaar zu fördern, ist die Aufgabe des DD-Züchters. „Es mögen noch viele Vererbungslehren und Vererbungserklärungen auftauchen, die Hauptarbeit, die wichtigste Arbeit, wird immer der Kopf und das Auge des Züchters tun müssen, wenn der Ausbau der Vererbungslehre auch noch manche wichtige Hinweise bieten wird. Aber abgenommen durch irgendwelche Regeln und Gesetze wird dem Züchter die Züchtungskunst nie." (Gustav Rau, Oberlandstallmeister).

Fremdzucht

Unter der Devise „durch Leistung zum Typ" ist der Deutsch-Drahthaar das geworden, was er heute ist. Als rauhhaariger Vorstehhund hatte er den Vorteil, daß die Paarungen mit den anderen beiden Haarvarianten, dem Kurzhaar und dem Langhaar, wieder rauhhaarige Vorstehhunde ergaben. Das war an und für sich nichts Neues, es wurde früher schon (bis 1848) in den damaligen Zuchtstätten, den Jägerhöfen, gemacht. Man paarte Hunde miteinander, die sich in der jagdlichen Praxis bewährt, die Leistung gezeigt hatten und holte sich das Gute, wo man es fand, ohne daß diese Zuchtmethode den Namen „Fremdzucht" erhielt.

Das änderte sich mit dem Jahr 1879, als in Deutschland durch die „Delegierten Commission" die Kennzeichen für die einzelnen Rassen aufgestellt und damit der Grundstein für die „Reinzucht" gelegt wurde. Von da ab befaßte man sich stärker mit Zuchtfragen und nur die „rein" gezüchteten Hunde wurden in das Stammbuch ihrer Rasse eingetragen. Heute ist die Fremdzucht eine der Zuchtmethoden für „rein" gezüchtete Rassehunde, die in ihrer Ahnentafel nachweisen können, woher sie kommen, doch dürfen sie nicht miteinander verwandt sein. Der Züchter sucht die Partner meist nach dem äußeren Erscheinungsbild, dem Phänotyp, aus, doch nutzt er, gemäß der oben genannten Devise, die auf Prüfungen registrierten Ergebnisse, indem er zumindest theoretisch eine Verbesserung der Anlagen der Nachkommen dieser Paarung, in der Regel durch den Rüden, erwartet.

Die Aussichten, daß man einen Rüden findet, der einem als Züchter zusagt, sind sehr gestiegen, seitdem es die „statistische Nachkommensauswertung von DD-Rüden" gibt. Norbert Feuerbach, Vorsitzender der Gruppe Uelzen, widmet sich erfreulicherweise dieser wichtigen Aufgabe. In den Katalogen der Deckrüdenvorstellungen hat man als Züchter zusätzlich die Möglichkeit, das Photo eines jeden darin aufgeführten Rüden, seine Ahnentafel, seine und die Leistungen seiner Verwandtschaft und das Nichtvererben von Fehlern zu erfahren, um daraus die eigenen züchterischen Schlüsse zu ziehen.

Ob man bei der Wahl des „Partners" eine glückliche Hand hatte, stellt sich ja erst bei den Nachkommen heraus. Die Kunst des Züchtens besteht nicht zuletzt in der Auswahl der Partner. Am Phänotyp der Nachkommen kann sich bei richtiger Haltung wenig verändern, doch bei der Entwicklung der Anlagen, den Möglichkeiten dazu mit den notwendigen Erfolgserlebnissen, haben die Käufer des Wurfes den größten Einfluß. Deswegen bemühen sich die Züchter, ihre Zuchtprodukte in aktive Führerhände zu bekommen, und das betrifft nicht nur Züchter, die Fremdzucht betreiben.

Linienzucht

Bei der Linienzucht werden die Zuchtpartner aus dem weiteren Kreis ihrer Verwandtschaft ausgewählt.

Da man bei der DD-Zucht nur von Elterntieren ausgeht, die eine vom zuständigen Zuchtwart der DD-Gruppe festgestellte Zuchttauglichkeit haben, bzw. auf einer Zuchtschau, wie auf der Hegewaldzuchtprüfung, von Zuchtwarten begutachtet worden sind, braucht der Züchter nicht mehr nach Fehlern im Form- oder Haarwert zu schauen.

Als Züchter einer Jagdgebrauchshundrasse, wie es der DD ist, wird er sich aus der weiteren Verwandtschaft Partner aussuchen, deren Anlagen und Leistungen auf den Anlagen- und Leistungsprüfungen nachgewiesen wurden. Ist er Jäger in einem Schalenwildrevier, so wird er einem Hund mit erschwerter Schweißprüfung (VSwP), mit Totverbeller- oder Totverweisernachweis den Vorzug geben. Jagt er in einem Niederwildrevier, so wird er beispielsweise einen Hund mit Verlorenbringerprüfung und dem Armbruster-Haltabzeichen bevorzugen. Als Feldjäger könnte er auch einen Hellschimmel als Partner nehmen, damit er ihn im Feld bei der Suche in hohem Bewuchs besser im Auge hat. Der Waldjäger wird hingegen eher einen dunkleren Hund bevorzugen, den es ja vom Dunkelschimmel bis zum reinen Braunen gibt. Beim Einsatz als Stöberer an Schwarzwild nehmen viele Führer doch lieber einen helleren Hund, damit er nicht mit einer Sau verwechselt werden kann.

Der beliebte Schwarzschimmel darf nicht mit einem braunen Hund gepaart werden, weil daraus rein schwarze Hunde fallen, die auch bei vorhandener heller Brustfärbung von der Zucht ausgeschlossen sind. Der HD-frei-Nachweis ist bisher nur für Teilnehmer der Hegewald-Zuchtprüfung Pflicht, doch ernsthafte Züchter führen diesen noch freiwilligen Test auch sonst durch, ist die HD doch eine vererbbare Krankheit, die den Gebrauchswert des Hundes sehr beeinträchtigt.

Abzuraten ist von Paarungen mit Hunden, die beide ein Zangengebiß haben, da aus Erfahrung leicht Nachkommen mit Vorbiß vorkommen. Ebenso sollte nicht bei beiden Partnern der P1 fehlen, da deren Nachkommen die Anlage dieses Fehlens erben. Diese Hinweise gelten nicht nur für die Linienzucht, sondern ebenso für die Fremdzucht. Für In- und Inzestzuchtzüchter verbieten sich solche Verbindungen von selbst.

Zucht auf Mutterlinie

Wie das Grundwort in „Mutterlinie“ zu erkennen gibt, ist diese Methode ebenfalls eine Linienzucht, die sich aber speziell auf die Mütter der Linie bezieht. Sie ist eine Generationsfolge von Mutter zu Mutter, die man rückwärts bis zum Ausgang der Linie verfolgen kann. Das sind, wie aus der Aufstellung der Mutterlinien ersichtlich, die am Ende angegebenen Haarschläge aus der Rasse Deutsche-Vorstehhunde mit den Rauhhaarfamilien Griffon, Stichelhaar und Pudelpointer sowie der Deutsch-Kurzhaar mit den Abkürzungen Gr, St, PP und DK. Eine Mutterlinie aus DL ist nicht darin enthalten.

Die Pflege der Mutterlinien ist darauf aufgebaut, weibliche Blutlinien bzw. deren Erbgut zu erhalten und mit ihnen konsequent zu züchten. Eine Tochter der Stammutter wird zur

Weiterzucht behalten und durch jeweils eine ihrer Töchter wieder abgelöst. Die Wahl des jeweiligen Deckrüden, der von einer der weiblichen Ahnen abstammt, macht diese Methode zur Mutterlinien-Inzucht, was bedingt, daß das Ausgangsmaterial, soweit es ersichtlich ist, frei von jeglichen Fehlern und Mängeln sein sollte. Aber auch bei einer gewissenhaften Auslese kann es gesche-

Vier Generationen einer Mutterlinie

Aktive Mutterlinien im VDD

Grundlage: Züchterbücher Deutsch–Drahthaar 1989 bis 1991
Aufstellung in alphabetischer Reihenfolge

Die Deutsch–Kurzhaar (DK) Mutterlinien:	Die Griffon (Gr) Mutterlinien:
Adaling–Saarforst – DK Blaues Ländchen-Labehn – DK Cröver Reich-Saarforst – DK Elbmarsch-Saarforst – DK Gartetal-Heidehöhe – DK Hubertushof-Saarforst – DK Königsheide-Saarforst – DK Lawalls-Häuserhof – DK Rabenhost-Saarforst – DK Rosenhof-Feldhof – DK Saarforst – DK Sachsenhof-Saarforst – DK Talsperre-Westuffeln – DK Wellingsberge-Brickwedde – DK	Cröver Reich-Günthersburg – Gr Freikorps-Oetting – Gr Hellimer-Moguntia – Gr Hasenhügel-Krofdorf – Gr Kaiserhof-Krofdorf – Gr
Die Pudelpointer (PP) Mutterlinien:	Die Deutsch-Stichelhaar (St) Mutterlinien:
Asper-Auenheim – PP Auenheim – PP Bachwiese-Radchen – PP Fuchswinkel-Klosterjägers – PP Grenzschutz-Löwenberg-Auenheim – PP Hellertal-Katteneck – PP Isarau-Auenheim – PP Kreuzhecke-Auenheim – PP Klosterjägers-Dype – PP Löwenberg – PP Löwenberg-Auenheim – PP	Brokmer-Schackenburg – St Freikorps-Stöberhai – St Lauchatal-Schackenburg – St Oeynhausen vom Walde – St Oldenburg-Waldtraut – St Pflanzgarten-Odertal – St Rabenhost-Schackenburg – St Stettin-Steigerforst – St Vogelsberg-Breitenthann – St Woltershof-Schackenburg – St

hen, daß unerwünschte Anlagen zum Vorschein kommen. Hier setzt dann die Selektion seitens des Züchters ein.

Wer heute auf einer der vorhandenen Mutterlinien seine Zucht aufbaut und sie konsequent weiter verfolgt, festigt damit die Erbmasse, vor allem besonders erwünschte Erbanlagen, und erhält mit diesem Verfahren auf lange Sicht einen klaren und stabilen Typ, der sich auch im äußeren Er-

Die Aufstellung der aktiven Mutterlinien West/Ost

Die DD-Mutterlinien in der ehemaligen DDR

Die nachfolgende Gliederung und Zuordnung gilt ab dem 1. Januar 1993 und ist von den Zuchtwarten auf der Anlage zur Wurfmeldung einzutragen. Zu den beim VDD vorhandenen DK-Mutterlinien kommen zwei neue Teillinien hinzu:

Freibauernhof-blaues Ländchen – DK	Nr. der DDR-Linie	13.0
Scherrer-Saarforst – DK		07.0
es bleiben:		
Königsheide-Saarforst – DK		08.8
Talsperre-Westuffeln – DK		16.0

Zu den PP-Mutterlinien vier neue Teillinien:

Diamantene Aue-Löwenberg-Auenheim – PP	Nr. der DDR-Linie	02.1
		02.2
Elbgebirge-Löwenberg-Auenheim – PP		05.0
Rubenow-Auenheim – PP		03.0
Schloßaue-Löwenberg-Auenheim – PP		01.0
es bleiben:		
Bachwiese-Radchen – PP	Nr. der DDR-Linie	10.0
Kreuzhecke-Auenheim – PP		04.1
		04.2
		04.3
Löwenberg-Auenheim – PP		02.3

Zu den Gr-Mutterlinien kommen keine hinzu.
Es bleiben:

Göthersitz-Friedberg – Gr	Nr. der DDR-Linie	17.0
Kaiserhof-Krofdorf – Gr		12.0

Zu den St-Mutterlinien kommen keine hinzu.
Es bleiben:

Frankenhöhe-Bärenheide – St	Nr. der DDR-Linie	11.1
		11.2
Oeynhausen-vom Walde – St		14.0
		15.1
		15.2
Unstruttal-Freikorps – St		06.0

Mutterlinie unbekannt

Teufelskanzel	Nr. der DDR-Linie	09.0

scheinungsbild niederschlägt. Sieht man Hunde dieses Typs, ist es möglich anzugeben, aus welcher Mutterlinie, aus welchem Zwinger sie kommen.

In der Festschrift zum 50jährigen Bestehen des VDD brachte Ostermann Fotos von fünf Familientypen in einer Studie. Die Repräsentanten waren 1. Witboi-, 2. Lump-, 3. Regent-, 4. Odin-, 5. Harras-Typ, genannt nach ihren Begründern Witboi vom Rüdenhof, Lump vom Berge, Regent Auenheim, Odin vom Saarforst und Harras Bigge. Ostermann bemerkte dazu: „Diese Präger klarer Familientypen sind in der ganzen Hundezucht keine Massenware, sondern Ausnahmeerscheinungen, aber Mordskerle in Leistung, gepaart mit harmonischem Körperbau und Adel. Sie besitzen neben ihrem ausgeprägten Erscheinungstyp in der Regel auch einen besonderen Wesens- und Charaktertyp. Die Treue ihrer Vererbung, ausschließlich an ihren Früchten erkennbar, macht sie zu unseren besten Zuchthunden auf der Vater- und Mutterseite."

Inzucht

Wie anfangs in diesem Kapitel erwähnt, dient die Inzucht der Klärung der positiven wie auch der negativen Erbanlagen der Elterntiere über ihre Nachkommen, da durch das Herbeiführen von Homozygotie (Reinerbigkeit für einen bestimmten Erbfaktor) auch negative Anlagen zum Vorschein kommen können, wie zum Beispiel Schußscheue. Ein Homozygote besitzt das Gen (Vererbungseinheit, von der man annimmt, daß sie der Träger der vererbbaren Eigenschaften und Merkmale ist) für eine bestimmte Anlage zweifach, weswegen er zwei Arten von Keimzellen herstellen kann.

Die Inzucht wird nach dem Verwandtschaftsgrad in drei Arten eingeteilt:

1. Die mäßige Inzucht. Die Hunde haben gemeinsame Ahnen in den ersten sechs Generationen auf väterlicher sowie mütterlicher Seite.
2. Die enge Inzucht. Die Hunde haben beiderseits in den ersten vier Generationen Anschluß, zum Beispiel Tante und Neffe.
3. Die Inzestzucht. Die Hunde haben beiderseits Anschluß in den ersten drei Generationen, zum Beispiel Vater mal Tochter, Mutter mal Sohn, Geschwisterpaarung, Halbgeschwisterpaarung, Großmutter mal Enkel und Großvater mal Enkelin.

Rein rechnerisch kann man den Inzuchtkoeffizienten und den Verwandtschaftskoeffizienten erstellen. Dabei drückt der Inzuchtkoeffizient die Zunahme der Homozygotie (Reinerbigkeit) durch die Verwandtschaftspaarung gegenüber den Ausgangstieren aus, bzw. in welchem Maße die

Heterozygotie (nicht reinerbig für einen gewissen Erbfaktor) abnimmt. Der Verwandtschaftskoeffizient sagt etwas über die Höhe der möglicherweise gleichen Gene aus, die miteinander verwandte Tiere durch gemeinsame Ahnen haben können.

Es gibt Erfahrungen, daß bei einem Inzuchtkoeffizient von mehr als 25 % die Nachkommen unfruchtbar oder schwächlich sind. Bei einem Koeffizienten von etwa 20 % befriedigte das Paarungsergebnis jedoch in erhöhtem Maß. Dieses Ergebnis muß nicht auf andere Inzuchtpaarungen zutreffen. Jeder Züchter ist somit selbst gefordert. Die Möglichkeit, eine sehr enge Inzucht durch die Hereinnahme eines „blutsfremden" Rüden aus einer anderen Mutterlinie abzubauen, aber dennoch zu aktivieren, ist die Methode der „kontrollierten Heterosis" durch den belebenden Fremdeiweißreflex.

Verwandtschafts- und Inzuchtkoeffizienten für einige Spezialfälle

Verwandtschafts-verhältnis	Verwandtschafts-koeffizient	Inzuchtkoeffizient der Nachkommen
Vater x Tochter Mutter x Sohn Vollgeschwister	0,50 = 50 %	0,25 = 25 %
Großeltern x Enkel Halbgeschwister	0,25 = 25 %	0,125 = 12,5 %
Urgroßeltern x Urenkel Vater x Base	0,125 = 12,5 %	0,0625 = 6,25 %

Farbvererbung

Für die Rein- oder Mischerbigkeit gelten bei den Hunden infolge der großen Vielfalt der vorhandenen Gene immer nur bestimmte Merkmale, also auch für die Farben. So ist die Farbe schwarz dominant. Dominant ist ein Allel (eines von zwei oder mehr Genen homologer Chromosomen, die zwar einander entsprechen, sich aber im Erscheinungsbild des Lebewesens unterschiedlich auswirken) eines Allelpaares, das allein zur Wirkung kommt und somit den Phänotyp bestimmt. Ein großer Buchstabe als genetisches Buchstabensymbol kennzeichnet ein dominantes, ein kleiner Buchstabe ein rezessives Allel. Das hier angeführte Beispiel einer Paarung eines genetisch rein schwarzen DD mit einem genetisch rein braunen DD ist theoretisch und soll im Ergebnis zeigen, warum eine solche Paarung in der Zuchtordnung nach Artikel 14 unzulässig ist. Es bedeutet S = dominant schwarz, b = rezessiv braun. SS x bb = Sb, Sb, Sb, Sb in der F1 (= 1. Generation).

Die mischerbigen Nachkommen hätten also alle das dominante schwarze Haarkleid und wären somit von der Zucht ausgeschlossen. Paart man die mischerbigen Nachkommen aus der F1-Generation untereinander (Spaltungsgesetz) Sb x Sb = SS, Sb, Sb, bb so spalten die Merkmale in dieser F2-Generation im Verhältnis 1 : 2 : 1 auf. Die schwarze Farbe ist bei 75 % der Nachkommen weiterhin vorhanden, die Farbe braun nur bei 25 %. Im Phänotyp ist das Zahlenverhältnis schwarz zu braun 3 : 1. Das sind selbstverständlich alle nur statistische Werte, die nur bei einer hohen Anzahl beobachteter Würfe erreicht werden. Ein einzelner Wurf kann rein zufällig ein anderes Verhältnis schwarz zu braun zeigen.

Haarvererbung

Laut Beschluß des Deutschen Kartells für Hundewesen im August 1927 in Berlin gibt es nur eine Vorstehhundrasse. Sie teilt sich in die Schläge 1. Kurzhaar, 2. Langhaar, 3. Rauhhaar, letztere mit den vier Familien Griffon, Stichelhaar, Pudelpointer und Deutsch-Drahthaar. Paarungen aus den verschiedenen Schlägen sind keine Kreuzungen.

Damit wurde also eine Paarung unter den drei Haarschlägen offiziell anerkannt. Davon profitieren konnten aber nur die Kurzhaar- und die Rauhhaarschläge. Da das Rauhhaar bei einer Paarung über Kurz- und Langhaar dominiert, und das Kurzhaar bei einer Paarung mit Langhaar über dem Langhaar, bleibt beim Langhaar nach einer Anpaarung nur die Möglichkeit, das Spaltungsgesetz in der Tochtergeneration auszunutzen, um so 25 % reines Langhaar zu erhalten.

Beispiel: Es bedeutet D = dominant Rauhhaar, k = rezessiv Kurzhaar; Paarung Deutsch-Drahthaar x Deutsch-Kurzhaar:

DD x kk = Dk, Dk, Dk, Dk, in dieser F1-Generation also im Phänotyp 100 % Rauhhaar mit 100 % rezessivem Kurzhaar-Anteil. So entstanden theoretisch die DD / DK-Mutterlinien.

Das Ergebnis der F1-Paarung untereinander: Dk x Dk = DD, Dk, Dk, kk = 1 x rein Rauhhaar (DD), 2 x gemischterbig Rauhhaar (Dk, Dk), 1 x rein Kurzhaar (Spaltungsgesetz). Auch bei einer Paarung eines rein rauhhaarigen Deutsch-Drahthaar mit einem im Phänotyp Deutsch-Drahthaar und rezessivem Kurzhaar-Anteil: DD x Dk = DD, DD, Dk, Dk blieben immer noch 50 % mit Kurzhaar-Anteil. Da der Kurzhaar-Anteil in der

DD-Zucht noch durch weitere Anpaarungen Zufluß erhielt, wird es bei den Züchtern in ihren Würfen weiterhin kurzhaarige Hunde ohne Bart und Augenbrauen geben.

Zuchtziel: Drahthaar mit Bart und Augenbrauen

Als Züchter von Deutsch-Drahthaar erwartet man, daß die Zuchtprodukte wieder so aussehen, wie die Elterntiere. Damit sich diese Erwartung auch erfüllt, gilt es einiges zu beachten. Wenn anschließend auf die jagdlichen Anlagen nicht eingegangen wird, geschieht das mit Absicht, da diese Komponenten durch jahrzehntelange Zucht manifestiert wurden. Beabsichtigt ist, dem Anfängerzüchter eine Hilfestellung bei der Partnerwahl im Haarkleid, speziell für das Kopfhaar, den Bart und die Augenbrauen zu geben, was durch Photos (Kopfstudien) veranschaulicht wird. Vom Deckhaar, dem Körperhaar, wird hierbei vorausgesetzt, daß es drahthaarig, anliegend und dicht ist.

Haarfehler sind zu dünnes, zu langes, lockeres, weiches oder welliges Haar, fehlende Unterwolle, zu knappe und dünne Behaarung am Kopf, an den Behängen (Lederbehänge), an den Läufen, an Seiten- und Unterbrust sowie am Unterbauch. Haarwertmängel dürfen erst im Alter von 18 Monaten durch den Stempelaufdruck „Zuchtverbot" manifestiert werden, weil weiches Welpenhaar nicht weich bleiben muß.

Wer als Züchter gewillt ist, sich bereits beim Saugwelpen über das Werden des Bartes zu informieren, kann dieses bereits in der ersten Lebenswoche tun. Sieht man sich dabei die Kopfpartie der Welpen genau an, wird man schon Unterschiede durch Andeutungen von zukünftigen Barthaaren, speziell am Unterkiefer, feststellen können. Den damit versehenen Welpen werden auch weiterhin die Barthaare sprießen. Spätestens mit Abgabe der Welpen mit acht Wochen an den Käufer wird der Welpe mit bereits vorhandenen Augenbrauen und Bart am Ober- und Unterkiefer einen vollen Bart und betonte Augenbrauen besitzen. Die Forderung, daß der Bart auch möglichst hart sein soll, halte ich für überspitzt. Bei vorhandenem Bartansatz wird sich der Bart mit zunehmendem Alter zur Zufriedenheit weiterentwickeln.

Ist der Bartansatz nur andeutungsweise vorhanden, muß man etwas länger auf das Erscheinen des Bartes warten. Ist auch andeutungsweise kein Bart zu sehen, wird es ein Hund ohne Bart und auch ohne Augenbrauen bleiben, was den DD dann von einer späteren Eintragung in das Zuchtregister ausschließt.

Wenn es auch weiterhin vorkommt, daß aus Paarungen von Elterntieren, die dem Standard voll entsprechen, die Haarqualitäten bei den Nachkommen nach wie vor stark variieren, im Extrem vom Pudel bis zum Kurzhaar, so ist das nicht befriedigend. Der Grund dafür liegt darin, daß bei der Zucht des Deutsch-Drahthaar von Anfang an der Hauptanspruch bei den jagdlichen Qualitäten im Feld, im Wald und im Wasser lag und die äußere Form bewußt vernachlässigt wurde. „Züchte wie Du willst, aber sage, wie Du es getan hast". Den DD züchtet man heute weiterhin nach den Mutterlinien, die sich bewährt haben und deren Herkunft jeweils angegeben ist. So gibt es Mutterlinien mit Deutsch-Kurzhaar-, Pudelpointer-, Deutsch-Stichelhaar- und Griffon-Blut, was bei den Nachkommen immer mal wieder sichtbar wird. Die Aufstellung einer erweiterten Ahnentafel gibt dem Züchter Auskunft, was in seiner Linie vorhanden ist. Entdeckt man einen Deutsch-Drahthaar, meist wird es ein Rüde sein, nur als registriert, wie „Bert von Tannig" reg. Bd. XIX, so ist dieser Bert ein herausgemendelter kurzhaariger DD, der wegen seiner hervorragenden jagdlichen Leistungen zur Zucht eingesetzt wurde. Daß auch er einen Vater oder eine Mutter hatte, die Bart und Augenbrauen aufwiesen, hinterließ bei ihm, dem kurzhaarigen, genetisch aber keinerlei Resonanz, da auch bei diesem Elternteil der Kurzhaaranteil über dessen Vorfahren vorlag. (Siehe auch die Abbildungen der Nachkommen aus der Paarung DD-Hündin x DK-Rüde.) Mit dieser Vergangenheit müssen wir heutigen Züchter leben und versuchen, mit ihr fertig zu werden.

Unsere Vorfahren hatten noch nicht die heutigen Zuchtzulassungsbestimmungen und erzielten in der F1 mit einem Griffon x Deutsch-Kurzhaar den gewünschten DD-Typ, ohne aber zu ahnen, daß der rezessive DK-Anteil uns noch so lange anhängen würde. Wir haben ihr Erbe angetreten und durch die mehrmalige Hereinnahme von Deutsch-Kurzhaar in unseren Zuchten immer wieder Nachkommen ohne Bart und Augenbrauen. Die Be-

DD mit knappem Bart und Augenbrauen. Nimmt man einen ebenso bebarteten Partner dazu, wird es mit aller Wahrscheinlichkeit auch glatthaarige Nachkommen geben

zeichnung „Glatthaar“ für diese Hunde lehnte Alex Lauffs, „der Weise vom Rabenhorst“ genannt, ab. Er wollte Ehrlichkeit, da dieses Glatthaar ein herausgemendeltes Kurzhaar ist und keinerlei rauhhaarige Komponente mehr aufweist.

Der rezessive DK-Anteil im einzelnen DD wird weiterhin vorhanden sein, ohne daß wir ihn genau analysieren können, wir wissen es erst, wenn er wieder aufgetaucht ist. Da sich das Rauhhaar in Bart und Augenbrauen zeigt, wird mit den Photos versucht, eine Wahrscheinlichkeitsvererbung bei mehr oder weniger Bart anzugehen. Bei DD-Zuchten aus der ehemaligen DDR wird der rezessive DK-Anteil nicht so hoch sein, da ab 1956 die Paarung DK-Hündin x DD-Rüde, also Schaffung einer neuen DK-Mutterlinie nicht mehr genehmigt wurde und ab 1958 auch glatthaarige DD nicht mehr zur Zucht zugelassen wurden.

Weiches Körperhaar im Welpenalter wird beim Haarwechsel im Normalfall durch das gewünschte anliegende und meist nur mittelharte Deckhaar mit guter Unterwolle abgelöst. Es kann aber auch zu einem unerwünschten weichen Deckhaar kommen. Kommt bei den Partnern noch weiches Kopfhaar und lange weiche

DD mit vorhandenem Bart und Augenbrauen. Bei dieser Paarung sollte man sich auf jeden Fall vorher die Eltern und deren Ahnentafel auf rezessiven DK-Anteil ansehen

DD mit vollem Bart und Augenbrauen. Paart man diese Hunde miteinander, wird es in jedem Fall Nachkommen mit „Rauschebärten“ geben, bei denen der Griffon-Typ wieder zum Vorschein kommt

Behaarung an den Behängen dazu, so ist von einer solchen Paarung unbedingt abzuraten.

Etwas weiches Haar an Kopf und Läufen kann man als Schönheitsfehler gelten lassen (siehe Erläuterungen der Standardbeschreibung).

Geschlechtsreife

Eine Hündin wird mit etwa sieben bis zehn Monaten erstmals heiß, was sich durch deutliches Anschwellen der Schnalle infolge erhöhter Blutzufuhr zeigt. Sie ist somit fortpflanzungsfähig, doch darf sie nach Artikel 11 der Zuchtordnung erst in der zweiten Hitze einem Rüden zugeführt werden. Beide Partner müssen vorher ihre Zuchttauglichkeit gemäß Artikel 9 der Zuchtordnung nachgewiesen haben, die dem Hund auf seiner Ahnentafel gemäß Artikel 10 mit dem Stempelaufdruck „Zuchttauglich" durch den Zuchtwart der zuständigen Gruppe und dessen Unterschrift mit Angabe des Datums bestätigt wird.

Bevor bei der Hündin die Hitze eintritt, wird man häufiges Nässen bei ihr beobachten können. Hat man sich die letzte Hitze notiert und ist diese sechs bis sieben Monate her, ist das häufige Nässen kein Anzeichen einer Krankheit. Das Augenmerk richtet sich demzufolge auf das Anschwellen der Schnalle und auf das Erscheinen des ersten Bluttropfens. Um diesen nicht zu übersehen, legt man die Hündin auf einer hellen Unterlage in der Stube ab. Diese Blutabsonderung dauert etwa bis zum neunten Tag und nimmt dann bis zum elften, zwölften Tag eine blaßrote bis bräunlichrote Färbung an. Das danach erscheinende hellgraue bis weißliche Sekret kennzeichnet den Höhepunkt der Hitze, er hält etwa bis zum 16. Tag an. Danach hört der Ausfluß auf, die Schnalle schwillt wieder ab. Die ganze Hitze dauert etwa drei Wochen und tritt zweimal im Jahr auf.

Ungefähr vom neunten Tag des ersten Bluttropfens an muß man auf die Hündin aufpassen, da sie von diesem Zeitpunkt deckbereit ist. Soll die Hündin gedeckt werden, so wähle man dafür den elften bis dreizehnten Tag. Wählt man den Decktermin zu früh, so bekommt die Hündin meist nur wenige Welpen. Es ist also für den Züchter wichtig, den Anfang der blutigen Absonderung zu bemerken, um den günstigsten Decktermin nutzen zu können. Ausnahmen in der Deckbereitschaft der Hündin gibt es natürlich auch. So kam es vor, daß sich Hündinnen erst mit dem 21. oder dem 23. Tag deckbereit zeigten. Die Paarungsbereitschaft dauert gewöhnlich sieben bis zehn Tage. Die Tiermedizin hat sich des Problems der Deckbereitschaft angenommen und Methoden entwickelt, mit denen der richtige Decktermin festgestellt werden kann. Solche Methoden sich zu Nutze zu machen, kostet aber Zeit und Geld.

Man kann es jedoch preisgünstiger haben, indem man die Hündin einem Rüden zuführt, beide selbstverständlich an der Leine, um an dem Verhalten der Hündin zu sehen, ob sie deckbereit ist, d. h. „steht". Ein solcher Test-Rüde muß kein Rassehund sein und auch nicht die gleiche Größe haben. Das Zusammenführen wird ab dem neunten Tag vorgenommen. Beißt die Hündin den Rüden noch ab, ist der Test am nächsten Tag zu wiederholen. Steht die Hündin dann, nimmt die Rute beiseite und zeigt beim Kontakt mit dem Rüden die konvulsivischen Zuckungen auf dem Rücken, wird dasselbe Spiel am nächsten Tag wiederholt und erst dann zum Deckrüden gefahren. Diese Methode der Animation hat bei meinen Hündinnen bei über 60 Deckakten immer Erfolg gezeigt.

Die Brunst der Hündin nennen wir „Hitze", „Färbezeit" oder „Läufigkeit". Die Bezeichnung „Hitze" hat ihren Ursprung in der Temperatursteigerung in den Geschlechtsteilen der Hündin während dieser Zeit; die Bezeichnung „Läufigkeit" in dem Geschlechtsdrang der Hündin. Der Ausdruck „Färben" bzw. „Färbezeit" ist auf den rötlichen Ausfluß der Hündin zurückzuführen, der danach in eine blaßrote bis bräunlichrote Färbung übergeht.

Deckakt

Der Deckakt erfolgt meist ohne Hilfestellung nach vorbereitendem Liebesspiel. Es kann jedoch passieren, daß die Hündin gerade den von uns ausgesuchten Deckrüden „nicht riechen kann", demzufolge sich nicht decken lassen will, während sie sich jedem anderen „Fixköter" anbietet. Man sollte deshalb vorher einen ebenbürtigen Rüden ausgewählt haben, und diesen dann aufsuchen. Andernfalls muß man etwas nachhelfen, indem man die Hündin mit einem Maulkorb versieht und dann festhält. Das kann auch beim ersten Belegen einer Hündin nötig werden, falls sie die Berührung ihrer Schnalle durch das Feuchtglied des Rüden erschrecken läßt und sie sich dem Rüden entzieht. Manche Rüden lieben eine Hilfeleistung jedoch nicht und verweigern dann ihrerseits den Deckakt. Wenn es unbedingt „der" Rüde sein muß, bietet sich als letzte Möglichkeit die künstliche Besamung an.

Daß man besonders Zuchthündinnen laufend wurmfrei hält, sollte selbstverständlich sein und das nicht nur, weil Würmer den Hündinnen Nährstoffe entziehen, die sie zur Entwicklung ihrer Embryonen notwendig brauchen, sondern weil die Föten im Mutterleib sonst mit Spulwürmern infiziert werden.

Normalerweise spielen Rüde und Hündin vor dem Deckakt miteinander, bis sich die Hündin freiwillig stellt oder der Rüde die Hündin zum Stellen zwingt und den Deckakt vornimmt. Infolge der Schwellung des Gliedes des Rüden „hängen“ die beiden Partner noch einige Zeit nach Abschluß des eigentlichen Deckaktes. Die Ausdehnung des Schwellkörpers und das Zusammenziehen der Vagina bei der Hündin sind der Grund, daß sich das Glied nicht aus der Scheide lösen kann. Das Hängen dauert etwa 20 Minuten, manchmal auch länger, und ist eine Sicherung der Natur, um die Befruchtungsrate zu erhöhen.

Das Ejakulat, der Samenerguß des Rüden, enthält etwa 60 Millionen Spermien (Samenfäden). Bereits eine Stunde nach dem Deckakt können die Spermien den weiblichen Eileiter erreichen, in dem dann die Befruchtung der vorhandenen reifen Eier stattfindet.

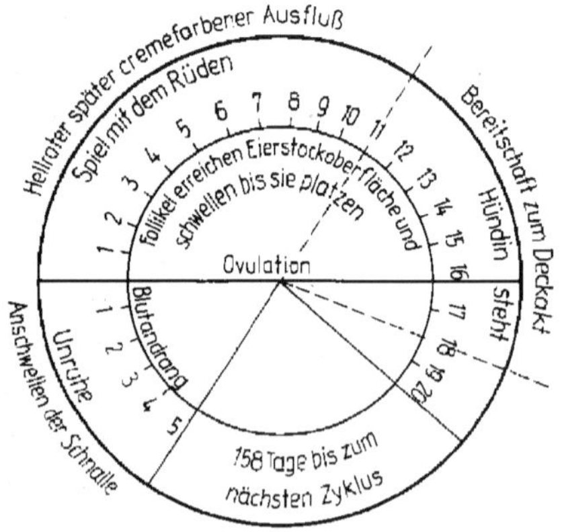

Der Zyklus und 158 Tage bis zum nächsten Zyklus

Die Spermien sind mindestens drei Tage befruchtungsfähig. Wenn die Hündin also während des 11. bis 13. Tages der Hitze gedeckt wird, können wir sicher damit rechnen, daß die Hündin aufgenommen hat. In diesen Tagen findet nämlich der „Follikelsprung“, das Abstoßen der reifen Eier aus dem Eierstock, statt. Voraussetzung ist natürlich, daß die Hündin befruchtungsfähig ist. Bekannt ist, daß zu fette Hündinnen oft nicht aufnehmen. Man soll es also bei der Hündin nicht zu gut mit dem Futter meinen, zumal wenn sie wenig Bewegung hat.

Da die Hündin auch nach dem erfolgten Deckakt weiterhin steht, lassen einige Züchter vorsichtshalber den Deckakt am nächsten oder übernächsten Tage wiederholen. Weil die Eier nicht auf einmal reifen, kann auch beim zweiten Decken eine weitere Befruchtung stattfinden. Ein Muß für die Wiederholung des Deckens besteht jedoch nicht.

Weil die Hündin ihre Deckbereitschaft aber auch jedem anderen Rüden zeigt, darf man sie nach erfolgtem Deckakt nicht unbeaufsichtigt lassen. Es kann sonst geschehen, daß der ausgewählte Deckrüde nur einen Teil der weiblichen Eier, der andere Rüde aber den Rest der Eier befruchtet. Das Doppeldecken durch zwei verschiedene Rüden ist möglich. Kommt es zu einem Doppeldeckakt durch verschiedene Rüden, so sollte man die Hündin zur Vermeidung unnötiger Komplikationen lieber ausspritzen lassen, da man den Wurf doch nicht eingetragen erhält.

Das Ausstoßen der reifen Früchte, also die Geburt der Welpen, findet auch bei zweimalige Deckakt und der Befruchtung der jeweils reifen Eier zusammenhängend statt. Die manchmal geäußerte Ansicht, daß man bereits aus dem zeitlichen Ablauf der Geburt ableiten könne, welche Welpen vom ersten und welche von zweiten Rüden stammen, ist unsinnig.

Die Möglichkeit, daß bei einer von zwei verschiedenen Rüden mit Erfolg gedeckten Hündin dieses bei den Nachkommen im Geno- oder Phänotyp augenscheinlich wird, ist durchaus gegeben, für eine exakte Zuchtbuchführung aber keineswegs ausreichend. „Mischlinge" jedoch darauf zurückzuführen, daß die Hündin einmal „unrein" gedeckt wurde und dieser Fehlsprung ihr auf diese Weise immer nachhängt, ist grundsätzlich falsch. Verschiedene Versuche, nicht nur mit Hunden, ergaben einwandfrei, daß diese sog. „Infektionstheorie" nicht zutrifft.

Zeit der Trächtigkeit

Hat die Hündin aufgenommen, so wird sich das meist in ihrem vermehrten Appetit bemerkbar machen. Wir müssen dem ab der vierten Woche entsprechen, wenn die Feten im Mutterleib mit dem Massenwachstum beginnen. Hat die Hündin schon einmal gewölft, ist anzunehmen, daß es beim nächsten Wurf in etwa bei der gleichen Welpenzahl bleibt. Bei Vielfrüchtigkeit, wovon man bei sechs und mehr Welpen pro Hündin sprechen kann, sollte man der Hündin das anderthalbfache der üblichen Tagesration geben. Wichtig ist, daß es sich um ein hochverdauliches Futter handelt, und es der Hündin auch schmeckt. Lauftraining zwecks körperlicher Bewegung gehört von Anfang an dazu, wenn es das Wetter zuläßt, auch Schwimmtraining. In den letzten drei Wochen vor dem Wölfen wird man die Tagesration auf zwei Portionen verteilen, damit eine stärkere einmalige Belastung der Hündin vermieden wird. Die Gebärmutter vergrößert sich mit den Wochen und verdrängt dabei andere Organe in die Bauchhöhle. Beim täglichen Lauftraining in dieser letzten Phase ist das Überspringen von Gräben, aber auch von anderen Hindernissen tunlichst zu vermeiden, weswegen es bei einer eventuellen Nachsuche nicht zu einer Hetze kommen darf.

In diesen Tagen wird man auch, wenn die Hündin liegt, die kurze ruckartige Bewegung an der Bauchwand durch einen Welpen sehen können. Das trifft auch im Stehen zu, besonders wenn die Hündin kaltes Wasser geschöpft hat.

Trächtigkeitstabelle – 63 Tage – W = Wurftag, B = Belegtag

B	W	B	W	B	W	B	W	B	W	B	W
Januar	März	Februar	April	März	Mai	April	Juni	Mai	Juli	Juni	August
1	5	1	5	1	3	1	3	1	3	1	3
2	6	2	6	2	4	2	4	2	4	2	4
3	7	3	7	3	5	3	5	3	5	3	5
4	8	4	8	4	6	4	6	4	6	4	6
5	9	5	9	5	7	5	7	5	7	5	7
6	10	6	10	6	8	6	8	6	8	6	8
7	11	7	11	7	9	8	9	7	9	7	9
8	12	8	12	8	10	9	10	8	10	8	10
9	13	9	13	9	11	10	11	9	11	9	11
10	14	10	14	10	12	11	12	10	12	10	12
11	15	11	15	11	13	12	13	11	13	11	13
12	16	12	16	12	14	13	14	12	14	12	14
13	17	13	17	13	15	14	15	13	15	13	15
14	18	14	18	14	16	15	16	14	16	14	16
15	19	15	19	15	17	16	17	15	17	15	17
16	20	16	20	16	18	17	18	16	18	16	18
17	21	17	21	17	19	18	19	17	19	17	19
18	22	18	22	18	20	19	20	18	20	18	20
19	23	19	23	19	21	20	21	19	21	19	21
20	24	20	24	20	22	21	22	20	22	20	22
21	25	21	25	21	23	22	23	21	23	21	23
22	26	22	26	22	24	23	24	22	24	22	24
23	27	23	27	23	25	24	25	23	25	23	25
24	28	24	28	24	26	25	26	24	26	24	26
25	29	25	29	25	27	26	27	25	27	25	27
26	30	26	30	26	28	27	28	26	28	26	28
27	31	27	1	27	29	28	29	27	29	27	29
28	1	28	2	28	30	29	30	28	30	28	30
29	2			29	31	30	1	29	31	29	31
30	3			30	1		2	30	1	30	1
31	4			31	2			31	2		
Januar	April	Februar	Mai	März	Juli	April	Juli	Mai	August	Juni	September

Nicht jeder Züchter hat jedoch die Geduld, so lange zu warten, sondern möchte die Trächtigkeit vorher bestätigt haben, nicht zuletzt da eine Umfangvermehrung sowie das Anschwellen der Gesäugeleiste und der Scham in der Regel auch bei Scheinträchtigkeit zu sehen sind. Die Möglichkeit der Trächtigkeitsbestätigung gibt es natürlich, die Tiermedizin bietet da-

Trächtigkeitstabelle – 63 Tage – (Fortsetzung)											W = Wurftag, B = Belegtag
B	W	B	W	B	W	B	W	B	W	B	W
Juli	September	August	Oktober	September	November	Oktober	Dezember	November	Januar	Dezember	Februar
1	2	1	3	1	3	1	3	1	3	1	2
2	3	2	4	2	4	2	4	2	4	2	3
3	4	3	5	3	5	3	5	3	5	3	4
4	5	4	6	4	6	4	6	4	6	4	5
5	6	5	7	5	7	5	7	5	7	5	6
6	7	6	8	6	8	6	8	6	8	6	7
7	8	7	9	7	9	7	9	7	9	7	8
8	9	8	10	8	10	8	10	8	10	8	9
9	10	9	11	9	11	9	11	9	11	9	10
10	11	10	12	10	12	10	12	10	12	10	11
11	12	11	13	11	13	11	13	11	13	11	12
12	13	12	14	12	14	12	14	12	14	12	13
13	14	13	15	13	15	13	15	13	15	13	14
14	15	14	16	14	16	14	16	14	16	14	15
15	16	15	17	15	17	15	17	15	17	15	16
16	17	16	18	16	18	16	18	16	18	16	17
17	18	17	19	17	19	17	19	17	19	17	18
18	19	18	20	18	20	18	20	18	20	18	19
19	20	19	21	19	21	19	21	19	21	19	20
20	21	20	22	20	22	20	22	20	22	20	21
21	22	21	23	21	23	21	23	21	23	21	22
22	23	22	24	22	24	22	24	22	24	22	23
23	24	23	25	23	25	23	25	23	25	23	24
24	25	24	26	24	26	24	26	24	26	24	25
25	26	25	27	25	27	25	27	25	27	25	26
26	27	26	28	26	28	26	28	26	28	26	27
27	28	27	29	27	29	27	29	27	29	27	28
28	29	28	30	28	30	28	30	28	30	28	1
29	30	29	31	29	1	29	31	29	31	29	2
30	1	30	1	30	2	30	1	30	1	30	3
31	2	31	2			31	2			31	4
Juli	Oktober	August	November	September	Dezember	Oktober	Januar	Novemberr	Februar	Dezember	März

für mehrere Methoden an. Es sind dies die Palpation, das heißt, das Erfühlen der Embryonen im Ampullenstadium in Kastanien- bis Gänseeigröße. Nach Christoph sind der 24. bis 26. Tag der Trächtigkeit dafür am geeignetsten. Ab dem 35. Tag ist eine Ultraschalluntersuchung aussagefähig, ab dem 46. Tag auch eine Röntgendiagnose, wobei Ultraschall weniger belastend für die Feten sein dürfte. Ab dem 55. Tag kann man den Herzschlag der Feten hören. Voraussagen über die Anzahl der Feten sind kaum zuverlässig, zumindest nicht bei Vielfrüchtigkeit.

Verweigert die Hündin zum Ende der Trächtigkeit die Nahrungsaufnahme, so kann man innerhalb der nächsten 24 Stunden mit dem Wölfen rechnen. Ein sicheres Anzeichen ist zu dieser Zeit ebenso der Rückgang der Körpertemperatur um 1 bis 2° (siehe auch Abschnitt „Geburt").

Scheinträchtigkeit

Nicht alle Hündinnen, die ihrem Partner zugeführt werden, nehmen auf und bringen den erwarteten Wurf. Es kommt vor, daß die Hündin zwar dieselben Symptome zeigt, wie etwa das Anschwellen der Milchleisten und das sichtbare Rundwerden in der Flankengegend. Auch ist der Appetit gesteigert und die Hündin verhält sich ab der sechsten bis siebten Woche ruhiger und wird bequemer. In der erwarteten Zeit benimmt sich die Hündin so, als ob sie werfen wolle, wird unruhig, die Milch schießt ein – doch Nachwuchs gibt es nicht.

Wir lassen die Hündin untersuchen und das Röntgenbild zeigt uns, daß es nur blinder Alarm war. Wenn wir jetzt die Hündin als Amme benutzen, so käme aus der Scheinträchtigkeit doch noch etwas Positives heraus.

Die Scheinträchtigkeit tritt aber nicht nur nach einem Deckakt ein, sondern es kann auch ohne diesen dazu kommen. Daß wir uns bzw. anderen Vorwürfe machen, wenn die Hündin dieses Verhalten zeigt, ohne daß sie wissentlich beim Rüden war, ist wohl erklärlich. Wer darüber Gewißheit haben möchte, ob eine normale oder eine Scheinträchtigkeit vorliegt, der lasse die Hündin vorher röntgen oder Ultraschall untersuchen, da die herkömmlichen Anzeichen trügen können. Die Behandlung durch den Tierarzt wird die Hündin wieder in ihr normales Stadium zurückführen.

Geburt

Als Züchter interessiert es uns, den genauen Zeitpunkt zu erfahren, an dem unsere Hündin wölft. Mit Hilfe eines Fieberthermometers können wir das ziemlich sicher feststellen, und zwar anhand der Körpertemperatur der Hündin. Vom 57. Tage der Trächtigkeit an messen wir morgens und abends die Temperatur rektal, also vom Mastdarm aus. Die normale Temperatur eines gesunden Deutsch-Drahthaars liegt zwischen 38° und 39° Celsius. Etwa 24 Stunden vor dem Wölfen sinkt jedoch die Temperatur um ein Grad, also auf ungefähr 37°

Celsius, um erst unmittelbar vor den Wehen wieder anzusteigen.

Hat man die Möglichkeit, die Hündin dauernd unter Beobachtung zu halten, so kann man auch den Zeitpunkt der ersten Wehen feststellen. Sollte sechs Stunden danach noch kein Welpe geboren sein, liegt irgend ein Geburtshindernis vor. Schon im Interesse der Hündin sollte man dann einen Tierarzt zu Rate ziehen.

Der durchschnittliche Wölftermin liegt um den 62. Tag, doch gibt es individuelle Unterschiede, so daß bereits der 56. Tag der Geburtstag sein kann, ebenso kann es erst der 67. Tag sein.

Unbedingt abzuraten ist davon, der Hündin selbst Wehenmittel zu geben. Will man dennoch etwas für die Hündin tun, da man als Züchter beim ersten Wurf meist sehr aufgeregt und übervorsichtig ist, kann man der Hündin, falls einem das Erscheinen des nächsten Welpen zu lange dauert, teelöffelweise süßen Bohnenkaffee eingeben oder trockenwarme Umschläge auf das Kreuz legen und damit die weitere Wehentätigkeit anregen und stärken. Laufendes Streicheln hilft der Hündin nicht, sondern kann den Geburtsvorgang durch Hervorrufen von zu schwachen Wehen nur beeinträchtigen.

Das Beginnen des Wölfens zeigt uns die Hündin im Normalfall selbst an, indem sie unruhig wird. Sie verlangt, herausgelassen zu werden und sucht dann im Freien eine geeignete Ecke, die sie zu einer Mulde auskratzt. Wenn wir sie dabei nicht störten, brächte sie hier die Welpen zur Welt. Stören wir sie hierbei, sucht sie sich eine andere Ecke und fängt dort von neuem mit der Buddelei an.

Wenn die Hündin sich abreagiert hat, führen wir sie wieder zu ihrem Wurflager. Dies besteht aus einer nicht zu großen Wurfkiste, da sich die Hündin bei dem Wölfen mit den Läufen abstützen können muß. Der Holzkasten sollte einige Abflußlöcher haben, aber weder Lappen noch Stroh oder Heu enthalten, weil die Hündin doch alles durcheinander scharrt. Die Kiste muß vorher gründlich mit Desinfektionsmitteln, die es ja auch in angenehmer Geruchsrichtung gibt, gereinigt werden.

Die ersten Wehen dürften dann auch bald einsetzen, was sich durch leichtes Winseln und deutlich vernehmbares Atmen und Hecheln anzeigt. Durch Unruhe getrieben, steht die Hündin meist auf, verläßt mitunter auch ihr Lager und verliert dabei oft den ersten Welpen. Die Rutenhaltung der Hündin kurz vor und während des Geburtsvorgangs ist dabei typisch und auf der Abbildung deutlich zu erkennen.

Der noch in seiner Eihülle befindliche Welpe wird durch die Wehen in den Geburtsgang gedrückt. Er kommt normalerweise in der Eihülle auf die Welt, wenn es nicht beim Durchgang

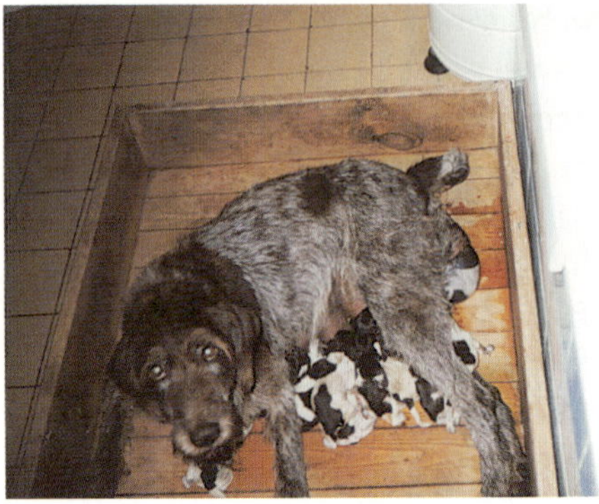

Der nächste Welpe verläßt gerade den Geburtgang. Die Eihülle ist bereits geplatzt. Es kam beim Durchgang durch das mütterliche Becken zum Blasensprung

Dieser gerade geborene Welpe befindet sich noch in der Eihülle. Die Hündin beißt nun die Eihülle auf und die Nabelschnur ab

durch das mütterliche Becken zum Blasensprung kommt. Die Hündin beißt sonst die Eihülle auf und die Nabelschnur ab. Mit dem Abbeißen der Nabelschnur wird die Verbindung zur Mutter unterbrochen und der Welpe beginnt mit der Atmung. Eihülle und die Nachgeburt werden von der Hündin aufgenommen, das Fruchtwasser wird, soweit es nicht abgeflossen ist, aufgeleckt.

Es gibt aber auch Hündinnen, die die Eihülle nicht auf- und die Nabelschnur nicht abbeißen. Dann muß der Mensch helfend eingreifen, indem er die Eihülle aufreißt, den Welpen von der Hülle befreit und die Nabelschnur trennt. Dem Welpen beläßt man etwa fünf Zentimeter der Nabelschnur. Die Nabelschnur wird vorher mit einem dünnen Bindfaden in der Richtung des Welpen hin abgebunden, wobei man darauf achten muß, daß man an der Nabelschnur weder in der einen noch in der anderen Richtung zieht.

Sollte wider Erwarten der Welpe kein Lebenszeichen geben, so schütteln oder beklopfen wir ihn leicht, man kann den Neugeborenen aber auch mit einem Tuch frottieren und ihn so zum Atmen veranlassen. Hündinnen, die diese natürliche Triebhandlung nicht von allein vollziehen, sollten ein zweites Mal als Zuchthündin nicht verwendet werden.

Normalerweise leckt die Hündin den Welpen trocken, wobei sie besondere Aufmerksamkeit dem nackten Bäuchlein und den Geschlechtsteilen widmet. Das intensive Belecken dieser beiden Partien regt die Tätigkeit von Blase und Darm an und wird in den nächsten drei bis vier Wochen noch oft zu beobachten sein. Beim Neugewölften bewirkt es das Einsetzen der Darmtätigkeit und das Ausstoßen des Darmpechs, das, wie später ebenfalls Urin und Kot, von der Hundemutter aufgenommen wird.

Die nächsten Welpen kommen dann in kürzeren oder längeren Zeitabständen. Die von der Mutterhündin in den nächsten 24 Stunden abgegebene Milch ist die sog. Kolostralmilch, die abführend wirkt und somit auch zum Ausscheiden des Darmpechs beiträgt, das aus Verdauungsrückständen aus der vorgeburtlichen Zeit stammt.

Jeder Züchter sollte die ersten Reaktionen der neugeborenen Welpen sehr genau beobachten, die Welpen kennzeichnen, Braun- bzw. Schwarzschimmel auch aufzeichnen, wiegen und damit das Geburtsgewicht festhalten. Zu beobachten sind das Suchverhalten nach Wärme und Nahrung durch das Pendeln des Kopfes, an dem sich die Hauptorgane zur Umweltwahrnehmung vorne auf der Schnauze befinden. Mit dem „Fellbohren" bei der Mutter findet er sich zwischen deren Haaren bis zu einer freien Zitze durch. Hier stemmt er sich mit den Hinterläufen ab, um an der Zitze zu bleiben, gleichzeitig stößt er mit dem Kopf kräftig gegen die Milchdrüsen und bearbeitet mit seinen kleinen Pfoten links und rechts von der Zitze das Gesäuge. Zeigt sich ein Welpe hierbei inaktiver, ist er schwächer und langsamer als seine Geschwister, dann bedeutet es, daß sein allgemeiner Zustand und damit sein Nervensystem nicht in Ordnung ist. Trumler bezeichnet diese Lebensenergie als „Biotonus", ohne die aus einem Welpen kein gesunder Hund werden kann. Die Zeit der ersten und zweiten Lebenswoche wird die „vegetative Phase" genannt.

Das Geschlechts wird notiert, um das Formular für die Wurfmeldung ordnungsgemäß, erst die Rüden, dann die Hündinnen, ausfüllen zu können.

Die Aufstellung auf S. 84 enthält die Tragzeiten, die Anzahl der geworfenen Welpen sowie die Zeitangabe des Werfens der einzelnen Welpen von im Alter unterschiedlichen Hündinnen. Wenn man die Gesamtzahl der Welpen mit der Gesamtzahl der Stunden, die jeweils das Werfen dauerte, vergleicht, so benötigten die 43 Welpen 40 Stunden und 35 Minuten, um auf die Welt zu kommen. Die schnellste, aber auch die langsamste Folge im Werfen zeigte die Hündin A. Im ersten Wurf folgte der zweite dem ersten Welpen bereits nach 6 Minuten, im dritten Wurf bequemte sich der siebte Welpe erst nach 2 Stunden und 55 Minuten, der Nummer 6 nachzufolgen. Der Aufstellung nach möchte man den Rückschluß ziehen, daß sich der Wurfakt bei den jungen Hündinnen schneller als bei den älteren vollzieht, eine Schlußfolgerung, die richtig sein dürfte.

Bei länger dauernden Geburten ist es ratsam, die Hündin zwischendurch auch mal an der Leine zum Lösen zu führen. Bei Geburten, die sich nur über drei Stunden erstrecken, wird es nicht so notwendig sein, jedoch bei solchen, die länger und eventuell bis über 10 Stunden dauern, ist es sehr angebracht. Die Bewegung dabei löst auch Stauungen und ist dem weiteren Geburtsablauf dienlich.

Züchter, die mit ihrem ersten Wurf „Schimmel" züchten, sind meist entsetzt, daß die Welpen außer mehr oder minder großen braunen bzw. schwarzen Platten rein weiß sind. Streicht man dann gegen den Strich über das weiße Haar, so sieht man darunter auch eine dunkle Tönung, die mit zunehmendem Alter zunimmt, bis sich die Schimmelbildung eindeutig zeigt. Eine rosa Ballenfärbung jedoch, die

Wurfaufzeichnungen nach 4 verschiedenen DD-Hündinnen A–D

	Alter der Hündin in Jahren	Tragezeit in Tagen	Anzahl u. Geschlecht d. Welpen Rüde/Hündin	Uhrzeit des Werfens der einzelnen Welpen	Gesamtzeit des Werfens
1. Wurf A	5	62	1/3	18.15/18.21/20.45/22.25	4 Std. 10 Min.
2. Wurf A	6	65	2/5	13.20/14.45/15.15/16.25/17.10/19.45/ 21.50	8 Std. 30 Min.
3. Wurf A	7	63	3/5	7.00/7.15/8.15/10.30/10.55/13.15/16.10/ 17.00	10 Std. 0 Min.
1. Wurf B	5	61	1/2	11.40/13.05/14.55	3 Std. 15 Min.
2. Wurf B	6	61	2/2	13.15/13.50/16.00/18.10	4 Std. 55 Min.
1. Wurf C	2	61	4/1	12.00/13.05/13.20/13.50/14.45	2 Std. 45 Min.
1. Wurf D	1,5	61	8/4	0.10/1.20/1.35/2.30/2.55/3.06/3.40/4.25/ 5.40/6.05/6.30/7.10	7 Std. 00 Min.

Die vorstehende Aufstellung enthält die Tragzeiten, die Anzahl der geworfenen Welpen sowie die Zeitangabe des Werfens der einzelnen Welpen von im Alter unterschiedlichen Hündinnen.

noch nach 30 Tagen vorhanden ist, weist auf eine spätere braun-weiße Färbung hin.

Müde und zufrieden beim Kontaktliegen in der Wurfkiste. Wenn sie jetzt noch neben den braunen Platten rein weiß aussehen, sie werden Braunschimmel wie ihre Mutter

Als junger Züchter sollte man einen Tierarzt hinzuziehen, um Welpen mit Mißbildungen und die nicht lebensfähigen gleich am ersten Tag auszuscheiden.

Das in der nachfolgenden Tabelle angegebene Geburtsgewicht der Welpen ist abhängig von der Stückzahl, da die Ernährungsweise der Hündinnen während der Trächtigkeit dieselbe war. Die Hündinnen standen alle in demselben Zwinger und erhielten an Art und Menge das gleiche Futter. Dorn erzielte bei Dobermannwelpen, also auch Hunden mittlerer Größe, eine Geburtsmasse von 350 bis 450 Gramm, und in der achten Woche wogen die Welpen 4.400 bis 6.200 Gramm. Seine Angaben decken sich also mit diesen Aufzeichnungen. Ein einmal aufgetretener Gewichtsverlust der Welpen, der im dritten Wurf der Hündin A durch deren Tod eintrat, ist in den ersten zehn bis zwölf Wochen nicht gleich wieder nachzuholen.

Die dritte Lebenswoche wird als „Übergangsphase" bezeichnet. Es beginnen sich die Lidspalten und die äußeren Gehörgänge zu öffnen. Es ist der Anfang der Kontaktaufnahme untereinander.

Wer die Welpen aufmerksam beim Säugen beobachtet, der sieht zuerst den Kampf um die Zitzen, dann das sogenannte „Pumpen" der Welpen und nach kurzer Zeit das Schlucken der frei abfließenden Milch. Ist der eine „Born" erschöpft, stürzen sich bereits die dreiwöchigen Welpen auf die nächsterreichbare Saugwarze, wobei einer den anderen abzudrängen versucht. Ein Zeichen also, daß eine Saugwarze für einen Welpen nicht ausreicht und zugefüttert werden muß. Das bedeutet auch das Wachstum der Zähne, die mit dem 21. Lebenstag anfangen durchzubrechen.

Ammenaufzucht

Will ein Züchter seiner Hündin mehr als acht Welpen belassen, darf er im nächstfolgenden Jahr nur dann wie-

Aufstellung über die wöchentliche Geburtszunahme von DD-Welpen												
Anzahl bei Geburt	davon geblieben	Rüde Hündin	Geburtsmasse in Gramm	1. Woche	2. Woche	3. Woche	4. Woche	5. Woche	6. Woche	7. Woche	8. Woche	
4	4	R	315	640	1.100	1.670	2.250	3.430	3.950	4.800	5.750	
1. Wurf		H	300	650	1.240	1.950	2.510	3.380	4.125	4.900	5.850	
Hündin A		H	330	740	1.210	1.820	2.275	3.060	3.400	4.200	5.200	
Alter 5		H	265	650	1.100	1.750	2.170	3.000	3.500	4.250	5.300	
7	5	R	300	725	1.305	1.800	2.600	3.500	4.400	5.350	6.300	
2. Wurf		H	300	700	1.200	1.670	2.450	3.250	4.200	5.150	6.200	
Hündin A		H	300	600	1.150	1.600	1.900	2.720	3.600	4.700	5.800	
Alter 6		H	300	700	1.215	1.820	2.600	3.600	4.700	5.750	6.800	
		H	260	700	1.250	1.750	2.700	3.550	4.650	5.700	6.750	
8	5	R	350	640	900	1.250	1.800	2.500	3.200	4.370	5.550	
3. Wurf		R	280	540	830	1.200	1.700	2.300	3.050	4.450	5.750	
Hündin A		R	335	650	1.100	1.450	2.000	3.050	3.780	5.200	6.600	
Alter 7		H	280	560	880	1.240	1.800	2.350	3.020	4.000	4.850	
		H	300	640	1.050	1.450	2.100	2.880	3.550	4.730	5.850	
3	3	R	470	975	1.700	2.340	3.050	4.050	5.050	6.000	6.800	
1. Wurf		H	440	900	1.550	2.150	2.750	3.300	4.350	5.150	6.000	
Hündin B		H	440	900	1.650	2.210	2.820	3.800	4.600	5.450	6.300	
Alter 5												
4	4	R	420	900	1.480	2.430	3.630	4.620	5.900	7.240	8.300	
2. Wurf		R	400	900	1.535	2.140	3.200	4.130	5.000	6.155	7.250	
Hündin B		H	430	1.060	1.690	2.530	3.690	4.800	6.030	7.180	8.260	
Alter 6		H	400	1.100	1.690	2.390	3.570	4.620	5.830	6.855	7.950	
12	4	R	280	600	1.250	2.120	2.800	3.550	4.450	5.400	6.350	
1. Wurf		H	250	500	900	1.770	2.300	3.000	3.800	4.800	5.800	
Hündin D		H	200	200	950	1.650	2.200	2.800	3.600	4.400	5.200	
Alter 1,5		H	250	560	1.220	2.100	2.650	3.400	4.150	5.150	6.150	

der mit dieser Hündin züchten, wenn er eine Amme zur Aufzucht dieses Wurfes mitbenutzt hat. Das Nehmen einer Amme muß nach Artikel 21 innerhalb dreier Tage nach dem Wölfen dem zuständigen Gruppenzuchtwart mitgeteilt werden. Dieser oder sein Beauftragter haben sich innerhalb dreier Wochen von der ordnungsgemäßen Ammenaufzucht zu überzeugen. Günstig ist es, wenn die Amme möglichst am selben Tag gewölft hat und sich auch in einem guten Gesamtzustand befindet.

Verhalten der Hündin als Muttertier

Die Mehrzahl der Hündinnen nimmt die Mutterpflichten sehr ernst, ein Verhalten, das ihnen angewölft ist. Vom Tag der Geburt an betreuen sie die Welpen vorbildlich.

Wenn die Welpen größer sind und schon umhertollen können, werden sie von der Hündin hierzu auch ermuntert. Manchmal geht es im Eifer des Gefechts etwas grob zu, die Welpen lassen sich aber meist nur für den Augenblick beeindrucken, um dann wieder mit Geknurre und Gebell im Spiel fortzufahren. Bei entsprechender Veranlagung der Welpen stimmen sie bald in das Wachsamkeitsgebell der Hündin ein. Diese Informationsweitergabe durch die Hündin wird im Sprachgebrauch der Verhaltensforschung als „Tradieren" bezeichnet.

Daß eine Hündin aufgrund des Wölfens aggressiv werden kann, ist insofern möglich, als sie wegen des Muttertriebes ihre Welpen verteidigt, sei es gegen fremde Menschen oder Tiere. Diese Verteidigungsbereitschaft bezieht sich dann nicht nur auf das Lager der Welpen, sondern erfährt meist eine Ausdehnung auf das Gebäude, wobei vordem geduldete Menschen oder Tiere in dieser Zeit angegriffen und verjagt werden.

Bei der Mutterhündin können wir normalerweise bis zu etwa zehn Tagen, unter Umständen aber auch bis zu vier Wochen nach dem Wölfen einen dunkelfarbigen Ausfluß aus der Schnalle beobachten, der aus der sich zurückbildenden Gebärmutter herrührt. Zur Sicherheit sollte man bis zu drei Tagen nach dem Werfen täglich zweimal die Temperatur der Hündin messen, weil die Nachgeburtsperiode nicht immer störungsfrei verläuft. Eine unbehandelte Entzündung der Gebärmutter führt fast stets zum Tode. Bei normaler Temperatur, gutem Allgemeinbefinden und regem Appetit der Hündin sowie bei ruhigen und satten Welpen brauchen wir für unsere Hündin nichts zu befürchten. Die gesamte Regeneration der Gebärmutter dauert etwa fünf bis sechs Wochen.

Kupieren der Rute und Entfernen der Wolfskrallen

Kupiert wird wegen der Verletzungsgefahr einer langen Rute beim Stöbereinsatz. Gestöbert wird meist in Dickungen, die einen ziemlich engen Stand der noch jungen Bäume aufweisen. Beim Hund ist nun die Rute der Ausdruck seines jeweiligen „seelischen" Zustandes, je freudig erregter ein Hund ist, desto lebhafter geht seine Rute. Beim Stöbern kommt der Hund meist an Wild oder dessen Fährte bzw. Spur, was ihn freudig bewegt und dementsprechend seine

Rute fleißiger ausschlagen läßt; je temperamentvoller der Hund, desto schneller der Ausschlag. Dabei kommt es bei einem nicht kupierten Hund zu starken Verletzungen der Rute durch deren Anschlagen an Bäume und Sträucher. Die Rute blutet, bei weiterem Einsatz kommt es zum Aufplatzen der Wunden und eventuell zum Eitern, was unter Umständen ein Abnehmen der Rute durch einen Tierarzt notwendig machen kann. Das ist der aus der jagdlichen Praxis stammende Grund des Kupierens.

Nach dem Tierschutzgesetz darf das Kupieren der Rute ohne Betäubung nur in den ersten acht Tagen nach dem Wölfen des Welpen erfolgen. Ob wir nun ein scharfes Messer oder eine scharfe Schere dazu nehmen, ist Ansichtssache. Wichtig ist, daß beide Instrumente jedesmal abgekocht und mit einem Desinfektionsmittel behandelt worden sind.

Grundsätzlich kupiere man als Anfänger lieber ein Glied zu lang als eines zu kurz. Bei der DD-Hündin gilt als Richtlinie, daß die Schnalle noch gut von der Rute bedeckt sein soll, um diese beim Sitzen im Winter vor Kälteeinwirkung schützen zu können. Unter Mithilfe einer zweiten Person, die den Welpen hält, legen wir die Rute bei der Hündin so, daß die Schnalle gut bedeckt ist, beim Rüden bis dorthin, wo später die Hoden kommen. Mit Daumen und Zeigefinger markieren wir diese Stelle, ziehen die Haut noch in Richtung zum Rumpf und vollführen den Schnitt. Das Zurückziehen der Haut hat den Zweck, daß diese sich nach dem Kupieren über den Knochen stülpt, um dann so zu verwachsen. Es darf später keinesfalls am Rutenende anstatt der Haut mit Haaren der kahle Knochen zu sehen sein. Das verhindert auch das Zusammenziehen und Verknoten der Haut am Rutenende mit Hilfe einer desinfizierten Nadel und eines Fadens.

Das Kupieren mit einem scharfen Messer, auf dessen Rücken ein kurzer Schlag mit einem Aluminium-Hammer geführt wird. Messer und Schere sind jeweils wieder zu desinfizieren

Mit der Schere können wir den Schnitt freihändig ausführen, beim Schnitt mit dem Messer legen wir den Schwanz auf eine glatte Holzunterlage und trennen dann. Ob man das Messer dabei wie ein Wiegemesser handhabt oder das Messer auf die vorgesehene Stelle aufsetzt und dann kräftig nachdrückt oder einen kurzen Schlag mit der Hand oder mit einem kleinen Aluminium- oder Gummihammer auf den Messerrücken ausübt, bleibt gleich.

So mancher Züchter hat seine Würfe kupiert, ohne die Rute beim Welpen abzubinden oder das Rutenende mit einem glühend gemachten Messer zu brennen und hat die Welpen dann der Hundemutter wieder gegeben, welche sie eifrigst ableckte, womit die Prozedur dann beendet war. Der besseren Kontrolle wegen soll das Kupieren nicht abends, sondern morgens vorgenommen werden. Dies gilt besonders wegen des eventuellen Nachblutens. Wer das auf alle Fälle verhindern will, bindet die Rutenenden mit einem reißfesten Faden ab. Den Faden beläßt man etwa zwei Stunden, ehe man ihn wieder entfernt. Erinnert man sich erst weitere Stunden danach, daß man die Fäden noch entfernen muß, treten auch keine negativen Folgen – wie etwa das Absterben des abgebundenen Rutenendes – auf.

Hat man bereits mehrere Würfe kupiert, so arbeitet man mehr nach Augenmaß, indem man dabei die Figur der Welpen, ob kurz und dick, lang und zierlich, mit berücksichtigt. Bei den Dicken läßt man eine Idee mehr, bei den Zierlichen nimmt man eine Idee mehr weg, insgesamt etwa ein Drittel von der Rutenspitze an gerechnet. Durch falsches Kupieren kann der Gesamteindruck eines Hundes leiden, weil er dadurch unproportioniert wirkt. Hat man bei Schimmelhunden die Möglichkeit, das Ende des Stummels weiß ausgehen zu lassen, sollte man das tun. Im Feld, in hohen Kartoffeln, Rüben und im Busch kann man oft nur daran seinen Hund im Auge behalten und erkennen, ob er vorsteht.

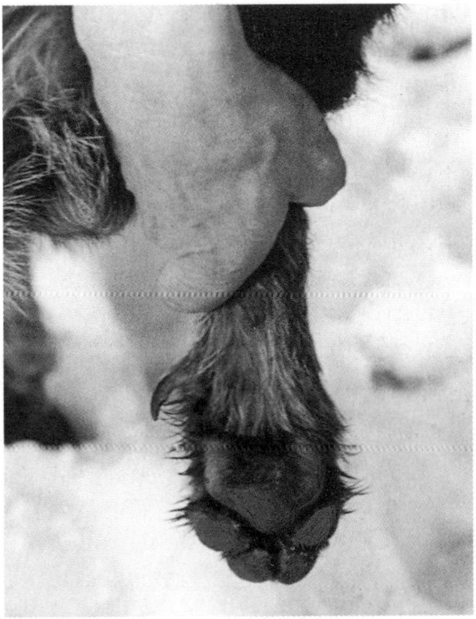

Wolfskrallen werden beim Welpen innerhalb der ersten acht Tage am besten mit einer scharfen Schere entfernt. Späteres Entfernen hat durch einen Tierarzt zu erfolgen

Das Kupieren von über acht Tage alten Hunden und somit auch das

Nachkupieren hat unter örtlicher Betäubung, die nur von einem Tierarzt vorgenommen werden darf, zu geschehen.

Die eventuell vorhandenen Wolfskrallen kann man gleich in Zusammenhang mit dem Kupieren entfernen. Sie werden auch Afterkrallen, Wolfsklauen oder Afterklauen genannt und befinden sich als fünfte überzählige Zehe an der Innenseite der Hinterläufe und sind am besten mit einer scharfen Schere abzuschneiden. Die kleine Wunde wird mit etwas Jod desinfiziert.

Bleibt die Wolfskralle am Lauf, kommt es vor, daß der Hund diese abreißt, wenn er beispielsweise in dünnes Eis einbricht.

Aufzucht

In den ersten drei bis vier Wochen nimmt die Hündin dem Züchter mehr oder weniger die Arbeit mit den Welpen bzw. deren Betreuung ab. In dieser Zeit muß der Züchter aber die Meldung an den Rüdenbesitzer über die Anzahl und das Geschlechterverhältnis der Welpen abgeben. Der vom Deckrüdenbesitzer unterschriebene Deckschein hat zusammen mit der Wurfmeldung nach Artikel 23 der Zuchtordnung binnen dreier Wochen beim Gruppenzuchtwart zu sein.

Die Betreuung der Mutterhündin besteht in erster Linie in qualitätsmäßig bester Ernährung und dem täglichen Auslauf. Frisches Wasser sollte immer vorhanden sein. Das Verabreichen von Milch ist wegen des Calcium-Gehalts und der guten Verdaulichkeit erwünscht, wirkt aber abführend. Wer glaubt, durch reichliche Milchgaben die Milcherzeugung der Mutterhündin steigern zu können, befindet sich im Irrtum, er steigert damit in erster Linie die Darmtätigkeit. Mit 12 bis 14 Tagen öffnen die Welpen allmählich die Augen, die zuerst eine blaue Farbe haben, um dann nach etwa drei Monaten ihre endgültige Färbung anzunehmen. Während der ersten Tage nach dem Öffnen der Augen sollten die Welpen vor grellem Sonnenlicht geschützt werden, sie müssen sich langsam an das helle Licht gewöhnen. Die Gehörgänge öffnen sich mit etwa 16 Tagen.

Es ist nicht zu empfehlen, die Hündin in Gegenwart der Welpen zu füttern, da diese, sobald sie laufen können, der Hündin folgen. Diese ist während der Zeit der Nahrungsaufnahme besonders unduldsam und beißt meist die sie bedrängenden Welpen ab. Unter Umständen würgt sie ihnen ihr vorverdautes Futter aber auch vor, das die Welpen dann fressen. Mit der Zufütterung der Welpen beginnt man je nach Milchleistung der Hündin und Anzahl der Welpen eventuell schon in der dritten Woche. Es ist aber notwendig, die

Welpen vorher einer Wurmkur zu unterziehen. Fast alle Welpen sind von Spulwürmern befallen, die bei Massenbefall und nicht genügender Widerstandskraft der Welpen ohne weiteres zum Tode führen können. Eine Schwächung des Organismus und damit eine Anfälligkeit für Parvovirus und Staupe tritt auf alle Fälle ein, wenn die Wurmkur versäumt oder zu spät durchgeführt wird. Erkenntlich ist der Wurmbefall an dem typischen Mundgeruch der Welpen, an den stark einfallenden Flanken beim Fressen und bei starkem Befall an den aufgetriebenen Bäuchen. Über die rechtzeitige Vorbeugung ist unter dem Kapitel „Der kranke Hund“ näheres nachzulesen.

Die Zeit der 4. bis 7. Woche wird als die Prägungsphase bezeichnet, da mit dem Verlassen das Lagers (Wurfkiste) Erfahrungen mit der Umwelt gesammelt werden und die Prägung auf den Menschen, den zukünftigen Meutegenossen, beginnt. Deshalb sollen die Welpen auch andere Menschen als den Züchter, z. B. ihre zukünftigen Besitzer kennenlernen. Ebenso ist eine abwechslungsreiche Kost nötig, damit die Prägung nicht allein auf eine Futtersorte geschieht. Die Prägung ist als ein verbindlicher Lernprozeß zu verstehen. Sie erfolgt in einem bestimmten begrenzten Zeitraum innerhalb einer kritischen oder sensiblen Phase und ist nicht mehr rückgängig zu machen.

Die Wände der Wurfkiste sind keine unüberwindliche Hürde mehr. Die Neugier, der Erkundungsdrang, aber auch das Sauberhalten des Wurflagers veranlassen den Welpen, über die Bretterwand zu steigen

Der Hündin ist Gelegenheit zu geben, sich auch von den Welpen unerreichbar hinlegen zu können, z. B. auf eine höher gelegene Liegeplatte, weil diese ihr sonst keine Ruhe lassen und die ungestörte Milchproduktion verhindern. Nun kommen bei den Welpen bereits die ersten Schneidezähne durch, die im Alter von drei Monaten wieder gewechselt werden. Die Welpen werden jetzt auch recht munter, und die Wände der Wurfkiste sind keine unüberwindliche Hürde mehr. Man sollte deshalb der kleinen Gesellschaft die Möglichkeit zum Auslaufen geben, zumal die Hündin nach der Zufütterung meist das Auflecken der kleinen und großen Geschäfte der

Welpen einstellt. Ein Zwinger mit genügender Bewegungsmöglichkeit in Luft und Sonne ist dann die beste Umgebung sowohl für die Hündin als auch für die Welpen. Das Lager muß aber vor Zugluft geschützt sein. Die Möglichkeit, auch die Welt außerhalb des Zwingers kennenzulernen, sollte den Welpen gemeinsam mit ihrer Mutter, unter Aufsicht des Züchters, gegeben werden.

Ein Zwinger mit genügend Bewegungsmöglichkeit in Luft und Sonne ist dann die beste Umgebung

Wegen der günstigeren Aufzuchtbedingungen, was das Wetter angeht, zieht man den Frühjahrswurf dem Herbstwurf vor, auch wegen des entsprechenden Alters für die im darauffolgenden Frühjahr stattfindenden Anlagenprüfungen. Die Hitze einer Hündin setzt aber nicht immer nach Wunsch ein.

Die Hündin, die sich anfangs zu den Kleinen in das Lager legte und die Welpen so saugen ließ, wird sich

Die Welpen sind mittlerweile so groß geworden, daß sie bei liegender Stellung der Hündin nicht alle einen Platz zum Saugen finden

jetzt dazu hinsetzen oder noch später sogar hinstellen. Die Welpen sind nämlich mittlerweile so groß geworden, daß sie bei liegender Stellung der Hündin nicht alle einen Platz zum Saugen finden. Sitzt oder steht die Hündin dagegen, so hat jeder Welpe die Möglichkeit, einen Strich zu finden. Bei mehr als acht Welpen gibt es jedoch Schwierigkeiten.

Mit dem Zufüttern sollte man an die Parvovirus-Impfung denken, bei hohem Infektionsdruck nach Konsultation des Tierarztes mit sechs Wochen auch an die Impfung gegen Staupe und Hepatitis.

Den Welpen sollte man im Alter von vier Wochen bis zum neunten Lebensmonat täglich mehrere Mahlzeiten geben. Anfangs werden es vier bis fünf Mahlzeiten sein, später drei. Das Futter ist zu einer bestimmten Zeit zu geben, und zwar für jeden

Welpen in einer gesonderten Tonschüssel, die infolge ihrer Schwere von ihnen nicht umgeworfen werden kann. Dadurch gewöhnt man den jungen Deutsch-Drahthaar beizeiten an Ordnung und erleichtert die spätere Haltung. Wann der ausgewachsene Hund seine Hauptmahlzeit erhält, richtet sich mit nach seiner Aufgabe als Wächter des Hauses, da der Verdauungsschlaf zur Nacht die Wachsamkeit verringert.

Solange die Hündin noch Milch hat und Säugen läßt, sollte man die Welpen behalten. Nach Artikel 28 der Zuchtordnung ist mit etwa sieben bis acht Wochen die zugeteilte Zuchtbuchnummer im rechten Behang des Welpen und in die rechte untere Ecke der Ahnentafel mit der Tätowierzange durch den zuständigen Gruppenzuchtwart oder dessen Beauftragten einzudrücken. Bevor das nicht geschehen ist, darf kein Welpe abgegeben werden. Die Abgabe der Welpen sollte nicht vor acht Wochen geschehen, wozu man jeweils ein Wochenende aussuchen sollte, damit die Käufer auch die Gelegenheit finden, sich gleich tagsüber mit ihren zukünftigen Jagdgefährten anzufreunden (vgl. auch Kapitel „Vom Welpen zum Jagdgebrauchshund").

Die Schüsseln für Wasser und Futter sollten von den Hunden nicht umgeworfen werden können

Als günstig erweist sich auch, wenn der zukünftige Besitzer sich seinen Hund bereits vor der Abgabe beim Züchter aussuchte und ihn allein oder auch mit seiner Familie aufsucht, um mit ihm bekannt zu werden. Dem Welpen erleichtert man das Eingewöhnen, wenn man dem Züchter eine Decke bringt, die er einige Zeit in die Wurfkiste legt. Sie nimmt dort den dem Welpen vertrauten Geruch an. Diese Decke nimmt man dann mit dem Welpen nach Hause.

Vom Welpen zum Jagdgebrauchshund

Welpenerwerb

Wer es sich zeitlich einigermaßen leisten kann, sollte sich einen Welpen anschaffen und ihn auch selbst ausbilden und führen. Der bekannte Rüdemann Oberforstmeister Frieß sagt hierzu: „Am besten und billigsten verdirbt man seine Hunde selbst. Man lernt wenigstens auch bei mäßiger Begabung immer etwas dazu."

Wohnt ein Deutsch-Drahthaar-Züchter in unserer Nähe, den wir als guten Leistungszüchter kennen, so werden wir in kurzer Zeit in den Besitz eines Welpen kommen. Hat man diese Möglichkeit nicht, so wende man sich an den Vorsitzenden oder den Zuchtwart der zuständigen DD-Gruppe und trage ihm die besonderen Wünsche in bezug auf jagdliche Eignung, zum Beispiel in der Schweiß- oder in der Wasserarbeit vor, mit gleichzeitiger Angabe des Farbwunsches. Mit den Besitzern der Zwinger, die einem benannt werden, setze man sich in Verbindung, vergleiche sie untereinander und trage auch ihnen seine Wünsche vor. Erklären wir uns bereit, den Deutsch-Drahthaar jagdlich zu führen und sein Können auf Prüfungen beurteilen zu lassen, werden wir meist Entgegenkommen finden.

Nach Möglichkeit bestelle man sich einen Welpen aus einem Frühjahrs-

Anzuraten ist es, sich den Wurf schon vor der Abgabe anzusehen und die Welpen beim Spiel und auch im Umgang mit ihrer Umgebung zu beobachten, beispielsweise bei beginnendem Vorstehverhalten

wurf. Der Welpe wächst dann in die warme Jahreszeit hinein. Anzuraten ist, sich den Wurf schon vor der Abgabe anzusehen und die Welpen beim Spiel und auch am Futternapf zu beobachten. Wahrscheinlich entschließt man sich dann schon für einen bestimmten Welpen, was einem die Qual der Wahl am Tag der Welpenabgabe erspart. Bei den Besuchen kann man auch gleich die Frage nach der Entwurmung der Welpen stellen, ebenso die, ob die Welpen einen vorbeugenden Impfschutz erhalten haben. Daß man auch die Mutterhündin in Augenschein nimmt, auf ihr Verhalten, aber auch auf ihre körperliche Verfassung achtet, gehört selbstverständlich dazu.

Den ausgesuchten Welpen kontrolliere man zudem hinsichtlich der richtigen Stellung des Gebisses. Die Schneidezähne des Unterkiefers sollen hinter den Schneidezähnen des Oberkiefers, jedoch mit diesen in Reibung stehen. Die Gebißausformung wird bei geschlossenem Fang durch Hochziehen bzw. Herunterdrücken der Lefzen erkennbar. Beim zweiten Zahnen – die Schneidezähne wechseln bereits mit drei Monaten – kann es leider doch noch zu einem Vor- oder Rückbiß kommen, jedoch ist dies selten. Man überzeuge sich auch, daß kein Nabelbruch vorliegt.

Das Vorhandensein beider Hoden beim Rüden können wir überprüfen, da man diese bereits mit sechs Wochen fühlen kann. Der Rüde wird hierzu am besten hingestellt. Man streicht dann mit Zeige- und Mittelfinger beiderseits des Geschlechtsteils von vorn nach hinten, wodurch die Hoden in den auch schon beim Welpen sichtbaren kleinen Hodensack rutschen und man sie dort fühlen kann.

Der Abholtag sollte ein Sonnabend sein, damit wir ein ganzes Wochenende für seine Eingewöhnung haben. Unser Deutsch-Drahthaar, denn jetzt ist er ja in unserem Besitz, findet bei uns eine ihm völlig fremde Umgebung vor. Das einzige ihm geruchlich Vertraute ist seine Schlafdecke, die wir vor dem Abholtermin beim Züchter abgegeben hatten, damit er sie auf den Schlafplatz der Welpen legte. War er vordem mit seiner Mutter und seinen Wurfgeschwistern zusammen, so ist er jetzt auf sich allein angewiesen. Wir, seine neue Bezugsperson, müssen uns mit dem kleinen Kerl jetzt viel beschäftigen, so daß er uns bald als seine Meutegenossen anerkennt.

Spieltage

Auch bei bester Vorbereitung durch Züchter und Welpenkäufer bildet die Trennung von Hündin und Welpen einen harten Einschnitt im Leben der Welpen. Es fehlen die gleichaltrigen Spielgefährten, mit denen der Hund aufwuchs und umhertollte. Als Soziallebewesen benötigt der Welpe die

Auseinandersetzung in der Gruppe, da sie ihm die darin vorhandenen Lern- und Entwicklungsvorgänge ermöglicht.

Glück hat der Welpe, dessen Besitzer entweder Berufsjäger, Forstmann oder auch Rentner ist, da diese Personen die Möglichkeit haben, den Hund in ihren Alltag einzubeziehen. Da das aber für die wenigsten Welpenkäufer zutrifft und den anderen nur der Feierabend, die Wochenenden und eventuell noch der Urlaub zum Eingewöhnen mit ihrem DD verbleiben, sollte nicht nur diese Gruppe ihrem Hund Spieltage mit gleichaltrigen Vorstehhunden verschaffen. Bleibt es in dieser weiteren Prägungszeit bei der einseitigen Beziehung Hund-Jäger, kann das beim Hund zu späterer Unver-

Die Spieltage sind eine Fortsetzung der beim Züchter begonnenen Prägung

träglichkeit gegenüber Artgenossen, aber auch zu sexueller Fehlprägung kommen.

Spieltage sind vorprogrammierte Tage, an denen der Welpe mit anderen gleichen Alters bzw. gleicher Größe zusammenkommt und das bei der Welpenabgabe unterbrochene innerartliche Spielen damit wieder aufgenommen werden kann. Gleichaltrigkeit bzw. gleiche Größe empfiehlt sich schon, damit von vornherein eine körperliche Überlegenheit zu Ungunsten der Schwächeren ausgeschlossen wird.

Günstig ist es, wenn Welpen eines Wurfes nicht allzu weit verstreut untergekommen sind, da es ein etwa ein- bis zweimaliges Treffen pro Woche zu einen Spieltag erleichtert. Die Adressen der einzelnen Welpenbesitzer sind in der Regel beim Züchter vorhanden, aber auch der zuständige Zuchtwart kann Auskunft über weitere Würfe geben. Von den teilnehmenden Hunden ist natürlich zu fordern, daß sie entsprechend entwurmt sind und die obligatorischen Impfungen haben. Es sollte auch bereits ein Vertrauensverhältnis zwischen dem Welpen und seinem neuen Besitzer entstanden sein.

Die Spieltage sind eine Fortsetzung der beim Züchter begonnenen Prägung. Sie sollten deshalb in der für die Entwicklung des Hundes wichtigsten Prägezeit beibehalten werden, die sich etwa bis zum Alter von vierzehn Wochen erstreckt. In den Spieltagen läßt das Zusammenleben von Mensch und Hund zusätzlich eine gegenseitige Beziehung entstehen, die sich von Vorteil für die spätere Symbiose zwischen Jäger und Jagdhund erweisen wird.

Haltung

Wer soviel Platz hat, daß er sich einen Zwinger bauen kann, sollte das tun.

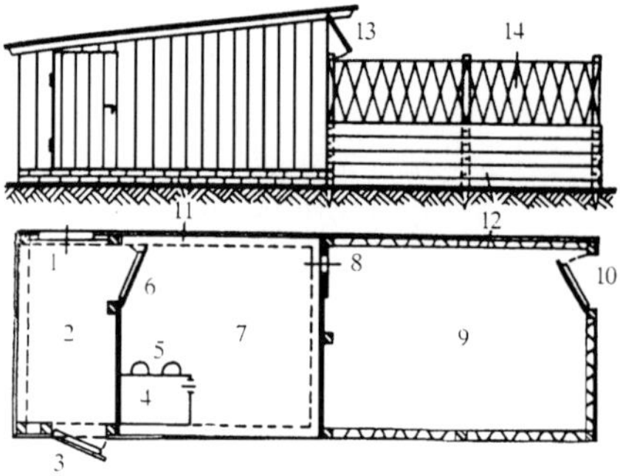

Zwingeranlage

Die Haltung des Deutsch-Drahthaar in Licht, Luft und Sonne ist ihm viel bekömmlicher als das Herumliegen im Zimmer oder in der Küche. Bei einem Beruf, der es erlaubt, den DD fast täglich draußen zu haben, ist eine Zwingerhaltung zwar nicht unbedingt erforderlich, trotzdem jedoch empfehlenswert. Wer allerdings den Hund nur dann aus dem Zwinger holt, wenn er ihn gerade braucht, der tut sich, dem Deutsch-Drahthaar und der Jagd keinen guten Dienst. Es wird dann nicht zu der Zusammenarbeit zwischen Führer und Deutsch-Drahthaar kommen, der es bedarf, um das Höchstmögliche an Leistung zu erreichen, weil es an dem nötigen Konnex zwischen Herr und Hund fehlt.

Bei der Stubenhaltung ist dem DD ein bestimmter Platz anzuweisen, an dem er seine Besitzer nicht stört, er aber auch nicht gestört wird

Die Haltung des Deutsch-Drahthaar in der Wohnung wird bei Jägern, die in der Stadt wohnen, üblich sein. Erhält der DD auch in der Wohnung seinen bestimmten Platz, den er sogar haben muß, damit er weiß, wo er hingehört und auf dem er sich die meiste Zeit aufhält, so ist er immer in unserer Nähe. Wir haben unseren DD somit immer unter Kontrolle. Aufkommende Untugenden können wir sofort im Keim ersticken und auch ein verändertes Benehmen, das z. B. auf eine Krankheit schließen läßt, rechtzeitig bemerken.

Durch seine Anwesenheit erinnert der Deutsch-Drahthaar uns aber auch an unsere Pflichten ihm gegenüber, die nicht allein mit dem regelmäßigen Füttern und Spazierengehen erfüllt sind, sondern sich bei einem Jagdhund auch auf die Ausbildung erstrecken. Wir werden veranlaßt, uns mit unserem Deutsch-Drahthaar zu beschäftigen, und wenn es täglich nur kurze Zeit ist. Auf diese Weise haben viele Hunde ihre erste Ausbildung erhalten, sei es im Fach Gehorsam, beispielsweise beim Sitzen oder Ablegen auf dem Hundeplatz, oder seien es die Anfänge des Apportierens sowie des Lautgebens auf Zuspruch als Vorbereitung für das Totverbellen. Diese Übungen müssen selbstverständlich in der freien Natur wiederholt und gefestigt werden. Es muß aber auch darauf geachtet werden, daß während der ersten Zeit außer dem Hundeführer nicht etwa noch diverse Familienangehörige unseren Hund füttern oder versuchen, ihn zu erziehen.

Der Platz des Hundes soll weder in der Nähe der Heizung sein noch an einer Stelle, an der er durch seinen Aufenthalt stört oder gestört wird. Sein ihm zugewiesener Platz gehört ihm ganz allein. Er solle zugfrei sein. Dorthin zieht sich der Hund zurück, wenn er seine Ruhe haben will.

Die Abrichtung des Deutsch-Drahthaar

Grundlagen der Ausbildung

In der Ausbildung werden vom Hund nur im Verhaltensinventar vorhandene Körperhaltungen und Bewegungsabläufe verlangt, die er als Beutegreifer auch ohne menschlichen Einfluß vollziehen würde. Dazu gehört das Setzen, das Hinlegen (Ablegen, Down), das Verfolgen eines Geläufs, einer (Schwimm-) Spur oder (Wund-) Fährte, das Ergreifen einer Beute, ob zu Lande oder zu Wasser, das Tragen (Apportieren), ebenso wie das Verharren (Vorstehen) vor dem Sprung und in der Mehrzahl auch das Lautgeben. Am Ausbilder liegt es nun, dem Hund begreiflich zu machen, daß dieser sich zu setzen oder abzulegen hat, gesundes Wild nicht ohne Aufforderung verfolgen darf, auf Geläuf, Spur oder (Wund-) Fährte eingewiesen, diesen zu folgen hat, damit aus dem DD ein unentbehrlicher Jagdgefährte wird.

Stubenreinheit

Die Welpen benutzen fast immer ein und dieselbe Stelle zum Absetzen der Exkremente. Für den Züchter wäre es allerdings ein hartes Stück Arbeit, alle etwa 4 bis 6 Wochen alten Welpen an ihre bestimmte Stelle zu gewöhnen. Bei der Stubenhaltung der Welpen kommt der Käufer nicht umhin, die Erziehung zur Stubenreinheit vorzunehmen. Schläge oder das Hineinstecken der Nase des Junghundes in seine Exkremente sind allerdings veraltete, unzweckmäßige Maßnahmen, die den Welpen eher dazu veranlassen, sich bei unserem Erscheinen zu verkriechen. Einige Hundebesitzer leiten von dem Verkriechen sogar ein „Schuldbewußtsein" des Hundes ab und wissen nicht, daß der Hund die einzelnen Vorgänge anders verknüpft. Infolge seines Alters kann er noch nicht lange „dicht" bleiben und näßt oder löst sich, ohne sich einer Schuld bewußt zu sein, wenn es ihn drückt. Auch eine starke Einwirkung von seiten des Besitzers kann diese notwendigen Lebensäußerungen nicht unterdrücken. Da außerdem unsere „Erziehungsmaßnahmen" eine mehr oder minder große Zeitspanne nach dem Ausscheiden der Exkremente erst auf den Hund einwirken, verknüpft er das unangenehme, meist schmerzhafte Erlebnis nicht mit den Ausscheidungen, sondern mit dem Besitzer – er wird sich bei dessen Erscheinen verkriechen und handscheu werden.

Um aber unerwünschte Verknüpfungen zu vermeiden, muß man die Lebensäußerungen des Welpen für unsere Zwecke nutzen. Dazu bildet eine pünktliche Fütterung die erste Voraussetzung. Wir gewöhnen so unseren Hund an einen bestimmten Lebensrhythmus und erleichtern uns seine Erziehung. Der Tagesablauf des Welpen besteht vorwiegend aus Nahrungsaufnahme und Exkrementabgabe, Spielen und Schlafen. Meist hat der Welpe das Bedürfnis zum Nässen oder Lösen nach einem längeren Schlaf. Wir nehmen sofort nach dem Erwachen, also zu den gewohnten Mahlzeiten, unseren Hund und setzen ihn ins Freie oder in eine hierfür bestimmte Kiste, die auf dem Balkon oder in unserer Toilette ihren Platz haben kann. Besitzt die Kiste erst einmal eine „Duftmarke", so wird der Welpe sich bald nur noch in dieser Kiste oder an einem bestimmten Platz im Freien, an dem sich eine Duftmarke befindet, Lösen oder Nässen.

Ist unser Hund daran gewöhnt, seine Exkremente zu bestimmten Zeiten abzusetzen, so wird er sich von allein melden, um zu diesem Platz geführt zu werden. Meist wird der Hund sich durch Kratzen oder Quiemen bemerkbar machen, so daß es eines leichten Schlafes bedarf, um das nachts zu hören. Will man den Welpen nicht rückfällig werden lassen, muß man ihn aber unbedingt an die ihm gewohnte Stelle führen. Gibt man die letzte Tagesmahlzeit nicht zu spät und läßt den DD sich noch einmal entleeren, bevor man selbst in das Bett steigt, so wird uns der Hund auch während der Nacht nicht stören. Am Morgen muß er sofort an seinen gewöhnten Kotplatz geführt werden. Wer so handelt, wird bald einen stubenreinen Hund haben.

Herankommen auf Ruf

Die späteren Verwendungsmöglichkeiten unseres Deutsch-Drahthaar richten sich nach den uns zur Verfügung stehenden Revierverhältnissen, und wir sollten bestrebt sein, den Jagdhund rechtzeitig in sein späteres Arbeitsgebiet einzuführen und ihn damit vertraut zu machen. Nicht immer muß es ein bewaffneter Pirschgang mit unserem Deutsch-Drahthaar sein, weitaus besser ist es, alle unsere Aufmerksamkeit während dieser Reviergänge allein dem Hund zu widmen, sich mit ihm zu beschäftigen, ihn zu beobachten und anzuleiten.

Diese Reviergänge setzen allerdings voraus, daß Ausbilder und Hund sich kennen und Kontakt miteinander haben. Wir haben mit dem Füttern die Möglichkeit, unseren Hund zum „Gehorsam" zu bringen, und können außerdem die Freßlust und die körperliche Entwicklung unseres Deutsch-Drahthaar kontrollieren.

Wir nutzen damit in der Hauptsache den Ernährungstrieb für unsere Zwecke aus. Das „Hören" unseres Rufes und das „Herankommen" bilden die erste Stufe der Gehorsamsübungen. Die ständige Wiederholung des Rufens und Fütterns schleift sich im Gedächtnis unseres Hundes ein, so daß er auf alle Fälle zu den festgelegten Futterzeiten auf unser Rufen erscheint. Versuchen wir auch zu anderen Zeiten das Herankommen durch Rufen zu erreichen und belohnen es durch einen Belobigungshappen, so wird sich bald der gewünschte Erfolg einstellen.

Fördern der Bringelust

Mit dem Belobigungshappen wollen wir aber gleichzeitig ein Loben des Junghundes mit Worten und Streicheln, auch „Abliebeln" genannt, verbinden und uns die Zeit nehmen, mit dem Junghund zu spielen. Als Meutetier wird er uns folgen, als Laufraubtier allem hinterherlaufen, was sich bewegt. Unter unserer Kontrolle können wir diese Triebhandlungen gut für unsere Zwecke ausnutzen.

Diese Übungen dienen jedoch im Alter von drei bis vier Monaten mehr der Förderung der Anhänglichkeit an uns und der körperlichen Ertüchtigung.

Werfen wir einen leichten Apportiergegenstand weg, so wird unser Hund darauf reagieren und hinterher rennen. Daß er aber das Stück zu uns zurück bringt, ist unwahrscheinlich.

Wir locken ihn deshalb. Haben wir das Herankommen schon jeweils vorher durch Belobigungsbrocken belohnt, so wird er auch rasch zu uns kommen. Wir müssen aber verhüten, daß unser Hund den Bringegegenstand fortschleppen, ihn zerbeißen oder vergraben kann. Gelingt ihm dies einige Male, so wird der Hund nur nach einer längeren Einwirkung von dieser Unsitte abzubringen sein. Das Ausnutzen der Spielfreude zur Bringelust ist ein Weg dazu, sich einen bringfreudigen Deutsch-Drahthaar zu erziehen.

Gewöhnen an Halsung und Leine

Beim erstmaligen Umlegen der Halsung kommt sie dem Junghund ungewohnt vor, er wird sich schütteln, danach kratzen – und sich daran gewöhnen. An das Angeleintsein gewöhnt sich unser Hund dagegen nicht so schnell. Es wird manche Bocksprünge geben, manchen Versuch, durch Rückwärtsgehen aus der Halsung zu kommen, doch Zureden und Belobigungsbrocken helfen auch hier. Weiß der Hund erst, daß der Griff zur Leine den Weg ins Freie bedeutet, wird er sich zum Anleinen auch willig setzen.

Wir lassen den Hund immer an unserer linken Seite gehen und achten besonders darauf, daß er nicht vorprellt, aber auch nicht zurückbleibt. Das Hörzeichen „Fuß" soll dem Hund dabei immer mehr zu einem auslösenden Reiz werden und mit ihm zusammen die gewünschte Reaktion einschleifen.

Wichtige Hilfsmittel für die DD-Ausbildung

Übungsangel

Die Übungsangel ist ein für die Ausbildung des Hundes mehrfach verwendbares Hilfsgerät, das dem Junghund Lauftraining verschafft, über den angebundenen und bewegten Balg wird die Neugierde und der Greiferwille angeregt. Weiterhin wird das Apportieren angebahnt, das Vorstehen entwickelt, das Vertrautwerden mit dem Wasser bis zum Schwimmen erreicht sowie das Lautgeben beigebracht.

Der Greiferwille (Beutetrieb) des DD wird durch den bewegten Balg ausgelöst

Ein weiterer Vorteil der Übungsangel liegt in ihrer einfachen Herstellung. Man benötigt dazu einen mindestens zwei Meter langen Haselnußstock und befestigt an dessen dünnem Ende eine etwa zwei Meter lange feste Schnur. An das Ende der Schnur bindet man einen Kaninchenbalg, ein Stück Rehdecke, Sauschwarte oder ähnliches an. Ein ebenso langer Bambusstab oder eine stabile Angelrute erfüllen denselben Zweck.

Die Ausbildung an der Übungsangel sollte mit drei bis vier Monaten einsetzen. Unser DD soll dann schon an Halsung und Führerleine gewöhnt sein.

Der erste Einsatz mit der Übungsangel soll in einem umzäunten Gelände geschehen. Dort schnallen wir unseren Hund und bewegen den an die Übungsangel angebundenen Balg vor ihm; damit bauen wir eine Reizsituation auf, die ihn veranlassen wird, dem sich bewegenden Balg zu folgen. Es ist gleich, ob der Ausbilder die Übungsangel kreis- oder ellipsenförmig oder in Form einer Acht vor dem Hund herzieht oder schwenkt. Das Tempo des Schwenkens muß so schnell sein, daß der Hund den sich bewegenden Gegenstand nicht greifen kann. Sollte das Interesse des Hundes deswegen nachlassen, läßt der Ausbilder den Balg kurz vor dem Hund tanzen und unser DD darf ihn greifen, damit er zu einem Erfolgserlebnis kommt. Das Hinterherlaufen wird durch Loben unterstützt, wie „So recht, der Hund, voran." Ein Herumkauen auf dem Balg darf nicht geduldet werden. Deswegen wird er gegebenenfalls mit „Pfui, was ist das" aus dem Fang des Hundes genommen. Die erste Übung sollte fünf Minuten nicht überschreiten. Sie steht in Abhängigkeit zum Spieltrieb bzw. Greiferwillen des Deutsch-Drahthaar.

Ist der Eifer des Hundes geweckt, indem er ausdauernd den sich bewegenden Balg verfolgt, wechselt der Ausbilder die Örtlichkeit und steigert mit jedem Übungstag das Andauern der Verfolgung. Als Abschluß darf der Hund den Balg wieder greifen. Dann ruft der Ausbilder den Hund mit Namen und „Komm, hieran" zu sich, wobei er sich in Hockstellung begibt und sich seitlich auf den linken Oberschenkel klopft. Er legt die Angel auf den Boden, ergreift die Schnur und zieht den Hund unter Loben zu sich heran. Mit der linken Hand nimmt der Ausbilder dann den Hund an der Halsung und drückt ihn mit der rechten Hand auf die Kruppe zum „Sitz", um ihm schließlich den Balg abzunehmen.

Als nächstes wechselt der Ausbilder wieder die Örtlichkeit und den zu ergreifenden Gegenstand. Beim Greifenlassen des Sauschwartenstükkes ruft der Ausbilder „Apport" und ruft den Hund zu sich heran, läßt ihn „Sitz" machen und verwendet zum Abgeben den Zuruf „Aus". Der Hund erhält bei korrektem Verhalten Lob und einen Belobigungshappen (Stück Trockenfleisch, Scheibe Wurst, Futterpellet).

Um den DD auf das Vorstehen vorzubereiten, läßt der Ausbilder ihn so lange hinter der angebundenen toten Taube herlaufen, bis er langsamer wird. Die Schnelligkeit der Bewegungen mit der Taube passen sich der nachlassenden Geschwindigkeit des Hundes an. Etwa zwei Meter vor dem Hund beläßt der Ausbilder die Taube auf dem Erdboden. Den sich zum Sprung vorbereitenden Hund, der so in Vorstehpose verharrt, ruft der Ausbilder „Schoone" zu. Nach etwa 10 bis 20 Sekunden, später auch nach längerer Stehzeit, nähert sich der Ausbilder langsam dem verharrenden Hund, um ihn unter Lob, „So recht, der Hund" und „Schoone", am Halsband zu ergreifen und abzutragen. Diese Übung ist auch im hohen Gras auszuführen.

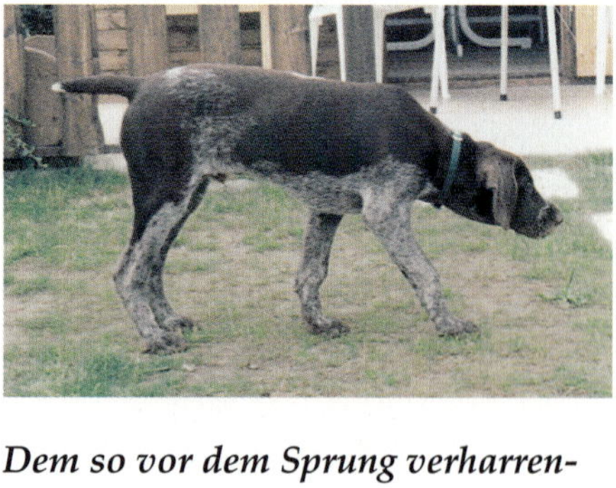

Dem so vor dem Sprung verharrenden (vorstehenden) DD ruft der Ausbilder „Schoone!" zu

Beachtet der Hund den Zuruf „Schoone" nicht und springt ein, ruft der Ausbilder „Pfui, was ist das" und wiederholt den Vorgang. Dabei wird der jetzt angeleinte Hund so kurz vor der niedergelegten Taube gehalten, daß er nicht einspringen kann.

Um den jungen Hund mit dem nassen Element vertraut zu machen, begibt sich der Ausbilder mit seinem Hund und der Übungsangel an ein Gewässer mit flachem Ufer und läßt an der Angel einen Federbalg auf dem Wasser tanzen. Da der Hund gewöhnt ist, den Balg oder ähnliches greifen zu dürfen, wird er auch das Wasser annehmen. Den dem Balg in das Wasser folgenden Hund lobt der Ausbilder, „So recht, mein Hund, voran". Als Abschluß darf der Junghund den Balg unter Zuruf „Apport" greifen, um ihn dann unter Lob an Land zu bringen. Der anschließende Belobigungshappen unterstützt eine weitere freudige Arbeit. Die Übung wird folgerichtig so erweitert, daß der Hund zum Ergreifen des Federbalges schwimmen muß.

Das Verfolgen der Beute läßt den DD auch das Wasser annehmen

Im weiteren Verlauf der Ausbildung kann auch das „Halt" oder „Down" auf Trillerpfiff hinter der Übungsangel eingeübt werden. Voraussetzung ist natürlich, daß das „Halt" oder „Down" an der Leine und ohne Leine beherrscht wird. Die Übungsangel sollte aber in diesem Fall nicht vom Ausbilder, sondern von einer Hilfsperson bewegt werden, damit der Ausbilder sich um das korrekte Verhalten des Hundes kümmern kann. Bei Nichtbefolgen das „Down vorwärts" zu praktizieren, ist von der Härte des Hundes abhängig und sollte auch nicht vor neun Monaten angewendet werden. Entscheidend dafür ist, daß der Hund richtig verknüpft, weswegen er kriechen muß und dadurch nicht handscheu wird.

Das Lautgeben, als Vorübung zum Totverbellen, kann auch mit Hilfe der Übungsangel erreicht werden. Das an der Schnur angebundene Stück Dekke oder Schwarte wird über den Ast eines Baumes geworfen und dann vor dem Hund hinauf und heruntergelassen, aber immer so hoch gehalten, daß der Hund es nicht greifen kann. Mit dem Zuruf „Gib Laut" animiert der Ausbilder den Hund zum Lautgeben. Das Auf und Nieder des

Gegenstandes reizt den Hund zum Hochspringen wie auch zum Lautgeben. Schon beim ersten Laut wird der Hund gelobt „So recht, der Hund, gib Laut“. Nach ausgiebigem Lautgeben wird der Gegenstand herunter gelassen, so daß der Hund ihn ergreifen kann. Ein Abschütteln wird dem Hund dabei nicht verwehrt. Die weiteren Übungen haben unter ständigem Wechsel der Örtlichkeit stattzufinden. Für den Einsatz der Übungsangel gibt es keine Altersbegrenzung, man kann es solange praktizieren, wie unser DD Freude daran hat.

Teleboc

Der Teleboc ist ein Gerät, mit dem über eine Treibladung ein Bringbock aus schwimmfähigem Kunststoff mit einer Länge von 160 mm und einem Durchmesser von 57 mm abgeschossen werden kann. Der Bringbock ist inwendig mit einer Metallhülse ausgekleidet und wird auf den eingefetteten Stahlrohrschaft bis zum Anschlag aufgeschoben. In dem unteren Ende des Schaftes befindet sich das Patronenlager für einer Platzpatrone Kaliber 22 lang, die als Treibladung für den Bringbock dient. Aus Sicherheitsgründen sollten nur die Original-Teleboc-Treibladungen benutzt werden.

Zum Laden hält man mit einer Hand den Handgriff des Telebocs fest, hebt mit der anderen Hand den Öffnungshebel am Handgriff an. Damit ist die Arretierung des Schaftoberteils aufgehoben, um seitlich abgekippt zu werden, womit das Patronenlager freigegeben ist und die Treibladung eingeführt werden kann. Das Schaftoberteil, in dessen Patronenlager nun die Treibladung sitzt, wird nach unten gehalten und das Gerät wieder zusammengeklappt. Der Öffnungshebel hat wieder am Handgriff zu liegen. Der Teleboc ist damit einsatzbereit.

Um die Treibladung zu zünden, umfaßt man mit einer Hand den Handgriff einschließlich des Öffnungshebels und hält das Gerät in die gewünschte Richtung, wohin der Bringbock fliegen soll. Bei einem Neigungswinkel von 45 Grad erreicht der Bringbock die größte Flugweite. Bevor man den Abzugsgriff, an dessen anderem Ende der Auslöser sitzt, zum Zünden der Treibladung vollständig herauszieht, um ihn dann zurückschnellen zu lassen, überzeugt man sich, daß sich kein Lebewesen in der Schußrichtung befindet. Die Zündung erfolgt mit einem relativ lauten Knall, der Bringbock fliegt davon. Es empfiehlt sich, den Bringbock erstmals auf eine unbewachsene Fläche zu schießen, damit man die Flugweite kennenlernt, aber auch den Bringbock gleich wieder findet.

Will man mit dem Bringbock Federwild imitieren, umwickelt man den Bock mit wenigstens 16 cm langen Hühner-, Enten- oder Gänsefedern und befestigt sie mit Klebeband. Um Haarwild zu imitieren, überzieht man den Bringbock mit den Teilen eines Kaninchen-, Hasen- oder Fuchsbalges. Das Gewicht dieser Imitationen darf jedoch 50 Gramm nicht überschreiten.

Für den Teleboc gibt es verschiedene Einsatzmöglichkeiten in der Jagdhundausbildung. So beim Verhalten nach dem Schuß, der Schußruhe, beim schußscheuen wie auch beim schutzhitzigen Hund, zum Apportieren, auch aus tiefem Wasser, da der Bringbock schwimmt. Ehe man jedoch den Bringbock zum Apportieren abschießt, sollte ihn unser Hund vorher schon apportiert haben, damit er auch weiß, daß er diesen Gegenstand zu suchen und zu bringen hat.

Teletakt

Das Teletakt, ein Funk-Impuls-Gerät, ist kein Gerät zur Ausbildung des Hundes im üblichen Sinn, sondern setzt die korrekte Ausbildung im „Halt" bzw. „Down" auf Zuruf, Trillerpfiff wie auch auf Sichtzeichen (senkrecht erhobener Arm) vor aufstehendem oder flüchtendem Wild, das Apportieren von Niederwild (außer Rehwild) einschließlich des Fuchses auf der bis zu 300 Meter langen Schleppe sowie das korrekte Verhalten am gestreckten Wild voraus. Eine weitere Möglichkeit der Anwendung besteht im Fach „Ablegen" (siehe VGPO Fachgruppe 4 Gehorsam) sowie bei notorischen Geflügelgreifern.

Der Einsatz des Gerätes sollte nur durch einen sehr erfahrenen Ausbilder erfolgen, der sich vordem von der geforderten Ausbildung des zu behandelnden Hundes überzeugt hat. Die Anwendung des Impulses erfolgt dann in Gegenwart des weniger erfahrenen Hundebesitzers. Ein wahlloses Ausleihen an unerfahrene Hundeführer wird von allen Kennern der Materie strikt abgelehnt, weil damit am Hund mehr Schaden als Nutzen angerichtet werden kann. Vor dem Einsatz hat der Hund die Attrappe des Gerätes, aber auch das Gerät selbst, etwa 14 Tage vorher zu tragen, wozu das Abnehmen der Attrappe oder des Gerätes selbst im Haus wie auch im Zwinger gehört.

Bei wiederholtem Ungehorsam vor aufstehendem oder flüchtendem Wild wird eine Feldpartie ausgesucht, die gut mit Niederwild einschließlich des Rehwildes besetzt ist. Der zur Suche geschnallte Hund wird schon während der Suche probeweise runtergetrillert, ohne Kontakt zum Wild zu haben. Dabei ist auf sofortige Haltlage zu achten. Bei Nichtbeachtung kommt der Deutsch-Drahthaar unmittelbar an die Leine und muß so das sofortige Halt auf Trillerpfiff erneut befolgen. Steht vor dem DD bei weiterer Feldsuche Wild auf, erfolgt sofort der Trillerpfiff des Drahthaarführers, bei Nichtbeachtung löst der erfahrene

Ausbilder unmittelbar danach den Impuls aus. Trillerpfiff und Impuls haben nicht erst zu erfolgen, wenn der Hund bereits 80 oder gar 100 m Wild hetzt, sondern im Ansatz der Hetze. Hierbei wird auch ersichtlich, ob die Stärke des Impulses richtig gewählt wurde. Ein rabiater Hetzer wird bei der ersten Einwirkung den Trillerpfiff überhören und den Impuls ignorieren, wenn er ihn auch zur Kenntnis nehmen mußte. Die relative Unempfindlichkeit des Jagdhundes in einer solchen Situation ist bekannt. Deshalb wird die Suche mit dem Hund unter weiterem Einsatz der Trillerpfeife und des Impulses fortgesetzt. Der Erfolg, der Gehorsam vor flüchtendem Wild, wird sich auch dadurch einstellen, daß der Hund ermüdet. Ein Wechsel der Örtlichkeit ist zu empfehlen, da der Hund nicht einen bestimmten Revierteil mit dem Zwang zum Gehorsam verknüpfen soll.

Einsatz des Teletakt-Gerätes beim Totengräber

Hier ist nicht das Vergraben des Niederwildes vor den Augen des Ausbilders gemeint, sondern der Hund, der den Hasen oder Fuchs auf der 300 m Waldschleppe vergräbt. Vor dem Einsatz des Teletakt hat der Hund die Attrappe bzw. das Gerät wie beschrieben zu tragen. Dann ist für den Hund eine Verleitschleppe zu ziehen, deren Verlauf von einer jagdlichen Einrichtung (Hochsitz) außer Wind des Deutsch-Drahthaar übersehen werden kann. Dort sitzt der erfahrene Ausbilder mit dem Impulsgeber. Unterbricht der DD auf der Schleppe sein Zurückkommen mit dem Wild, hält eventuell Umschau, ob ihn jemand beobachtet und fängt an, den Boden aufzukratzen, erhält er den Impuls ohne einen vorhergehenden Trillerpfiff. Läßt der Hund das Wild fallen und kommt leer zu seinem Führer zurück, nimmt dieser ihn in Empfang, leint ihn an und erarbeitet mit ihm die Schleppe am langen Riemen. Der auf der jagdlichen Einrichtung sitzende Ausbilder wird den Hundeführer einweisen, wo das Schleppwild liegt.

Verleitschleppen dieser Art mit Einwirkungsmöglichkeit sollten wenigstens noch zweimal wiederholt werden.

Analog dazu wird auf das Verhalten des Anschneiders bei Niederwild reagiert. Hier setzt der Impuls, gegeben durch den versierten Ausbilder, dann ein, wenn der Hund auf der Schleppe das Schleppstück ablegt, eine oder beide Vorderpfoten auf das Stück setzt und sich ein Stück davon abreißen will.

Das Anschneiden eines Stückes Schalenwild dürfte eigentlich nicht vorkommen, da eine Nachsuche grundsätzlich bis zum Stück am abgedockten Schweißriemen erfolgt. Eine Anschneidemöglichkeit besteht später in der Praxis nach einer notwendig gewordenen Hetze, da es zum Fassen und Niederziehen des Stükkes kommt. Da Totverbeller und Totverweiser bereits bei der Ausbildung unter Kontrolle am Stück stehen und sie am Stück eine Aufgabe haben, ist die Gefahr des Anschneidens äußerst gering. Sollte ein Hund anschneiden, wird er über eine Verleitarbeit mit einem am Ende ausgelegten Stück von dem sich außer Wind befindenden Ausbilder mit einem Impuls bedacht, wenn er sich zum Anschneiden anschickt. Ein nahes Bewinden oder auch Belecken des Stückes gilt nicht als Anschneiden. Die Verleitung sollte in jedem Fall wiederholt werden.

Der nach der VGPO abgelegte Drahthaar wird wie bisher angeführt vorbereitet, wie gehabt beobachtet und erhält den Impuls beim Aufstehen, nicht aber wenn er sich setzt. Wiederholungen sind unter Umständen auch unter Verleitung durchzuführen.

Der notorische Haushuhnhetzer muß ebenfalls mit dem Tragen der Teletakt-Einrichtung vorbereitet werden, ehe er an der langen Feldleine mit seinem Führer und dem Ausbilder in den Hühnerhof darf. Beim Einspringen des Hundes auf ein Huhn erfolgt ein sofortiger Trillerpfiff und unmittelbar darauf die Impulsgabe. Ohne weitere Einsätze wird kein Erfolg zu erzielen sein.

Sitzen

Das Setzen des Hundes leitet fast jede weitere Handlung unseres Hundes ein und gehört zur Grundlage der Ausbildung.

„Sitz" unter Ablenkung. Die vor dem Hund versteckte Gerte tritt bei Nichtbefolgen des Hörzeichens in Aktion. So ein leichter Hieb wirkt durch die unerwartete Berührung

Unser Hörzeichen lautet „Setz" oder „Sitz". Gleichzeitig mit dem Zuruf drücken wir den angeleinten Hund auf die Kruppe und zwingen ihn, sich zu setzen. Ein leichter Zug an der Leine zeigt dem Hund, daß der Kopf dabei oben gehalten werden muß.

Das Sichtzeichen, der erhobene Finger, kann das Lautzeichen „Sitz" ablösen

Da diese Übung oft mehrmals am Tage und bis ins hohe Alter des Hundes ausgeführt wird, geht sie „in Fleisch und Blut" über. Das Sichtzeichen, der erhobene Finger, kann das Lautzeichen „Sitz" ablösen, aber auch andere Verhaltensweisen unsererseits, z. B. das Leine-in-die-Hand-Nehmen oder bei fertiger Leinenführigkeit das Stehenbleiben des Hundeführers, ersetzen später das Kommando.

Leinenführigkeit und Frei-bei-Fuß-Gehen

Wenn unser Deutsch-Drahthaar die Bedeutung der Führerleine kennt und sich schon bei ihrem Anblick setzt, um mitgenommen zu werden, muß er auch lernen, wie er sich an der Leine zu benehmen hat. Es gibt aber verschiedene Vorkommnisse, bei denen unser Deutsch-Drahthaar vergißt, daß er an der Leine ist. Sie wollen wir suchen, um unseren Hund auch in solchen Situationen immer in der Hand zu haben. Nachbars Katze wird uns über den Weg laufen, ein „kettenloser" Hund sucht ein Vergnügen, flatternde Haushühner begegnen uns. Alle diese oder ähnliche Anlässe, die unser Hund dazu benutzt, sich frei von Halsung und Leine zu fühlen und seinen ihm zugewiesenen Platz auf unserer linken Seite spontan zu verlassen, korrigieren wir durch den Ruck an der Halsung. Prellt der Hund vor, straft er sich selbst. Die Strafe wird von uns noch durch eine harte Anrede wie „Pfui, was soll das!" verschärft und mit dem Zuruf „Fuß" sein Verhalten von uns korrigiert.

Sind wir auf das Vorprellen des Hundes vorbereitet, so verstärken wir den Ruck noch durch ein kurzes kräftiges Zurückziehen der Leine.

Bei diesen Übungen wollen wir auch nicht versäumen, ab und zu unsere Richtung rasch nach links oder rechts zu verändern. Um den Hund darauf vorzubereiten, gibt man in der ersten Zeit bei jeder Wendung den Zuruf „Fuß". Bei der Rechtswendung verstärkt man das Hörzeichen durch einen Zug an der Leine, bei der Linkswendung kann man bei weichem Untergrund dem Hund auf die Zehen treten, um ihn am Vorlaufen zu hindern. Sämtliche Unterordnungsübungen sollten einerseits nicht zu lange ausgedehnt werden, andererseits mit einer Freude für den Hund enden, die meist im Schnallen des Hundes bestehen wird, so daß er sein während der Übung gezügeltes Temperament zeigen darf.

Geht unser Hund auch bei allen ihm sich zum Vorprellen bietenden Gelegenheiten einwandfrei bei Fuß, versuchen wir es mit dem „Frei-bei-Fuß-Gehen".

Wir lassen unseren Deutsch-Drahthaar erst an der Leine bei Fuß gehen, bleiben dann stehen, wobei sich der Hund zu setzen hat, und lösen die Leine. Mit dem Kommando „Fuß" gehen wir weiter. Unser Hund wird uns in der Regel auch bei Fuß folgen. Tut er es nicht, hat sich das Wort „Fuß" bei ihm noch nicht gründlich genug eingeschliffen. Es bedarf dann weiterer Übungen an der Leine.

Folgt uns aber unser Hund willig, so loben wir ihn. Die freudige Stimmung kann unseren Hund veranlassen, eine schnellere Gangart einzuschlagen, so daß er uns vorweg eilt. Das Kommando „Fuß" soll ihn zurückrufen. Reagiert er auf unseren Ruf, wird er kurz mit der linken Hand geliebelt. Reagiert er nicht, muß er mit dem „verlängerten Arm" daran erinnert werden, daß es für ihn günstiger ist, unsere Einwirkungen sofort zu befolgen. Wir geben noch einmal das Hörzeichen „Fuß", und reagiert der Hund nicht sofort, werfen wir die leichte Kette nach ihm.

Ordnungsgemäßes Frei-bei Fuß-gehen

Nach Möglichkeit soll die Kette treffen, um die beabsichtigte Wirkung zu erzielen. Doch auch wenn die Kette den Hund nicht trifft, ist die „moralische Wirkung" vorhanden. Der Hund wird erschrecken, sich nach uns umdrehen und herankommen, um bei Fuß zu gehen. Das Abliebeln darf, geht der Hund wieder bei Fuß, nicht vergessen werden.

Zahlreiche Übungen werden notwendig sein, soll der Hund unseren Zuruf auch dann befolgen, wenn besonders verlockende Dinge ihn ablenken. Ist die Wurfkette dem Hund nach einigen Übungen bekannt, so wird er beim bloßen Klirren mit der Kette so reagieren, als ob sie geworfen wurde.

Um die Übung zu erschweren, suchen wir uns ein leichtes Stangenholz und gehen mit unserem Hund erst am Riemen, später wieder frei bei Fuß, nahe an den Bäumen vorbei. Solange der Hund am Riemen ist und mit uns nicht rechts vom Baum, sondern links vorbeigeht, straft er sich selbst – der sich um den Baum schlingende Riemen verursacht einen Ruck an der Halsung. Nach einiger Zeit wird er nicht mehr von unserer Seite weichen.

Im Revier sollte man den Hund an die lautlose Führerleine nehmen. Man hat dann beide Hände für Glas und Waffe frei. Im Revier zeigt uns der Hund Wild vielfach durch Stehenbleiben an. Jedes Stehenbleiben sollte man deshalb auch nicht sofort durch einen kurzen Ruck an der Leine strafen. Da uns der Deutsch-Drahthaar auf allen Reviergängen ständig begleitet, lernt er bald, welche Witterung uns interessiert und welche nicht.

„Halt" oder „Down"

Das „Halt" oder „Down" ist aus vielerlei Gründen (etwa zum Schutz des DD vor fremden Hunden) ein unbedingtes Muß, was nicht ohne Zwangseinwirkung erreicht werden kann. Alle Zwangseinwirkungen rufen naturgemäß beim Hund Hemmungen hervor, die um so stärker sind, je stärker der Zwang war. Die „Halt" oder „Down"-Übung, erweitert durch das „Down-vorwärts", ist diejenige, welche am meisten Zwang verlangt und daher auf den Hund auch am nachhaltigsten wirkt. Da sie die wichtigste Unterordnungsübung ist, kommt es auf die korrekte Ausübung an. Hat der Hund gelernt, daß er durch korrekte „Halt"-Lage allen weiteren Zwangsmaßnahmen entgeht, wird seine Arbeitsfreude durch diese Übung auch nicht gehemmt.

Auf den Zuruf „Halt" oder „Down" (bedeutet „nieder", gesprochen wie „daun") hat der Hund sich blitzartig niederzulegen. Der Hund preßt sich dann vollkommen flach auf den Boden und legt den Kopf zwischen die Vorderläufe.

Zum Einüben nehmen wir den mit Metallhalsband versehenen Hund an die Leine, lassen ihn setzen, drehen uns zu dem Hund und drücken ihn unter Vorziehen der Vorderläufe mit der linken Hand unter dem Zuruf „Halt" oder „Down" auf den Hals und zu Boden. Nach dem Handwechsel drückt dann die linke Hand zur Unterstützung auf die Kruppe, weil die meisten Hunde, anstatt zu Boden zu gehen, anfangs aufstehen wollen.

Die Hände unterstützen das Bleiben in der „Down-Lage"

In dieser Stellung halten wir den Hund fest und sprechen beruhigend auf ihn ein. Es ist aber zu verhindern, daß er sich auf die Seite oder den Rücken legt. Der Kopf des Hundes muß immer zwischen den Vorderläufen liegenbleiben. Die Übung beenden wir, indem wir unsere Hände nach etwa einer Minute vom Hund wegnehmen. Mehrfache Wiederholungen werden den Hund nach einigen Tagen auch ohne die Hilfe unserer Hände in der gewünschten Lage verharren lassen.

Haben wir das erreicht, gehen wir einen Schritt weiter. Der Hund sitzt wie vordem neben uns; anfangs halten wir zur Verstärkung eine Gerte in der Hand. Den Riemen führen wir durch den Steg unseres linken Schuhes. Gleichzeitig mit dem Kommando „Halt" erheben wir den rechten Arm und ziehen mit dem linken Arm den Riemen ruckartig an.

Den Riemen führen wir durch den Steg des linken Schuhes, um den DD zu Boden ziehen zu können

Der Hund wird zu Boden gezogen. Der Druck des Halsbandes verstärkt dabei den Zwang. Widersetzt sich der Hund, so hilft ein leichter Schlag mit der Gerte nach. Der Gedanke an eine Auflehnung darf dem Hund durch das gleichzeitige Zusammenwirken aller Zwangsmaßnahmen gar nicht kommen. Dagegen soll sich das blitzschnelle Zu-Boden-Gehen auf das Kommando „Halt" stark einprägen.

Die Dauer des Liegenbleibens ist in der ersten Zeit nicht so wichtig wie das unbedingte schnelle Hinwerfen des Hundes in die vorschriftsmäßige Lage, was nur durch tägliche Übungen erreicht wird.

Als Ersatz für den „Halt"-Ruf kann der Trillerpfiff dienen, der oft eine bessere Wirkung hat, da er in den Ohren des Hundes gellt. Zusammen mit dem hocherhobenen Arm stellt er ein wichtiges Hilfsmittel für die Ausbildung dar, das auch im Revier auf größere Entfernung noch wirkt.

Nachdem diese Übung genügend eingeschliffen ist, erhöhen wir den Schwierigkeitsgrad. Den Hund halten wir immer noch am Riemen und gehen um ihn herum, treten über ihn hinweg oder entfernen uns ein kurzes Stück von ihm. Jedes Kopfheben oder Aufstehen unterbinden wir sofort durch Zug am Riemen oder Gertenhieb.

Sitzen die Übungen, kommt der Hund an die lange Leine, und wir entfernen uns eine größere Strecke von ihm, behalten ihn aber immer im Auge, um sofort korrigieren zu können. Weitere Ablenkungen sollen folgen, um die Übung zu festigen. So vorbereitet können wir unseren Hund mit Wild bekannt machen.

Vorwärtskriechen

Ein bewährtes Strafmittel, das unseren Hund nicht handscheu werden läßt, das er aber als starkes Zwangsmittel empfinden wird, ist das Vorwärtskriechen auf Hör- und Sichtzeichen.

Vor dem sich in Halt-Lage befindenden Deutsch-Drahthaar stellen wir uns, die Leine in der linken, die Gerte in der rechten Hand haltend, auf. Auf unseren Zuruf „Vorwärts", den wir durch leichten Zug an der Leine unterstützen, soll der Hund auf uns zukriechen. Zum Aufstehen lassen wir es durch Trillerpfiff bzw. Armhochheben oder beides nicht kommen. Der Hund soll sich kriechend vorwärts bewegen. Durch Rückwärtsgehen mit Blickrichtung zum Hund halten wir den zu Beginn der Übung gewählten Abstand ein. Ein Loben darf während der Übung nicht erfolgen.

Das durch „Halt" und „Vorwärts" erreichte Kriechen ist das Strafmittel für jeden Ungehorsam, besonders aber bei jedem Verstoß gegen den Befehl „Halt" oder „Down".

Hasenspur

Das Ausarbeiten und Halten einer Hasenspur über mehrere hundert Meter unter schwierigen Bedingungen wie Trockenheit, starkem Wind, unbewachsenem Boden, über Gräben, Wege und Straßen, Haken und Absprüngen, muß ein gut veranlagter Deutsch-Drahthaar können. Hierbei muß er Spurwillen zeigen, sich also bemühen, die Hasenspur auch unter schwierigen, oben angeführten Bedingungen vorwärts zu bringen. Die dazu gehörende Spursicherheit zeigt sich in der Art, wie der Hund die Spur hält und sie vorwärts bringt. Die so gezeigte Veranlagung wird bei weiterer richtiger Führung den Hund auch in der nachfolgenden Jagdperiode für das Ausarbeiten einer Wundspur vorbereiten. Der dabei erzielte Erfolg, das Verlorenbringen des Hasen (Vbr), nach Einarbeiten im Schwerapportieren auch des Fuchses, das Loben des Hundes durch seinen Ausbilder einschließlich des Belobigungshappens, wird sich positiv auf weitere Arbeiten auf der Wundspur auswirken. Die Ableitung auf das Halten einer Krankfährte vom Schalenwild ist darin auch gegeben, nur daß man dann nicht mehr von Spur-, sondern von Fährtenwille spricht.

Das Interesse an der Hasenspur versuchen wir bereits im Welpenalter zu wecken, um es ständig weiter zu fördern. Hierzu bieten uns die Waldränder hinreichend gute Möglichkeiten.

Pirschen wir uns mit unserem Hund frühmorgens oder abends diese Kanten entlang, werden wir bestimmt Hasen zu Gesicht bekommen. Unser Hund, der ja auf kürzeren Läufen steht als wir, eräugt den Hasen meist nicht und soll ihn auch nicht sehen. Den Hasen immer im Auge behaltend, gehen wir langsam auf ihn zu. Er wird uns bald bemerken und eine ihm sicher scheinende Deckung, meist wieder den Wald, annehmen. Wir bemühen uns dabei, uns seinen Rückwechsel an einigen markanten Geländepunkten einzuprägen. Dann gehen wir mit unserem Hund auf die Stelle zu, an der wir den Hasen zuerst gesehen haben.

Einige Ausbilder weisen nun den Hund ein und lassen ihn frei weitersuchen. Wir wollen aber nicht so verfahren, sondern den Hund mit dem Schweißriemen und der Halsung vertraut machen, die Hasenspur am langen Riemen arbeiten. Mit dem Riemen haben wir immer die Möglichkeit, auf den Hund einzuwirken, falls er von der Spur abkommt oder zu hitzig werden sollte, außerdem ist diese Übung zugleich eine gute Vorbereitung für die Schweißarbeit.

Die Hasenspur am Riemen zu arbeiten, ist nur so lange gutzuheißen, wie wir die Richtigkeit der Arbeit kontrollieren können, was einmal durch bestimmte Geländepunkte, an denen die Spur vorbeiführte, aber auch am Verlauf der Spur im betauten Gras möglich ist. Diese Arbeiten sind hinsichtlich ihrer Schwierigkeit niemals mit einer Gesundspur auf trockenem Acker bei Wind und Sonnenschein zu vergleichen. Wir müssen aber mit dem Einfachen beginnen, um die Leistungsanforderungen nach und nach zu erhöhen.

Das Einweisen des Hundes nehmen wir so vor, daß wir mit der Hand auf die Spur zeigen und ihn mit den Worten „Such, mein Hund“ animieren. Fällt er die Spur an, so loben wir ihn, wird er zu hitzig, reden wir dem Hund beruhigend zu „Langsam, mein Hund“. Hitzig arbeitende Hunde werden zum langsamen Suchen erzogen, indem wir die Spur einige Zeit stehenlassen, so daß der Deutsch-Drahthaar zum intensiveren Nasengebrauch und somit zur Ruhe gezwungen wird.

Einweisen auf die Hasenspur

Den Waldrand als Übungsgelände haben wir deshalb gewählt, weil hier der Hase nur selten weit geht, sondern sich oft nach wenigen Sprüngen drückt. Am Ende der kontrollierbaren Spurarbeit am Riemen schnallen wir den Hund (Halsung abnehmen) und lassen ihn die Spur weiter verfolgen. Das Schnallen des Hundes können wir uns in diesem Fall leisten, da die Gefahr einer Sichthetze im Wald weniger gegeben ist. Der Hund muß nach kurzem Stechen den Hasen mit der Nase weiter verfolgen, da dieser bald wieder außer Sicht des Hundes kommt. Das Stechen des Hasen ist insofern wichtig, weil es der Erfolg der Spurarbeit ist und das Interesse des Hundes an der Hasenspur wachhält. Wenn der Deutsch-Drahthaar nicht von Haus aus spurlaut ist, wird ihm der aufstehende Hase bestimmt einen Laut entlocken. Wir wissen dann, daß der Hund den Hasen gefunden hat.

Bei den weiteren Übungen lassen wir die Spuren älter und somit „kälter“ werden, um später den Hund auch Hasenspuren im Feld arbeiten zu lassen.

Bei einem Gang über die Felder, den Deutsch-Drahthaar an der Führerleine, halten wir nach aufstehenden Hasen Ausschau und suchen die Sassen der Hasen auf. Ist der Hase einer sichtbaren Leitlinie gefolgt, wie sie die Grenze zwischen einem bewachsenen Feldstück und einem kahlen Acker, eine gerade verlaufende Ackerfurche, ein Feldrain usw. bilden können, so ist das Halten dieser Hasenspuren für unseren Hund relativ einfach, da er mehr der Leitlinie als der Witterung der Hasenspur folgt. Üben wir unseren Hund auf das Halten von Hasenspuren ein, die mit Leitlinien gekoppelt sind, so wird unser Deutsch-Drahthaar den Absprung des Hasen aus dieser Linie meist verfehlen, der Leitlinie aber dennoch weiter folgen. Wir festigen somit nicht die Arbeit auf der Hasenspur, sondern das Verfolgen einer sichtbaren Leitlinie. Für den Anfang empfehlen sich weder Haseneldorados noch weite, übersichtliche glatte Feldflächen. Wo keine anderen Möglichkeiten als diese bestehen, ist das absolute Befolgen des Kommandos „Halt" oder „Down" Voraussetzung für alle weiteren Arbeiten. Dem noch jungen Hund von etwa vier bis sechs Monaten schadet auch ab und zu eine Sichthetze nicht, da bei ihm mangels Körperkraft und Ausdauer ein „Hasenhetzen" noch nicht möglich ist; bei mangelnder Aufsicht wird jedoch aus dem Deutsch-Drahthaar schnell ein Hasenhetzer.

Zwei Grundsätze sollte man unbedingt beachten:

1. Jede Spurarbeit, bei der Aussicht besteht, daß der DD den Hasen sticht, ist auszunutzen.
2. Bei dem auf Hasen passionierten Deutsch-Drahthaar ist bei der Suche jede Sichthetze nach Möglichkeit zu vermeiden.

Da unsere heutigen Hunde in der Regel viel Passion, besonders für Hasen, besitzen, muß es unsere Aufgabe sein, einen auf Spur oder Fährte ruhig und besonnen arbeitenden Hund zu erziehen.

Suche und Vorstehen

Sinn und Zweck der Suche (stets gegen die Windrichtung) ist es, Wild zu finden. Auf der Fläche vorhandenes Wild soll der Hund mittels seiner Nase feststellen und vorstehen. Die vorkommenden Wildarten werden in der Hauptsache Rebhühner, Fasanen und Hasen sein. Die Jäger werden das Wild, das der Hund anzeigt, heraustreten bzw. hochmachen, um es erlegen zu können.

Der Hund hat entweder das aufstehende Wild oder den abgegebenen Schuß mit Platz zu quittieren. Das Apportieren des Wildes darf erst auf unser Kommando erfolgen.

Hat der Deutsch-Drahthaar bisher noch keinen Schuß gehört, so ist es jetzt höchste Zeit, ihn daran zu gewöhnen. Der Schuß kann das Zeichen zur „Halt"-Lage, er kann aber auch für den Hund das Gegenteil bedeuten und zum Startschuß für eine fröhliche Hetze werden. An uns als Ausbilder liegt es, wie der Hund auf den Schuß reagiert. Den Schuß als für den Hund bedeutungslos hinzustellen, können wir nur eine gewisse Zeit durchhalten. Im praktischen Jagdbetrieb lernt unser Hund die Bedeutung des Schusses nämlich sehr schnell kennen und darauf reagieren. Da wir uns keinen schußhitzigen Deutsch-Drahthaar erziehen wollen, soll der Hund den Schuß so quittieren, als wenn wir „Halt" oder „Down" gerufen, getrillert oder den Arm gehoben hätten. Damit unser Hund den Schußknall von vorneherein als etwas positives empfindet, kann man, bevor man seinen Hund aus dem Zwinger

Die Suche des Deutsch-Drahthaar

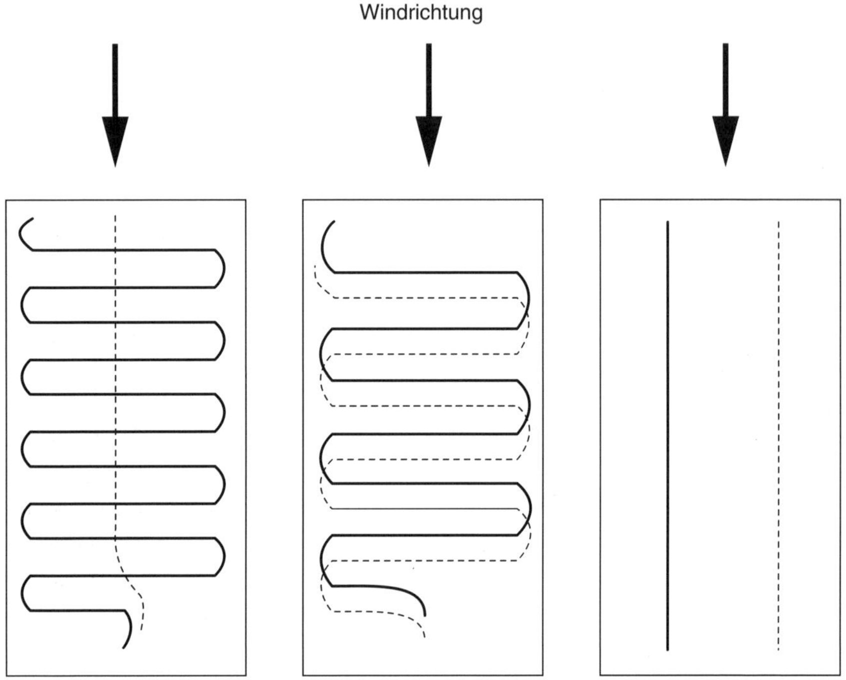

Fertige Suche
Quersuche eines ausgebildeten Hundes. Der Führer kann Mitte Feld geradeaus gehen. Eine Unterstützung ist nur in besonderen Fällen nötig.

Anleitung zur Quersuche
Quersuche eines jungen Drahthaar. Der Führer unterstützt die Suche, indem er jeweils selber so weit mitgeht, daß der Hund bis an den Rand des Feldstücks oder bis zu einer gewissen Entfernung weitersucht.

Falsche Suche
Hund sucht gerade in den Wind. Führer läuft, ohne dem Drahthaar Anleitung zur Quersuche, zum Schneiden des Windes und somit zum besseren Finden des Wildes zu geben, in gleicher Richtung hinterher.

———— Deutsch-Drahthaar

- - - - - - - - Hundeführer

läßt, einen Platzpatronenschuß abgeben, um sich dann mit ihm ins Jagdrevier zu begeben.

Die Ausbildung der Suche

Ehe wir den Deutsch-Drahthaar zur Suche schnallen, lassen wir ihn sich setzen, loben ihn und geben ihn frei. Das heißt aber nicht, daß der Hund, sobald er sich frei weiß, davonstürmen darf. Erst auf unseren Zuruf „Such voran" soll der Hund sich in Bewegung setzen, weil sonst das Schnallen durch eine Begriffsverknüpfung stellvertretend für das Hörzeichen „Such voran" wird.

Das „Such voran" wird von einem Handzeichen begleitet, das in die Richtung zeigen soll, in die der Hund laufen und suchen soll. Die Sichtverständigung zwischen Führer und Hund soll später das Pfeifen möglichst ablösen, was auch bei laufender Zusammenarbeit zwischen Ausbilder und Deutsch-Drahthaar zu erreichen ist. Die immer wieder gesuchte Blickverbindung vom Hund zum Ausbilder ist ein Zeichen guter Führigkeit.

Zum Anfang werden wir einen Revierteil wählen, der geringen Hasen-, dafür aber Fasanen- und Hühnerbesatz aufweist, weil wir den Gehorsam am Hasen möglichst erst erproben wollen, wenn der Deutsch-Drahthaar genügend Erfahrungen an anderen Wildarten wie Huhn und Fasan gesammelt hat. Der Hase übt nun einmal den stärksten Hetzreiz auf den Hund aus. Federwild erhebt sich beizeiten in die Lüfte und streicht ab. Der Hund lernt am Flugwild schneller als beim Hasen, daß Hetzen wenig Zweck hat.

Das Feldstück soll für die ersten Suchen nicht zu breit sein. Natürliche Begrenzungen helfen uns, den Hund durch Pfiff, Ruf oder Handzeichen von einer weiteren Suche in der unerwünschten Richtung abzuhalten.

Benutzten wir bisher als Signal zum Herankommen des Hundes einen langen Pfiff, so behalten wir das auch weiterhin bei. Als sogenannte Wendepfiffe, bei denen der Deutsch-Drahthaar eine andere, von uns durch Armzeichen angewiesene Richtung einschlagen soll, verwenden wir zwei kurze Pfiffe.

Da der Hund als Nasentier die Duftpartikel des Wildes benötigt, um dessen Vorhandensein festzustellen, und der Wind ihm diese zuträgt, beginnen wir die ersten Suchen mit Gegenwind.

In einer von uns unterstützten Quersuche soll der Hund unter Ausnutzung des Windes die Suche beginnen. Daß ihn und uns Mäuselöcher und Feldlerchen nicht interessieren, weiß unser Hund von bisherigen Reviergängen. Wird der Deutsch-Drahthaar rückfällig, wirken wir auf ihn mit „Pfui, was ist das" ein und fordern ihn mit „Such voran" zur Weitersuche auf.

Bei normaler Veranlagung zum Vorstehen wird uns der Deutsch-Drahthaar meist sogar die ersten Hühner oder den ersten Fasan kurz vorstehen, auf alle Fälle aber markieren. Ein festes Vorstehen wird es dabei nur geben, wenn unser DD beispielsweise auf einen sich fest drückenden Fasan trifft.

Die Kopfrichtung des DD zeigt auf den Fasan

Da der Hund anfangs sehr dicht an das Wild aufrückt, bis ihn die Erfahrung lehrt, auch bei nur feinen Duftpartikeln vorzustehen, wird das Wild meist aufstehen. Der Hund, welcher beim Aufstehen des Wildes Platz macht oder aber erstaunt stehenbleibt, wird von uns gelobt. Der Deutsch-Drahthaar aber, der versucht hinterherzustürmen, wird durch Trillerpfiff daran gehindert. Zeigt er keinen Gehorsam, dann bleiben wir an der Stelle stehen und warten, bis unser Hund zurückkommt. Er wird angeleint, ohne ihn zu beschimpfen oder gar zu schlagen, und dann geht es zu dem Punkt, an dem er uns den Gehorsam auf Trillerpfiff versagte. Hier lassen wir ihn eine Strecke kriechen und danach einige Zeit in der vorschriftsmäßigen „Halt"-Lage verharren. Im Anschluß daran erfolgen einige Gehorsamsübungen mit „Halt" und „Hierher". Erst danach wird die Suche wieder fortgesetzt.

Nach einigen Übungen dieser Art, unter der die Arbeitsfreude aber wenig Einbuße erleiden soll, wird unser Deutsch-Drahthaar das Vorstehen begreifen und jede Hetze ohne Kommando vermeiden.

Gehen wir an den vorstehenden Hund heran (stets langsam und von hinten), um ihn unter Lob abzunehmen und dann wieder heranzuführen, so ist das eine Übung, die ein festes Vorstehen des Hundes bewirkt. Nicht vorstehende Deutsch-Drahthaar, bei denen meist die Spurveranlagung überwiegt, lassen sich durch „Niedertrillern" auch zum Vorstehen erziehen. Wir müssen sie nur ständig im Auge behalten, und bemerken dann auch, wenn sie Wild in der Nase haben. Diese Hunde stechen aus der Suche heraus auf das Wild zu, um es, ohne Zeitverlust durch Markieren oder kurzes Vorstehen, herauszustoßen und zu hetzen. Ein weniger harter Hund kann durch fortwährendes Niedertrillern zum Blinker werden, d. h., er umgeht bewußt die Stelle, wo das Wild sich befindet.

An uns liegt es nun, den Zeitpunkt zu erkennen, an dem unser Hund das Wild in der Nase hat, um ihn da sofort „niederzutrillern". Befolgt er unser Kommando nicht, wird er durch Kriechübungen bestraft. Auf diese Weise lernt fast jeder Hund das Vorstehen oder Vorliegen. Viele Führer, die ihren ersten Hund abrichten, sind der Ansicht, daß das Vorliegen mit dem Vorstehen nicht gleichzusetzen sei. Erklärt man ihnen dann, daß auch Vorstehhunde mit Spitzenleistungen in der Feldarbeit, z. B. die Setter, aus Rasseeigentümlichkeit das Wild teilweise vorliegen und es schließlich gleich ist, wodurch uns der Deutsch-Drahthaar das Wild rechtzeitig anzeigt, wenn er es nur nicht herausstößt, dann sind sie mit dem „Vorliegen" einverstanden.

Der Hase soll ebenso wie der Fasan vorgestanden werden

Haben wir nun unseren Hund im Vorstehen an Federwild fest in der Hand, so gehen wir in einen Revierteil, in dem wir Hasen finden. Die Suche erfolgt hier unter den gleichen Bedingungen wie beim Federwild.

Der Hase soll ebenso wie das Huhn vorgestanden, sein Aufstehen und Abgehen ebenfalls mit „Halt" oder „Down" quittiert werden. Da der Anreiz zum Hetzen des Hasen groß ist, werden wir eine längere Zeit für die Gehorsamsübungen benötigen, als sie am Federwild notwendig waren. Hetzen wird von uns so lange mit „Down vorwärts" geahndet, bis der Hund unseren Trillerpfiff respektiert und dem Hasen nur noch sehnsüchtig nachäugt, anstatt ihn lauthals zu hetzen.

Doch zur Hasenreinheit nach dem alten Begriff wollen wir ihn nicht erziehen. Der Gehorsam am Hasen genügt uns vollständig; das Interesse am Hasen soll erhalten bleiben.

Bei der praktischen Jagd benötigen wir die Lust zur Arbeit auf der Wundspur, auch der des Hasen, zum Verlorenbringen. Vollständiges Desinteresse am Hasen ist deshalb unerwünscht. Haben wir dem Deutsch-Drahthaar den nötigen Gehorsam anerzogen, nehmen wir ihn ab und zu einmal an den Schweißriemen und lassen ihn eine Hasenspur am Riemen so weit ausarbeiten, wie uns die Kontrolle der Richtigkeit der Arbeit möglich ist, um dann den Hund, ohne daß er es merkt, frei weitersuchen zu lassen. Die Ausarbeitung der Spur und ein damit verknüpftes Stechen und Hetzen des Hasen erhalten in unserem DD das Interesse am Hasen wach, sofern er gelernt hat, daß das „Down vorwärts" nach einer selbständigen Hetze nicht dem Hasenhetzen, sondern dem Ungehorsam gilt.

Bei Hunden, bei denen die Spurveranlagung überwiegt, muß man dem Vorstehen mehr Aufmerksamkeit widmen; bei Hunden, bei denen die Veranlagung zum Vorstehen ausgeprägter ist, heißt es, die Spuranlage zu festigen.

Ablegen

Die Reaktion unseres Deutsch-Drahthaar auf den Schuß haben wir bereits erprobt und das „Halt" oder „Down" in Verbindung mit dem Trillerpfiff geübt und werden es auch ständig weiter üben.

Darauf aufbauend bahnen wir eine neue Leistung, das Verhalten auf dem Stand, an. Sie ist eine reine Unterordnungsübung. Wir gehen dazu in den Wald und suchen einen uns bekannten Wechsel auf, in dessen Nähe wir uns, den Hund an der Führerleine, aufstellen. Der Hund wird neben uns in „Halt"-Lage abgelegt, jedoch mit freier Kopfhaltung, damit er uns anwechselndes Wild anzeigen kann.

Kommt Wild in unsere Nähe, achten wir auf die Haltung des Hundes, die sich außer einen leichten Kopfbewegung nicht verändern soll. Jede Bewegung des Körpers wird von uns durch kurzen Ruck an der Leine und „Pfui, was ist das" oder einen kurzen Gertenhieb geahndet.

Verhält sich der Hund zu unserer Zufriedenheit, so geben wir auch ab und zu einen Schuß ab. Das fortflüchtende Wild wird unseren Hund in Versuchung bringen, aufzustehen und nachzulaufen. Bereits Ansätze zum Aufstehen werden von uns verhindert und der Hund wieder in seine alte Lage gezwungen. Mehrere Übungen solcher Art gestatten uns, mit dem noch jungen Hund an einer Drückjagd im Wald teilzunehmen, bei der wir das Erlernte weiter festigen können. Durch den Lärm der Treiberwehr, den Laut der stöbernden Hunde und der Schüsse wird der Hund in die Praxis eingeführt, in der er sich nun unter unserer Anleitung und Kontrolle bewähren muß.

Je nach den Revierverhältnissen haben wir die Möglichkeit, den Hund bei uns zu behalten oder ihn beizeiten abzulegen. Entschließt man sich für das möglichst weite Mitnehmen, hat man seinen Hund jederzeit zur Hand – wird jedoch besonders in der ersten Zeit auf manchen Schuß verzichten müssen.

Bei den Pirschgängen mit der „lautlosen" Führerleine begleitet uns der Hund bei Fuß. Während der Pirschgänge lehren wir ihn das „Haltmachen" in dem Moment, in dem wir

Das Verhalten auf dem Stand

mit der Waffe in Anschlag gehen. Da es nur eine Erweiterung der bisher dem Hund bekannten Einwirkungen wie das gesprochene Wort, den Trillerpfiff oder die erhobene Hand bedeutet, wird die Leistung nach mehrmaligem Üben, auch bei Schußabgabe oder beim Anblick von Wild, ordnungsgemäß ausgeführt werden.

Beim Ablegen unseres Hundes verlangen wir von ihm, daß er bei einem von uns abgelegten Gegenstand, aber auch ohne einen solchen, so lange verbleibt, bis wir ihn abholen. Pfeifen, Schießen, vorbeiflüchtendes Wild, nichts darf ihn zum Verlassen seines ihm angewiesenen Platzes verleiten.

Für die ersten Übungen legen wir den Hund mittels einer mit Leder umnähten Kette, die wir an einem schwachen Stämmchen befestigen, am Rucksack ab. Das Hörzeichen dazu lautet „Ablegen, bleib". Der Hund soll in „Halt"-Lage, aber mit erhobenem Kopf verharren.

Wir entfernen uns jetzt langsam von dem Hund. Durch kurze Kopfwendungen überzeugen wir uns, ob unser Hund noch vorschriftsmäßig abgelegt ist oder ob er bereits vorn aufgerichtet unseren Pirschgang aufmerksam verfolgt, anfängt zu winseln oder sich bereits seiner Zähne bedient, um sich von der ihm ledern erscheinenden Befestigung abzuschneiden.

Je schneller und bestimmter wir das unvorschriftsmäßige Verhalten im Keime ersticken, desto eher erhalten wir einen Jagdhund, der sich einwandfrei ablegen läßt. Meist beginnt er erst zu quiemen, aufzustehen und versucht sich abzuschneiden, wenn wir seinen Blicken entschwunden sind. Sind wir hinter der nächsten Wegbiegung den Blicken des Hundes entzogen, so stellen wir uns so auf, daß wir ihn beobachten können.

Nehmen wir zum Ablegen nur eine flache Lederleine, und gelingt es dem Hund, diese durchzubeißen, wird er es immer wieder versuchen. Eine mit Leder umnähte Kette vereitelt jeden Versuch des Hundes und läßt ihn in der Regel von weiteren Abschneideversuchen Abstand nehmen.

Die Übung, mit fünf oder zehn Minuten Dauer begonnen, wird später auf mehrere Stunden ausgedehnt und kann dann ohne umnähte Kette erfolgen. Der Hund kann uns so nicht stören, ist aber bei Bedarf in unserer Nähe. Ihn jedoch, auch wenn es schnell gehen soll, abzurufen oder abzupfeifen, ist verkehrt.

Apportieren

Als Erst-Ausbildungsgerät verwenden wir einen Strohbock, den wir uns selbst anfertigen und der – ebenso wie die handelsüblichen Apportierhölzer – der Größe des Hundes angepaßt sein soll. Der größte und schwerste Apportierbock ist der nach Oberländer, dessen Gewicht je nach Ausbildungsstand des Hundes bis zu 9 kg gesteigert werden kann. Je ein mit Sand gefüllter Kaninchen-, Hasen- oder Fuchsbalg gehören ebenfalls zu unseren Apportiergegenständen. Um den Hund an das Apportieren von Federwild zu gewöhnen, binden wir die Schwingen von Taube, Wildente, Bläßhuhn oder Fasan an Apportierhölzer.

Als Erstausbildungsgegenstand verwenden wir einen Strohbock

Die Apportierübungen beginnen wir mit dem angeleint neben uns sitzenden Hund, dem das Metallhalsband angelegt wurde. In dem Moment, in dem wir „Apport" rufen, erhält der Hund einen kurzen kräftigen Ruck an der Leine, wodurch er für einen Moment den Fang öffnet. Das Öffnen des Fanges kann auch durch Lefzendruck oder durch Zwicken in den Behang erreicht werden.

Das Fangaufmachen nützen wir zum Einschieben des Strohbockes in den Fang aus und stützen danach mit der linken Hand oder der Führerleine den Unterkiefer des Hundes, um das Fallenlassen oder Ausspeien des

Strohbockes zu vermeiden, loben den Hund mit „So ist brav, mein Hund; schön Apport, halt fest“ und liebeln ihn mit der rechten Hand ab.

Auf den Zuruf „Aus“ nehmen wir ihm den Strohbock wieder ab und loben den Hund. Die Übungen werden täglich wiederholt, wobei die Apportiergegenstände ständig zu wechseln sind, damit der Hund den Zuruf „Apport“ nicht nur auf einen Gegenstand beschränkt, sondern es in Verbindung mit dem Leinenruck, Lefzendruck oder Zwicken auf alle ihm vorgehaltenen Gegenstände ausdehnt. Bei diesen Übungen ist unbedingt § 3 der Neufassung des Tierschutzgesetzes zu beachten, wonach es verboten ist, „5. ein Tier auszubilden, sofern damit erhebliche Schmerzen, Leiden oder Schäden für das Tier verbunden sind“.

Später nehmen wir die stützende Hand bzw. die stützende Führerleine weg und versuchen, den Hund durch den Zuruf „Festhalten“ zum selbständigen Festhalten des Bockes zu veranlassen. In der ersten Zeit wird unser Hund meist den Fang vorzeitig öffnen und damit den Apportierbock freigeben. Wir üben so lange geduldig weiter und halten dem Hund den betreffenden Bock immer wieder vor und lassen ihn apportieren, bis der Hund diese Übung exakt und fast ohne unsere Einwirkung ausführt.

Der Hund wird nach einer gewissen Zeit den Fang auch ohne den Reiz des Leinendrucks, Lefzendrucks oder Zwickens, nur auf den Zuruf „Apport“ hin, öffnen und den Bock aufnehmen, den wir bisher immer noch in den Fang hineingeschoben haben.

Da es beim nicht genügend weiten Öffnen des Fanges vorkommen kann, daß beim Einschieben des Apportiergegenstandes die Lefzen mit eingeklemmt werden, sollten die Lefzen weit genug angehoben werden.

Um dem Hund einen weichen Griff anzugewöhnen, legen manche Ausbilder als ersten „Apportiergegenstand“ ihre behandschuhte Hand in den Fang. Der Hund soll deshalb nicht hart zufassen, damit er später Wild nicht knautscht und dadurch im Wert mindert. Nimmt uns der Hund auf den Zuruf „Apport“ den vorgehaltenen Bock ohne zu zögern ab, so loben wir ihn selbstverständlich und bahnen die nächste Leistung an.

Das Festhalten des Bockes hat unser Hund gelernt, jetzt soll er uns mit dem Bock im Fang folgen. Mit dem Hörzeichen „Hier“ fordern wir den Hund auf, zu uns zu kommen. Oft bedarf es als Hilfe eines leichten Zuges an der Leine, um unseren Hund zum Herankommen zu veranlassen. Weil es dabei vorkommt, daß der Hund den Bock fallen läßt, ermahnen wir ihn zum Festhalten. Nach jeder ordnungsgemäß ausgeführten Arbeit wird der Hund gelobt. Die Leistung Herankommen wird dann durch einen zuerst nur kleinen, später aber ausgedehnten gemeinsamen Spaziergang erweitert und mit viel Lob beendet.

Gibt unser Hund auf das Hörzeichen „Aus" den Apportiergegenstand nicht ab, so drücken wir auf die Lefzen und entnehmen dem daraufhin sofort öffnenden Fang des Hundes den Bock. Haben wir den Bock erhalten, loben wir den Hund wieder.

Bei der Abgabe des Apportiergegenstandes kann es im Laufe der Zeit leicht zu einer unerwünschten Verknüpfung unseres Zurufes „Aus" mit dem gleichzeitigen Handausstrecken kommen. Das Handausstrecken veranlaßt dann den Hund, den Gegenstand fallen zu lassen, ehe wir zufassen. In der Praxis erleben wir dann, daß bei lebend gebrachtem, geflügelten oder geständertem Flugwild durch das vorzeitige Ausgeben und Fallenlassen das Wild wieder freikommt und für uns oft verloren ist. Wir üben deshalb, daß das Anfassen des Gegenstandes mit der Hand nicht mit dem Ausgeben verbunden ist, sondern daß einzig und allein das Wort „Aus" dazu auffordert, indem wir gleichzeitig mit dem Zuruf „Festhalten" mit der Hand den Apportiergegenstand im Fang des Hundes berühren und anfassen.

Der Ablauf der nächsten Übung, das Aufnehmen des Apportels vom Erdboden, wird in Etappen durch jeweiliges Tieferhalten des Apportiergegenstandes erreicht. Zum Schluß, die linke Hand hält den Hund an der Führerleine, legt die rechte Hand den Bringbock auf den Erdboden vor den Fang des Hundes. Auf den Zuruf „Apport" hat der Hund den Bock aufzunehmen. Bei den ersten Versuchen hilft man durch einen Ruck an der Leine nach und schiebt den Bock in den Fang. Der Hund hat dann später auch den Bock von der Erde aufzuheben, ohne daß die Hand den Boden berührt.

Dem Ausbilder soll es überlassen bleiben, nach welcher Methode er seinen Hund auszubilden gedenkt. Wir müssen unseren Hund lediglich so weit bringen, daß er, wenn auch vorerst am Riemen, den Apportierbock auf unser Hörzeichen hin vom Boden aufnimmt. Bringgegenstand und Örtlichkeit sind zu wechseln, so oft Zeit und Gelegenheit dazu vorhanden sind.

Um dem Hund den richtigen Griff beim Aufnehmen anzugewöhnen, sind die käuflichen Apportierböcke in der Mitte meist dünner, wodurch sie dem Hund gleichzeitig das Aufnehmen vom Erdboden erleichtern. Bei den ersten Übungen mit Wild kann man die Mittelpartie des Stükkes fest umwickeln, um sie so dünner zu machen und den Hund zum richtigen Griff und zum Halten der Balance zu erziehen.

Gibt es beim Übergang vom Apportierbock zum Wild anfangs Schwierigkeiten, weil dem Hund die Haare oder Federn ungewohnt sind und auf der Zunge kleben, wie dies bei frisch erlegter Taube oder Fasan der Fall ist, so kann man einen Apportierbock mit Balgresten oder Schwingen bekleben oder benageln, um den Übergang vom Apportierbock zum Wild leichter zu gestalten. Auch nimmt der Hund anfangs einige Wildarten, z. B. Krähe und Fuchs, nur ungern auf oder bringt sie überhaupt nicht. Kann man von den Federwildarten die Krähe als erste zum Apportieren nehmen – das Erlegen von Krähen ist in einigen Bundesländern nicht erlaubt – ehe der Hund anderes, ihm mehr zusagendes Federwild, vielleicht sogar noch in Verbindung mit für ihn freudigen jagdlichen Erlebnissen, kennengelernt hat, so wird er dann alles Federwild meist ohne weiteres bringen.

Der Oberländer Apportierbock kann bis zu 9 kg Masse gesteigert werden

Das Apportieren von schweren Gegenständen verlangt systematisches Training. Vom jungen Hund soll man keine Leistungen erwarten, die er körperlich nicht in der Lage ist zu vollbringen. Der Apportierbock nach Oberländer mit der Möglichkeit der allmählichen Gewichtssteigerung ist deshalb für ein systematisches Training sehr gut geeignet.

Eine Leistung, die im praktischen Jagdbetrieb zwar nur selten vorkommt, bei der Gebrauchsprüfung aber verlangt wird, ist das „Bringen von Fuchs über Hindernis“.

Jeder Hund versucht in der Regel Hindernisse, besonders wenn er noch schwer zu tragen hat, zu umgehen. Ausnahmen bilden meist nur Wassergräben ohne Brücken, bei denen der Graben übersprungen werden muß, wenn er zum Durchlaufen zu tief und die Böschung steil ist. Solche Hindernisse sind in der Prüfungsordnung wohl auch gemeint, und nicht aus Brettern oder Latten gezimmerte künstliche Sprunghürden, wie sie leider immer wieder verwendet werden.

Um aber allen Anforderungen gewachsen zu sein, muß man vorher mit dem Hund beide Hindernisarten geübt haben. Voraussetzung ist, daß unser Hund das Apportieren beherrscht und seine Nackenmuskeln durch das Training mit Apportierböcken, deren Gewicht ständig erhöht wurde, gekräftigt werden.

Das Bringen eines Fuchses über so ein Hindernis muß geübt werden

Treppenlaufen ist hierfür eine sehr gute Vorübung. Besonders das Treppab bereitet den Hund auf das Aufspringen und Festhalten beim Sprung über das Hindernis vor und stärkt die Nackenmuskulatur. Da der Hund eine Bretterwand oder ein ähnliches Hindernis eher umgehen kann, müssen wir besonders an diesen Hindernissen üben. Wir üben zuerst den Sprung über eine Bretter- oder Lattenwand. Mit dem Zuruf „Hopp" lernt der Hund zuerst nur das Springen mit Hilfe der Übungsangel, um später auch das Bringen von Gegenständen zu üben. Im Laufe der Zeit wird das Gewicht des Bringegegenstandes so lange erhöht, bis es dem Gewicht eines Fuchses entspricht. Die Wand wird allmählich bis auf 80 cm erhöht. Zuerst üben wir mit dem Hund an der kurzen, später an der langen Leine, um ihn schließlich ohne dieses Hilfsmittel springen zu lassen. Am Anfang gehen wir mit gutem Beispiel voran und springen mit dem Hund zusammen, um es dann aber von ihm allein zu fordern.

Eine einseitige Gewöhnung an ein Hindernis ist aber zu vermeiden. Es kann sonst vorkommen, daß unser Hund, der den Fuchs über das ihm bekannte und gewohnte Hindernis im elegant anmutenden Freisprung bringt, auf der Gebrauchsprüfung den Sprung verweigert, weil die hier verwendete Hindernisart, zumal auch noch in fremder Umgebung, ihm unbekannt ist.

Wollen wir in unserem Hund das schnelle Herankommen nach dem Aufnehmen des Apportels fördern, so nützen wir dazu seinen Drang aus, in das Revier oder Jagdgebiet mitgenommen zu werden. Bald nach dem Verlassen unserer Wohnung, zuerst möglichst wieder ohne störende Umwelteinflüsse, lassen wir auf Zuruf unseren Hund einen Bringgegenstand apportieren. Den werfen wir anfangs in Sichtweite des Hundes hin, gehen aber danach mit ihm noch etwa 20 Schritte weiter. Sobald wir uns überzeugt haben, daß der Hund den Gegenstand aufnimmt, gehen wir rasch weiter. Unser Hund versucht, uns möglichst schnell einzuholen. Bemerken wir, daß er uns mit dem Gegenstand im Fang eingeholt hat, bleiben wir stehen, was für den Hund „Sitz" bedeutet, loben ihn und nehmen dann das Apportel ab.

Sind wir uns gewiß, daß unser Hund den Zuruf „Such verloren" sowie „Apport" befolgt, warten wir mit dem Davongehen nicht erst, bis der Hund am Bringgegenstand ist und ihn aufnimmt, sondern gehen sofort nach Abgabe des Hörzeichens weiter. Um uns einzuholen, wird sich die Gangart des Hundes bis zum Galopp steigern. Wir haben also das gewünschte Abrichteziel, das schnelle Herankommen unseres Hundes, erreicht.

Bisher haben wir, um unseren Hund zum Apportieren aufzufordern, den Zuruf „Apport" gebraucht und sahen, daß dieser immer ausgeführt wurde. Diesen Umstand wollen wir nun versuchen auszunutzen.

Hund bringt Fuchs

Von einem Jagdkameraden lassen wir den unserem Hund bekannten Apportiergegenstand an eine vorher verabredete Stelle legen. Wir laufen danach mit unserem Hund in Richtung dieser Stelle und lassen ihn dort suchen, ohne das Hörzeichen „Apport" zu geben. Bringt er uns das Apportel, so loben wir unseren Hund sehr und geben ihm auch einige Belobigungshappen. Überläuft aber unser Hund die Stelle, ohne den Gegenstand aufzunehmen, so reden wir ihn scharf an, lassen ihn bis zum Apportel kriechen und dann aufnehmen. Weitere Übungen mit anderen Gegenständen und an verschiedenen Orten werden unseren Hund bald dazu veranlassen, alles auch zufällig gefundene Wild aufzunehmen und zu bringen. Bringt er ebenso zuverlässig auch einen Fuchs, so können wir es wagen, uns an einer Bringetreueprüfung mit Fuchs zu beteiligen. Bei Bestehen dieser Prüfung, die im Deutschen Gebrauchshund-Stammbuch registriert wird, dürfen wir zu der Gebrauchshundstammbuchnummer die Abkürzung Btr. setzen.

Führerspur

Die Ausbildung unseres Deutsch-Drahthaar auf der Führerspur gibt uns die Möglichkeit, den Hund ohne fremde Hilfe auf das Halten einer ihm angewiesenen Spur einzuarbeiten. Sie eignet sich auch besonders gut für Erstlingsarbeiten, da der Hund der

Spur seines Herren, die er kennt, meist freudig folgt.

Wir beginnen, allein mit unserem Hund, während eines Revierganges mit dem Einarbeiten auf der Führerspur. Die ersten Übungen verlaufen ähnlich denen, welche im vorigen Kapitel zum Erlernen des schnellen Herankommens beschrieben wurden.

Wir lassen im Beisein und unter den Augen des Hundes einen Gegenstand, den wir täglich benutzen, z. B. das Taschentuch, fallen, und gehen ohne Aufenthalt weiter. Die Erwartung unseres Hundes, das Taschentuch apportieren zu dürfen, wollen wir auch erfüllen, doch benutzen wir die Gelegenheit, das Setzen konsequent zu fordern und unseren Hund nicht sofort, sondern erst nach etlichen Sekunden Wartens und Abklingens seiner Erregung zum Apportieren zu schnallen.

Unser Hund hat das Taschentuch gebracht und vorschriftsmäßig an uns abgegeben, was von uns durch „So recht, mein Hund" und Belobigungshappen belohnt wird.

Von Übung zu Übung vergrößern wir die Entfernung, benutzen andere Gegenstände, wie Geldbörse, Streichholzschachtel, Schlüsseltasche, Weidmesser, und verlängern auch die Zeit bis zum „Verlorensuchen". Kommt es vor, daß unser Hund leer zurückkommt, so nehmen wir ihn an den Riemen und arbeiten mit ihm unter Einweisen auf unsere Trittsiegel die Strecke bis zum Apportiergegenstand zurück, dessen Platz wir uns deshalb immer genau merken müssen.

Beherrscht unser Hund das „Verlorensuchen" auf gerader Strecke mit den einzelnen Gegenständen zu unserer Zufriedenheit auch dann, wenn wir die Übungsstrecken wechseln, so erschweren wir die Übung durch Einlegen von Haken.

Den Anfang machen wir wieder unserem Hund leicht, indem wir den ersten Haken in unserer Führerspur mit der Biegung eines Wald- oder Feldweges zusammenfallen lassen, dessen Verlauf dem Hund ebenso bekannt sein sollte wie der Bringegegenstand. Eine einwandfreie und freudige Arbeit wird uns bald recht geben.

Wer glaubt, er müsse gleich einen richtigen Haken einlegen, was etwa beim Legen der Führerspur durch „links oder rechts um" geschehen könne, der irrt sich. Einem Hund, der nicht systematisch von leichten zu schwierigen Aufgaben herangeführt wird, mangelt es an Sicherheit bei der Arbeit. Er würde den Haken überschießen, anfangen zu faseln und versuchen, sich mit hoher Nase Wind zu holen. Führt das zu keinem Erfolg, so kommt er leer zu uns zurück und vollbrachte durch unsere Schuld eine Fehlsuche. Gewiß könnten wir auch in diesem Falle durch die Riemenarbeit zum Erfolg kommen, doch ist diese Mehrarbeit bei einer systematischen Steigerung des Schwierigkeitsgrades nicht nötig.

Arbeitet der Hund eine etwa 500 Meter lange Führerspur mit einem Haken sicher und zügig, so erschweren wir die Bedingungen dadurch, daß wir sogar zwei oder drei Haken einlegen. Ist es schon beim Anlegen eines Hakens falsch, wenn dieser immer nur nach einer Richtung ausgegangen wird, so trifft es bei zwei oder drei um so mehr zu. Wir gewöhnen sonst dem Hund eine Suche an, bei der er weniger mit der Nase, sondern mehr aufgrund der Erfahrung arbeitet.

Benutzten wir anfangs für unsere Übungen wenig begangene Wege, um die Möglichkeit der Ablenkung durch andere Spuren oder Fährten zu vermeiden oder gering zu halten, so üben wir, wenn eine bestimmte Schwierigkeitsstufe von unserem Hund einwandfrei beherrscht wird, auf Wegen, die menschliche oder tierische Verleitungen bieten.

Können wir aufgrund des Wegeverlaufes die Arbeit unseres Hundes genau kontrollieren, so ist das in der ersten Zeit vorteilhaft, hat aber den Nachteil, daß sich der Hund leicht an die Wegebegrenzung als Leitlinie gewöhnt.

Führt die Spur quer durch den Wald oder über das Feld, so läßt sich die Arbeit des Hundes nur schlecht kontrollieren, besonders dann, wenn die Spurlänge über 100 Meter beträgt. Steht uns Wiesengelände zur Verfügung, ist die Kontrolle meist möglich, da man seine Trittsiegel im niedergetretenen Gras wiederfindet und den Hund, falls er versagt, auf unsere Trittsiegel einweisen kann und bis zum Apportiergegenstand arbeiten läßt.

Um aber die kontrollierte Einarbeitung in Wald und Feld möglich zu machen, bedienen wir uns einiger Hilfsmittel. Dienen uns beim geraden Spurverlauf markante Punkte im Gelände als Richtungszeichen, so ist das aber nicht möglich, wenn von uns Haken eingelegt werden. Aber gerade bei Haken ist es erforderlich, den Verlauf unserer Spur genau zu kennen. Wir nehmen deshalb einige kleine Stöcke oder Ruten und benutzen sie zur Markierung unserer Spur. Der Hund stört sich an unserer Streckenmarkierung nicht, da er als Nasentier eine Spur oder Fährte mit der Nase und nicht mit dem Auge ausarbeitet; jedoch ist es zweckmäßig, sie nicht immer zu verwenden, weil sonst die Pflöcke die Bedeutung eines Signals bei dem Hund einnehmen können.

Im Wald haben wir außerdem die Möglichkeit, kleine Papierstücke von etwa 5 bis 10 cm Größe mit einer Reißzwecke in unserer Augenhöhe oder noch höher an die Bäume zu heften, die uns als Wegweiser dienen. Bei Schweißarbeiten auf den Gebrauchsprüfungen ist diese Art der Streckenmarkierung üblich, um den Richtern das Halten der künstlichen Rotfährte und bei einem eventuellen Abkommen des Hundes ein erneutes Einweisen zu ermöglichen.

Bisher arbeitete unser Hund immer unsere „frische" Spur, das heißt, daß wir den Hund dann die Spur arbeiten ließen, wenn wir dieselbe bis zum Bringgegenstand für lang genug hielten. Die Erweiterung der Aufgabe besteht nun darin, unsere Spur immer kälter, also älter werden zu lassen. Wir schalten deshalb eine gewisse Stehzeit ein, ehe unser Hund das Hörzeichen zur Arbeit, zum Apportieren erhält.

Auch hierbei überfordern wir unseren Hund nicht, sondern steigern nur langsam. Dies bedeutet, daß die erste Arbeit nach einer Stehzeit von ca. 15 Minuten nicht eine 500 Meter lange Spur mit mehreren Haken ist, sondern eine ganz einfache von 100 m, so wie wir sie anfangs unserem Hund gaben. Wer so verfährt, wird Rückschläge vermeiden. Die Stehzeit verlängern wir allmählich bis zu etwa einer Stunde. Wenn der Hund nach einer Stunde Stehzeit unsere Rückspur über 500 m mit eingelegten Haken einwandfrei arbeitet und uns den ausgelegten Apportiergegenstand freudig bringt, verdient er ein großes Lob, und wir können uns über den Erfolg unserer systematischen Arbeit freuen.

Für die Ausarbeitung unserer Rückspur dienten unserem Hund einmal unsere „Trittsiegel" mit ihrem spezifischen Geruch und den Bodenverwundungen, die unser Tritt verursachte. Doch das nicht allein, ein weiterer Leitfaden war die eigene Spur, welche ja neben unserer herlief. Es ist uns bekannt, daß unsere Hunde nach einer weiten Suche, Hetze oder weitem Stöbern ihre eigene Spur rückwärts ausarbeiten und so zu ihrem Ausgangspunkt zurückfinden. Das Ausarbeiten einer Rückspur ist unseren Hunden also mehr oder weniger angewölft und stellt somit keine besondere Anforderung dar.

Dieses Mittel zu ihrer Orientierung wollen wir jetzt ausschalten. Wir behalten unseren Hund nicht bei Fuß, sondern schicken ihn voran zum Suchen. Wir legen, vom Hund unbemerkt, den Apportiergegenstand hin und gehen weiter. Um die Sache etwas zu komplizieren, dirigieren wir unseren Hund in seiner Suche links und rechts von uns, so daß wir bei unserem Weiterlaufen über oder auf die Spur unseres Deutsch-Drahthaar kommen, und damit die erste Verleitspur schaffen. Anfangs nach kurzer, später nach längerer Zeit pfeifen oder rufen wir den Hund zu uns heran und lassen ihn unsere Rückspur, die jetzt ohne seine Beispur allein vorhanden ist, arbeiten.

Die von uns absichtlich geschaffene Verleitspur gibt uns aber auch den Anlaß, den Hund jetzt am Riemen arbeiten zu lassen. Wir haben damit die Möglichkeit, das richtige Halten unserer Rückspur zu kontrollieren, und können jedes Abkommenwollen unseres Hundes auf seine eigene Rückspur sofort korrigieren. Wenn auch meist mehrere Riemenarbeiten dieser Art notwendig sind, bis der Hund sich nur an unsere Spur hält, ohne sich durch seine eigene Spur verleiten zu lassen, d. h. auf diese überzuwechseln, zu „changieren", trägt diese Übung dazu bei, unserem Hund verständlich zu machen, daß er nur der ihm von uns gewiesenen Fährte oder Spur zu folgen hat und sich nicht von anderen Spuren oder Fährten davon ablenken lassen darf.

Läßt der Hund dann seine eigene Verleitspur auch ohne Riemen unbeachtet, so gehen wir dazu über, die Führerspur in gut mit Wild besetzte Revierteile zu legen. Die Anzahl der Verleitfährten wird sich dadurch erhöhen. Sie geben uns die Gelegenheit, die Arbeit am langen Riemen zu üben und dem Hund zu zeigen, was wir von ihm wollen und was nicht.

Haben wir mit unserem Hund die Rückspuren gearbeitet, so soll er aber auch selbstverständlich lernen, unsere „Hinspur" zu arbeiten und zu halten. Dies kann auf zweierlei Art und Weise geschehen. Einmal können wir unseren Hund voran suchen lassen, während wir den Apportiergegenstand wieder in unsere Spur legen, um dann den Hund zurückzurufen oder zurückzupfeifen und ihn anzuleinen. Dann schlagen wir einen großen Bogen und gelangen dadurch auf unsere Spur. Diesmal leiten wir unseren Hund so an, daß er vorwärts arbeiten soll, um so zum Apportiergegenstand zu kommen. Es empfiehlt sich, bei den ersten Arbeiten dem Hund bekannte Gegenstände oder ein Stück ihm besonders zusagendes Wild hinzulegen und apportieren zu lassen.

Das ist für die Hündin ein gern aufgenommenes Stück Federwild

Die andere Möglichkeit besteht darin, unseren Hund abzulegen, um dann weiter zu gehen, den Apportiergegenstand abzulegen und beim Weg zurück zum Hund einen Bogen einzulegen. Wir verbinden so die Übung „Ablegen" mit der Arbeit auf der Führerspur. Anfangs lassen wir den Hund unseren Abgang ruhig beobachten, später machen wir das Beobachten dadurch unmöglich, daß wir den Hund an einer Dickungskante ablegen und um die nächste Ecke aus seinem Gesichtskreis entschwinden. Nach dem Umschlagen der Dickung holen wir unseren Hund wieder ab und beginnen unsere Hinspur zu arbeiten.

Hat das Einarbeiten auf der Rückspur für uns den Vorteil, unseren Hund auf ihr zurückschicken zu können, um verlorene oder vergessene Gegenstände von uns heranzubringen, so festigt das Arbeiten der Hinspur sein Können, uns nach einer weiten Hetze, deren Ende wir nicht abwarten konnten, wiederzufinden. Ehe wir uns aber von der Stelle entfernen, an welcher wir den Hund zur Arbeit schickten, schlagen wir selbst dort einen großen Kreis. Unser Hund, der ja an diese Stelle zurückkommt, stößt sofort auf unsere Spur, um sie dann bis zu uns hin zu verfolgen.

Doch damit sind die Möglichkeiten noch nicht erschöpft. Wer seinen Hund weiter ausbilden will, sei es als Totverbeller oder als Totverweiser, wozu auch das Bringselverweisen zählt, kann dies ebenfalls mit Hilfe der Führerspur tun. In Vorbereitung einer Prüfung ist unser DD aber auch hierbei an eine Fremdspur zu gewöhnen.

Schleppe

Da die Schleppe als Prüfungsfach gefordert wird, soll sie auch hier behandelt werden. Wer allerdings seinen Hund auf der Führerspur durchgearbeitet hat, für den bedeutet die Schleppe keinerlei Schwierigkeit, sondern im Gegenteil, die Anforderungen an die Nase des Hundes werden geringer.

Die Schleppe wird so gelegt, daß nur der Schleppenzieher – und nicht der Hundeführer selbst – das später vom Hund zu bringende Stück Wild an einer Schnur oder Leine hinter sich herzieht. Zu beachten ist dabei, daß das zu schleppende Stück nicht mit Gegenwind, sondern nur mit Nackenwind gezogen wird. Die geforderten zwei Haken sind jedesmal unterschiedlich nach rechts und dann nach links zu ziehen und umgekehrt. Dabei ist die Länge der Schleppe von 100 bis 300 Meter zu variieren. Die Mehrzahl der Schleppen hat unser Hund anfangs am langen Riemen auszuarbeiten. Erst wenn die Schleppe am langen Riemen zur Zufriedenheit ausgeführt wird, darf er nach anfänglicher Einweisung am Riemen dann freigegeben werden, ohne daß es unser Hund merkt.

Am Ende der Schleppe, deren Länge und Schwierigkeitsgrad sich allmählich steigert, wird entweder das geschleppte Stück (vom Bindfaden oder Leine befreit) liegengelassen, oder aber ein sauberes Stück aus dem Rucksack genommen und dieses für das geschleppte hingelegt. Der Schwierigkeitsgrad kann dadurch erhöht werden, daß die Schleppstrecke verlängert wird oder daß immer mehr Haken eingelegt werden. Die Schwierigkeit der Schleppe durch längere Stehzeiten zu erhöhen ist ebenfalls empfehlenswert. Mit der Schleppe wird praktisch nur die Verläßlichkeit im Bringen der geschleppten Wildart geprüft.

Am Beginn der Schleppe wird dem Schleppstück entweder etwas Wolle oder ein paar Federn ausgerupft, um den „Anschuß" zu kennzeichnen. Als Schleppwild dienen Bläßhuhn, Fasan, Ente, Rebhuhn oder Taube, Kanin, Hase oder Fuchs. Welches Stück zuerst am Ende der Schleppspur ausgelegt wird, das geschleppte oder das saubere, bestimmt der Hundeführer. Mit dem Auslegen eines sauberen Stückes verleiten wir unseren Hund zum Changieren, zum Überwechseln auf ein anderes Stück. Der Hund, der das saubere Stück liegen läßt und das geschleppte Stück bringt, auf das er angesetzt wurde, wird sich auch in der späteren Praxis nicht zum Changieren verleiten lassen.

Beim Zurückkommen des DD ist auf das vorschriftsmäßige Ausgeben des Stückes zu achten

Der Hund wird dann am „Anschuß" eingewiesen. Wir gehen mit dem Hund ein Stück mit, im Höchstfall 20 m, um ihn dann freizugeben, wenn wir den Eindruck haben, daß der Hund die Schleppspur hält.

Beim Zurückkommen des Hundes ist auf das vorschriftsmäßige Ausgeben des Stückes zu achten, das bereits im Abschnitt über das Apportieren beschrieben wurde.

Kommt der Hund leer zurück, so wird er an den Riemen gelegt und muß die Strecke am Riemen nochmals mit uns ausarbeiten. Kommt das öfter vor, so lassen wir ihn mit „Down vorwärts" die Strecke kriechen und dann das Stück aufnehmen. Ein Liegenlassen des gefundenen Stückes am Ende der Schleppe wird dann kaum noch vorkommen.

Die künstliche Schweißfährte

Die Möglichkeit, unseren Deutsch-Drahthaar auf natürlichen Wundfährten einzuarbeiten, um auf diesem Wege einen auf Schweiß sicheren Hund zu erhalten, ist heute kaum gegeben. Es wird kein Jäger auf den Gedanken kommen, absichtlich ein Stück krankzuschießen. Es wäre aus ethischen und Tierschutzgründen (Weidgerechtigkeit) nicht zu verantworten. Wir fügen dem Wild nicht unnötige Schmerzen zu, nur damit unser Hund arbeiten kann. Kommt es doch vor, daß ein Stück krankgeschossen wird, so sind es dann meist Schüsse, die zur Nachsuche einen auf Schweiß erfahrenen Nachsuchenhund erfordern, wie z. B. bei Laufschüssen, Äserschüssen, Weidwundschüssen und ähnlichen Schüssen, die nicht direkt ins Leben gehen.

Lassen wir uns verleiten, unseren unerfahrenen Deutsch-Drahthaar auf einer solchen Wundfährte einzuarbeiten, wird dieser nur selten Erfolg haben. Anhand des in der Fährte liegenden Schweißes werden wir unseren Hund eine gewisse Strecke weit kontrollieren können, doch hört der Schweiß auf, ist das kaum noch möglich. Einige Hundeführer lassen den Hund im Vertrauen auf seine Nase noch bis zur nächsten Dickung arbeiten, um ihn dann aber meist zu schnallen. Geschnallt wird der unerfahrene Hund aber oft der Witterung des nächsten ihm in die Nase kommenden Stückes nacheilen. Liegt das Wild aber bereits verendet in der Dikkung, dann bemerkt der Hundeführer nur selten, daß sein Hund am Stück war. So darf man als Weidmann nicht handeln, sondern muß mit seinem Deutsch-Drahthaar systematisch zu einem firmen Hund für die Nachsuche heranbilden. Er muß seinen Hund befähigen, eine Wundfährte am langen Riemen mit tiefer Nase auszuarbeiten und so seinen Führer in den Besitz des Stückes bringen. Der sicherste Weg dahin ist das Einarbeiten auf der künstlichen Schweißfährte.

Nasenleistung – Fährtenwille

Wenn wir einen Weg finden wollen, auf welchem wir einen firmen Deutsch-Drahthaar zur Schweißarbeit erhalten, so müssen wir uns die Frage stellen, welche Voraussetzungen dazu nötig sind.

Der DD muß eine vorzügliche Nase besitzen, die imstande ist, auch noch feinste Duftpartikelchen wahrzunehmen, die auf eine Wundfährte hinweisen. Er muß außerdem eine ihm gezeigte oder von ihm gefundene Fährte auch bis zum Stück halten. Die Anforderungen an den Hund sind im Prinzip dieselben, wie sie bei der Ausarbeitung einer Spur (siehe Hasenspur) gefordert werden.

Der Unterschied besteht darin, daß die Wundspur infolge ihrer relativ kurzen Stehzeit nach Möglichkeit sofort gearbeitet werden sollte, um zum Erfolg zu kommen. Die Ausarbeitung einer Wundfährte wird, um das Stück Schalenwild krank werden zu lassen, meist erst dann begonnen, wenn die Fährte bereits kalt ist. Ausschlaggebend, ob die Fährte erst kalt werden muß oder nicht, ist, an welcher Stelle das Geschoß das Stück getroffen hat. Deshalb muß ein Hundeführer anhand des Schnitthaares, eventuell vorhandener Knochensplitter oder der Farbe des Schweißes in der Lage sein, den Sitz des Schusses zu bestimmen. Wir sehen also, daß es einiger Voraussetzungen bedarf, um Nachsuchen möglichst erfolgreich durchführen zu können. Hatten wir bei den Unterordnungsübungen die Möglichkeit, unseren Hund durch Anwenden von Zwang zur Ausführung der geforderten Übung zu bringen, so stehen uns bei der Ausbildung unseres Hundes zur Arbeit auf der Wundspur oder -fährte solche Zwangsmittel nicht zur Verfügung. Wir müssen also nicht mit Zwang, sondern mit anderen Mitteln das Interesse des Hundes an der Wundfährte oder -spur wecken oder steigern.

Lernen am Erfolg

Der Wildhund mußte, wollte er nicht verhungern, die Spur kranken oder gesunden Wildes verfolgen, es hetzen und niederziehen. Der junge Hund wurde von der Hündin angelernt und jagte, wenn er groß genug war, in der Meute. Sein Leithund brachte ihn an die zu erjagende Beute. An die Stelle des Leithundes trat der Mensch, der ihn seine Beute in der bequemeren Art des Fütterns zuteilt. Diesen Beutetrieb müssen wir in ersten Linie bei unseren Hunden anregen, um sie für die Arbeit nach dem Schuß verwenden zu können.

Das erste, was geschehen muß, um einen guten Deutsch-Drahthaar für die Arbeit nach dem Schuß zu gewinnen, ist die rechtzeitige Einstellung auf die künftige Arbeit. Der Drahthaar soll bereits in der Jugend lernen, daß er am Ende einer Wundspur Beute findet. Schon die Altmeister der Jagd erkannten die Notwendigkeit der frühen Ausbildung der jungen Hunde auf der Futterspur. Das wesentliche Erlebnis bei dieser Arbeit muß für den jungen Drahthaar sein, daß er immer zum Erfolg, das heißt zu Futter, kommt. Nicht aus Treue oder Anhänglichkeit zu uns, nicht weil er ganz genau weiß, worauf es ankommt, sondern weil er von frühester Jugend an die Erfahrung gemacht hat, daß Wundfährten „erfreulich" enden, nimmt er eifrig die Wundfährte an und folgt ihr. Lernen also am Erfolg. Wurde er vorher satt gefüttert, fehlt ihm die Motivation. Es trägt also zum intensiven Ausarbeiten einer Schweißfährte unbedingt bei, wenn unser Hund mit hungrigem Magen dazu eingewiesen wird. Ob das schon mit einem Hungertag erreicht wird, sollte man als Ausbilder ausprobieren.

Notwendige Hilfsmittel

Schweißhalsung und Schweißriemen

Zum notwendigen Handwerkszeug für die Schweißarbeit gehören eine vorschriftsmäßige Schweißhalsung mit dem dazugehörigen Schweißriemen. Metallhalsband und kurze Führerleine sollten zur Arbeit auf der Schweißfährte nicht verwendet werden. Der Führer kann bei kurzen Leinen dem Hund nicht so viel Riemen geben, wie er benötigte, um ungehindert der Fährte folgen zu können. Der Druck des Metallhalsbandes stört den Hund bei jedem Hängebleiben mit der Leine und bewirkt, daß er die Arbeit am Schweißriemen als unangenehm empfindet. Er wird dann nur noch unmotiviert auf der Schweißfährte arbeiten.

Die Schweißhalsung für einen Nachsuchenhund hat eine Breite von 3 bis 3,5 cm und besteht aus zwei verschiedenen, zusammengenähten Lederarten. Das innere Leder, welches den Hals des Hundes umschließt, soll, um nicht zu drücken, weich sein. Die Halsung besitzt noch einen halbrunden Wirbel, der auf einer Platte vernietet ist. Der Wirbel muß sich leicht drehen lassen, damit der daran befestigte Schweißriemen sich nicht verdrehen kann.

Der Schweißriemen soll sechs bis acht Meter lang sein. Man bevorzugt den 8 Meter langen Riemen, weil er uns gestattet, den Hund bei der Arbeit in schwierigem Gelände mehr Riemen geben und ihm leichter folgen zu können, ohne daß der Hund durch die Kürze des Riemens erzwungene Aufenthalte während der Arbeit einlegen muß. Die Breite des Schweißriemens soll 2 bis 2,5 cm betragen und etwa 2 mm stark sein. Will man einen einwandfreien Schweißriemen haben, darf dieser nicht aus mehreren Teilen zusammengenäht sein, da sich die Nähte im Laufe der Zeit auflösen. Heutzutage werden Schweißriemen aus extra starkem Nylon-Gurtband benutzt, die nicht zusammengenäht und auch nicht wie lederne pflegebedürftig sind.

Mit dem einen Ende wird der Schweißriemen nicht mit einem Karabinerhaken, sondern mit einer Schnalle in der Halsung befestigt. Das andere Ende des Riemens hat als Handhabe eine etwa 25 cm lange Schlaufe. Dockt man den Schweißriemen vollständig ab, so behält man die Schlaufe in der Hand. Je nach Bedarf kann man dann am Riemen wieder vorgreifen. Ein Loslassen des Riemens ist zu vermeiden. Ist es doch einmal notwendig, z. B. um nicht selbst durch eine zu dichte Dickung oder durch Dornen kriechen zu müssen, so muß man aber den Riemen so rasch wie möglich wieder in die Hand bekommen, und wenn man deswegen den Hund zum Ablegen zwingt. Ein Hund, der mitsamt Halsung und Schweißriemen weitersucht, kann beispielsweise in ein Moor oder in unwegsame Steilhänge und Schluchten verlorengehen. Bleibt ein Hund mit dem Riemen oder der Halsung hängen und kann er sich nicht selbst befreien, kommt oft jede

Hilfe zu spät. Nicht jeder Hund schneidet sich ab, weil ihm dies während der Ausbildung abgewöhnt wurde. Auch kann es für den Nachsuchenhund dann gefährlich werden, wenn ihn ein Stück Wild abschlägt und dabei hinter die Halsung faßt.

Aufdocken – Abdocken

Das wichtige Aufdocken des Schweißriemens wird leider nur von wenigen Hundeführern beherrscht. Meist wird der Schweißriemen zur Nachsuche als wirres Lederknäuel aus dem Rucksack gezogen und nach der Suche auch ebenso wieder hinein getan. Daß dabei Knoten entstehen, die vor jedem Gebrauch erst wieder entwirrt werden müssen, dürfte verständlich sein. Bei einem vorschriftsmäßig aufgedockten Riemen kommt das nicht vor.

Das Abdocken geschieht verhältnismäßig schnell und einfach, vorausgesetzt, daß der Schweißriemen aus einer Haut in einem Stück geschnitten wurde. Den abgedockten Riemen nimmt man zusammengelegt in die Hand und läßt, wenn der Hund auf den Anschuß eingewiesen und mit den Worten „Such verwund, mein Hund" die Wundfährte zu arbeiten beginnt, Schlaufe um Schlaufe fallen und gibt damit dem Hund nach und nach immer mehr Riemen frei. Der Riemen wird dabei zwischen den Vorderläufen des nachsuchenden Hundes durchgeführt und somit verhindert, daß er dem Hund, wenn dieser sich stramm in den Riemen legt, auf die Luftröhre drückt. Durch diese Riemenführung drückt die Halsung auf die Nackenmuskulatur des Hundes und zwingt ihn gleichzeitig dazu, die Nase nach unten zu nehmen.

Kleidung

Für eine Nachsuche ist neben dem schon beschriebenen Schweißriemen und der Halsung auch eine zweckentsprechende Kleidung des Hundeführers notwendig. Dazu gehören lange, oben eng anliegende Gummistiefel mit derber Profilsohle, robuste gewachste Überhosen und Überjacken aus reißfestem Leinen, die man mit nachgeliefertem Wachs nachimprägnieren kann. Mäntel, ob aus Loden oder aus Gummi, sind ungeeignet. Mit dem unteren Teil des Mantels bleibt man oft hängen und reißt ihn dabei ein. Als Kopfbedeckung dient eine Mütze. Als Brillenträger sollte man dieses Hilfsmittel per Schlaufen hinter den Ohren befestigen, analog der Armeebrille. Zum Schutz der Augen beim Herumkriechen in der Dikkung hat sich eine Brille aus Drahtgeflecht, wie sie die Steinklopfer tragen, bewährt. Große Handschuhe aus derbem Leder mit Stulpen schützen die Hände vor Abschürfungen und lassen sich im Ernstfall leicht abstreifen bzw. wegschleudern, damit man einen Fangschuß schnell abgeben kann.

Ein weißes Taschentuch dient während der Nachsuche dazu, zu prüfen, ob der Hund, wenn er verweist, auch wirklich Schweiß zeigt. Man drückt das Taschentuch auf die vom Hund verwiesene Stelle. Oft kann man nur mit dem Taschentuch feststellen, ob man sich noch auf der Wundfährte befindet.

Schnitthaarbuch
Das Schnitthaarbuch soll nicht unerwähnt bleiben, da man mit seiner Hilfe am Anschuß anhand des vorgefundenen Schnitthaares den Sitz der Kugel bestimmen und hinsichtlich der Nachsuche entsprechende Rückschlüsse ziehen kann.

Die genannten Ausrüstungsgegenstände sollte man bereits während der Einarbeitungszeit auf der künstlichen Schweißfährte benutzen, damit man den Hund und sich selbst mit ihnen vertraut macht.

Tropfverfahren – Tupfverfahren
Wollen wir den Hund auf der künstlichen Schweißfährte einarbeiten, benötigen wir noch eine Flasche oder Kanne, in welcher wir den Schweiß transportieren und aus welcher wir ihn auch zur Anlage der künstlichen Schweiß- oder Rotfährte tropfen lassen (Tropfverfahren). Zum Legen der Schweißfährte hat sich auch ein Stück Schwamm bewährt, das am Ende eines Stockes befestigt ist. Der Schwamm wird jeweils in einen Topf mit Schweiß getaucht und beim Legen der Schweißfährte in Abständen leicht auf den Boden aufgesetzt (Tupfverfahren mit einem etwa 6 cm^2 großen und 2 cm dicken Schaumgummistück).

Als Schweißflasche genügt eine normale Flasche von etwa 300 ml Inhalt, denn wir wollen den Hund nicht durch zu dickes Spritzen von Schweiß verleiten, infolge der starken Duftwitterung die Fährte mit hoher Nase zu arbeiten. Als Verschluß während des Transportes ist ein Korken angebracht, beim Spritzen der Fährte wird der Zeige- oder Mittelfinger auf die Öffnung gehalten, so daß beim Kippen immer nur ein bis zwei Tropfen den Flaschenhals verlassen können. Tropfkannen dienen demselben Zweck, doch kann mit ihnen die zu tropfende Menge genau dosiert werden.

Die Möglichkeit, Wildschweiß zur künstlichen Schweißfährte zu verwenden, dürfte nicht oft gegeben sein. Wer jedoch die Gelegenheit hat, Wildschweiß für diesen Zweck zu sammeln, sollte es tun. Mit Blut von Haustieren, z. B. vom Schaf, Rind und Schwein, erzielen wir denselben Erfolg.

Verleitfährten
Schwierigkeiten entstehen in erster Linie durch gesundes Wild selbst, aber auch durch dessen frische Fährten, wenn diese die viel ältere Wund-

fährte kreuzen. Lernt unser Deutsch-Drahthaar diese frischen Fährten aber niemals als Verleitfährten kennen, so wird er im Ernstfall ihnen nicht widerstehen können, da sie ja eine viel intensivere Witterung und somit einen größeren Reiz als die kalte Wundfährte ausüben.

Wir müssen also bei unserer Ausbildung auf der künstlichen Schweißfährte bestrebt sein, die Fährte allmählich so zu legen, daß sie von frischen Fährten möglichst oft gekreuzt werden. Viel betretene Wildwiesen, Wildäcker und andere Äsungsflächen sind bei der Schweißarbeit als Flächen mit zahlreichen Verleitfährten geeignet. Gerade in der Praxis kommt es häufig vor, daß nach langer nächtlicher Stehzeit die natürlichen Wundspur von gesunden Stücken gekreuzt wird.

Der Vorteil der Einarbeitung auf der künstlichen Schweißfährte gegenüber der natürlichen besteht besonders darin, daß wir den Verlauf der künstlichen Wundfährte genau kennen und somit in der Lage sind, jedes Abkommen unseres Hundes zu korrigieren.

Bei all unseren bisherigen Arbeiten auf der Futterschleppe, der Führerspur, der Wildschleppe und auch bei der Anlage der künstlichen Schweißfährte findet der Hund die Spur des Menschen und verknüpft sie mit den anderen Geruchskomponenten, um diesen zu folgen. An uns liegt es jetzt, zu verhindern, daß der Individualgeruch des Fährtenlegers vom Hund als Leitlinie aufgefaßt wird. Der Individualgeruch des Schweißes muß allein maßgebend für ihn sein. Das erreichen wir u. a. durch das öftere Wechseln der Person des Fährtenlegers einer künstlichen Schweißfährte, durch entsprechend längere Stehzeiten sowie durch den Einsatz des Fährtenschuhs.

Fährtenkreuz

Hierbei hilft uns die sogenannte Verleitfährte nach dem Muster des Fährtenkreuzes von Most.

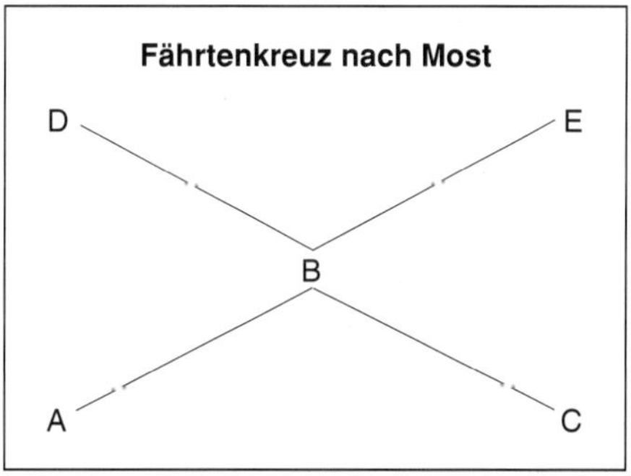

„Es wird so angelegt, daß von einer Person eine rechtwinklige Fährte von A nach C und gleichzeitig von einer anderen Person eine spiegelbildlich gleiche Fährte von D nach E gelegt wird, die sich in ihren Winkelspitzen in B einander so annähern, daß eine Gerade A–E als eine scheinkontinuierliche, in Wirklichkeit unechte Fährtenleitlinie entsteht. Es läßt sich nun zeigen, daß alle nicht sorgfältig abgerichteten Hunde, die bei A angesetzt werden, dieser Verleitung verfallen und bei E ankommen, also ihrer auf psychischen Verharrungsneigungen beruhenden Vorliebe zum „Folgen einer Leitlinie geradeaus" (Leitlinienzwang in der einmal eingeschlagenen Richtung) unterliegen und überwechseln. Dabei braucht diese Leitlinie nicht einmal immer geruchlicher Art sein, sie kann auch optisch wirken, wie z. B. ein Feldrain oder eine Furche." Durch die Einführung des Mostschen Fährtenkreuzes konnte man überhaupt erst das Problem sich berührender oder überschneidender Fährten klären. Solange man hierüber nichts sicheres wußte, war jede fruchtbare Weiterarbeit aussichtslos, weil es in der Natur keine Fährte gibt, die nicht von anderen unter den mannigfachsten zeitlichen, räumlichen, klimatischen und bodenbedingten Umständen und Einwirkungen von Personen, Tieren oder Verkehrsmitteln gekreuzt wird. Auch hier führte die bewußte Einschaltung der Schwierigkeit und nicht ein Ausweichen vor dieser dazu, den Hund gewissenhaft auf seine Aufgabe vorzubereiten.

Während wir bei Verleitschleppen mit anderem Wild zeitlich keinen großen Abstand vom Legen der künstlichen Wundfährte einzuhalten brauchen, da diese eine andere Witterung besitzt und so vom Hund verhältnismäßig leicht unterschieden werden kann, sollten wir beim Überkreuzen mit Schweiß oder Blut einen Abstand von einer halben Stunde anfangs nicht unterschreiten. Bei weiteren Übungen kann man diese Zeitdifferenz verkürzen.

Durch die Arbeit mit Verleitfährten bei der Ausbildung auf der künstlichen Schweißfährte erreichen wir, daß unser Hund bei Vorhandensein von Schweiß nur diesem spezifischen Geruch des Schweißes folgt und die vorhandenen tierischen und menschlichen Verleitfährten unbeachtet läßt. Lassen wir die künstliche Schweißfährte jedesmal „erfreulich" für den Hund enden, wird er am gefundenen Stück, ob Attrappe oder Wild, gelobt und durch Futter belohnt, so wird er sich auch bemühen, ältere und somit für ihn schwierigere Fährten auszuarbeiten.

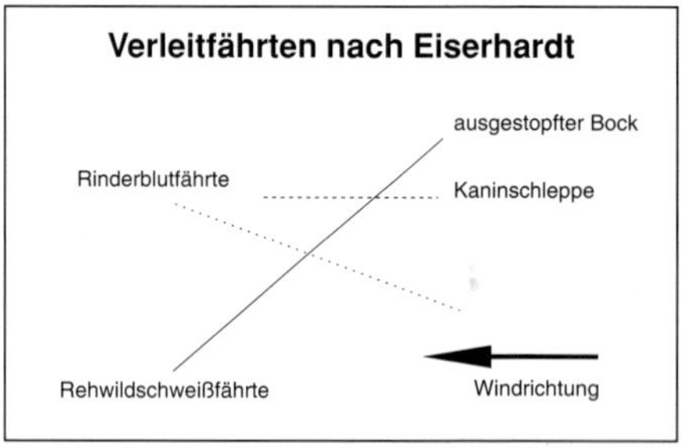

Das Abtragen des Hundes und spätere Weiterverarbeiten auf derselben Fährte entspricht den Anforderungen der Praxis und sollte deshalb ebenfalls geübt werden.

Schweiß zeigen

Um unseren Deutsch-Drahthaar daran zu gewöhnen, uns den Schweiß anzuzeigen, versehen wir einige Stellen der künstlichen Schweißfährte mit mehr Schweiß und legen an dieser Stelle einen Brocken aus. In der Praxis sind es meist die Stellen, an denen das Stück Wild verhofft hat, so daß sich an ihnen mehr Schweiß als im übrigen Verlauf der Wundfährte findet. Wenn nun der verstärkte Schweißgeruch unseren Hund nicht zum Verhalten bewegt, wird es in der Regel der Brocken tun. Wir loben unseren Hund mit „So recht, mein Hund, laß sehen, mein Hund" und lassen ihn den Brocken ruhig aufnehmen. Mehrmaliges Brockengeben läßt unseren Hund an den Stellen mit mehr Schweiß verhalten und dort suchen. Das Brockengeben wird nach und nach durch unseren freundlichen Zuspruch abgelöst. Der Zweck, daß der Hund Schweiß verweist, ist erreicht.

In der Praxis ist das „Schweißzeigen" unseres Hundes oft die einzige Möglichkeit, sich von dem Schweiß und somit der richtigen Arbeit des Hundes zu überzeugen. Hat man längere Zeit selbst keinen Schweiß mehr finden können, so ist es sehr beruhigend für den Hundeführer, wenn der Hund wieder einmal Schweiß zeigt und somit beweist, daß wir uns noch auf der richtigen Fährte befinden.

Abtragen

Muß die Arbeit unterbrochen werden, obwohl der Hund auf der richtigen Fährte ist, wird er „abgetragen". Der Hund wird dazu unter den Brustkorb gefaßt, angehoben und dann wird mit ihm ein paar Schritte seitlich weggegangen mit dem Zuspruch „So war recht, mein Hund".

Legen der Schweißfährte

Zu berücksichtigen dabei ist, daß die Fährtenarbeit durch höhere Luftfeuchtigkeit (geringere Niederschläge, die nicht als Tropfen in die Nase des Deutsch-Drahthaar kommen), leichte Windbewegung und fehlende direkte Sonnenbestrahlung begünstigt wird. Erschwerend wirkt sich trockene Luft, starke Luftbewegung, direkte Sonnenbestrahlung, Platzregen und starker Frost aus, ebenso aber auch das Verwehen des abgefallenen Laubes im Herbst.

Bei der Anlage der künstlichen Schweißfährte ist zu beachten, daß die Fährte mit Nackenwind gelegt wird. Das erzieht den Hund zum Gebrauch der tiefen Nase. Die Arbeit auf der Gegenwindfährte verleitet ihn, mit hoher Nase zu arbeiten. Der Beginn der künstlichen Schweißfährte wird mit einem Bruch gekennzeichnet. Wird die Fährte im Wald gelegt, so kann man die Bäume, an denen die Schweißfährte vorbeiführt, mit Schulkreide oder kleinen weißen Papierstückchen kennzeichnen. Dieser „Leitfaden“ ist nur für uns erkenntlich und bietet dem Hund keine Hilfe. Wir haben aber so die Möglichkeit, unseren Hund stets kontrollieren zu können. Auf gerader Strecke genügen wenige Markierungszeichen, beim Einlegen von Haken ist aber eine ausreichende Anzahl angebracht.

Am Ende der Schweißfährte sollte immer eine Decke oder Schwarte liegen, die mit demselben Schweiß benetzt wird und an welcher unser Hund nach dem Finden derselben seinen Belobigungshappen und viel Lob erhält.

Praxishähe erreichen wir dadurch, daß er am Ende der Spur auch wirklich Wild findet, das wir vorher dort abgelegt haben. Der Schweiß für diese künstliche Fährte ist von dem ausgelegten Stück zu nehmen, damit der Schweiß und das Stück wie in der jagdlichen Praxis dieselbe Individualwitterung haben.

Beim Legen der Fährte ist darauf zu achten, daß die Schweißfährte nicht etwa über das Stück bzw. die Decke oder Schwarte hinausläuft, sondern unbedingt an ihr endet. Sofern der Fährtenleger nicht als Beobachter unter Wind in der Nähe des Stückes verbleiben soll, wie z. B. beim Einarbeiten als Totverbeller oder Totverweiser, soll er sich in einem möglichst weiten Bogen unter Wind entfernen, keinesfalls aber auf der gelegten Fährte zurücklaufen oder sie auf dem Rückweg kreuzen.

Bei den ersten Arbeiten soll die Fährte etwa eine halbe Stunde Stehzeit haben und möglichst geradeaus verlaufen. Ihre Länge kann zu Anfang mit etwa 50 m beginnen, um dann allmählich in der Schwierigkeit gesteigert zu werden. Das bezieht sich auf die Länge wie auch auf die Stehzeit. Um den Prüfungsanforderungen der Schweißarbeit zu entsprechen, muß unser Hund auf einer Länge von 400 Metern mit einer Stehzeit von einer Nacht eingearbeitet sein. Noch höhere Anforderungen an die Hunde werden auf den Verbandsschweißprüfungen gestellt.

Wenn wir unseren Hund ohne Verleitfährten einarbeiten, haben wir nicht die Garantie, daß das Können unseres Hundes immer den Bedingungen der Praxis entspricht.

Keinesfalls darf dem Hund der Weg vom Beginn der Schweißfährte bis zum Stück in irgend einer Weise verleidet werden, und wir müssen sehr sorgsam darauf achten, daß wir dabei niemals dem Deutsch-Drahthaar, wenn auch nur unbewußt und ungewollt, Unangenehmes zufügen. Sobald der Hund der getropften oder getupften Fährte gern folgt, ist der Begriff eingeschliffen: Schweiß führt zur Beute.

Erst dann dürfen wir die Schwierigkeiten des Ernstfalles allmählich einschalten, indem wir die Fährte immer dünner tropfen oder tupfen und immer älter werden lassen oder im

Fährtenverlauf immer mehr Klippen einbauen, mit denen der Hund später fertig werden soll. Dazu gehört das Einlegen von Haken, aber ebenso auch das Aussetzen des Schweißes auf zwei und mehr Meter. Hier muß der Hund das Bögeln zeigen, will er wieder auf die Schweißfährte und dadurch zum Erfolg kommen.

Totverbellen – Totverweisen

Wenn auch das A und O der Nachsuche die Riemenarbeit ist, so gibt es im praktischen Jagdbetrieb doch Situationen, in denen wir unserem vierläufigen Gefährten nicht mehr folgen können, weil ein Moor, große Schilfpartien mit sumpfigen Stellen, unzugängliches Dornengestrüpp, bürstendichte verschneite Dickungen, unpassierbare Geröllfelder oder andere Geländeschwierigkeiten uns davon abhalten.

Das darf uns aber nicht dazu verführen, in jedem Fall jetzt den Hund zu schnallen, auch wenn er spurlaut jagt und wir die Hetze mit dem Ohr verfolgen können. Erst müssen wir uns durch Umschlagen der Hindernisse davon überzeugen, ob das Stück dort steckt oder ob es noch weiter flüchtig ist. Wenn sich das Stück ge-

Vorarbeit zum Totverbellen – Lautgeben an der Futterschüssel in Verbindung mit der über den Bock gespannten Decke

Mit dem Auslegen von mehreren gleichen Bringseln hinter dem „Stück“ (Attrappe, Schwarte o. ä.) bringen wir den DD dazu, nur hinter dem Stück das Bringel aufzunehmen

steckt hat, darf man den Hund erst dann schnallen, wenn die Hauptwechsel abgestellt sind.

Findet unser Hund das verendete Stück, so wird er uns als Totverbeller zum Stück rufen, als Totverweiser aber zurückkommen und uns zum Stück führen. Ist das Stück noch flüchtig, so wird es einem der an den Hauptwechseln vorgestellten Schützen kommen.

Ein Hund, einmal vom Riemen gelöst, ist auf sich allein gestellt und muß mit allen Verleitfährten und sonstigen Schwierigkeiten fertig werden, ohne daß der Führer helfend eingreift.

Ehe man einen verläßlichen Totverbeller hat

Frieß sagt deshalb: „Wer sich auf einen nicht todsicheren Verbeller und Verweiser verläßt und sich einbildet, daß ihn der Totverbeller und Totverweiser die lästige und mühselige Riemenarbeit erspart, wer daher grundsätzlich am Anschuß schnallt und alles weitere dem Hund überläßt, der ist verlassen und wird unweigerlich zum Wasenmeister!"

Schweißarbeit ist mühselige Riemenarbeit, die uns niemand abnimmt. Und nur nach einer sorgfältigen Riemenarbeit wird der Totverbeller oder Totverweiser zum Erfolg kommen.

Arbeit auf der natürlichen Wundfährte

Wer seinen Deutsch-Drahthaar auf der künstlichen Schweißfährte mit allen Verleitfährten so vertraut gemacht hat, daß dieser die ihm einmal angewiesene Fährte ohne abzukommen bis zum Ende durcharbeitet, der wird für die Arbeit auf der natürlichen Wundfährte einen Hund haben, auf den unbedingt Verlaß ist.

Da die Technik der Riemenführung bereits behandelt wurde, soll sich die Arbeit auf der natürlichen Wundfährte vor allem mit Fehlern befassen, die in der Praxis häufig gemacht werden.

Pirschzeichen

Oberstes Gebot ist es, den Anschuß eingehend zu untersuchen, bevor man sich auf die Nachsuche begibt. Den Hund legt man dabei so ab, daß er uns beim Untersuchen des Anschusses gut beobachten kann.

Einweisen des Hundes zur Riemenarbeit

Der Anschuß wird eingehend nach Eingriffen, Schnitthaar, Schweiß, Knochensplittern, Wildbret- und Deckenfetzen, Pansen- und Gescheideinhalt, Feistteilen und auch nach Zähnen abgesucht. Die Eingriffe lassen den Stand des Stücks erkennen, in dessen unmittelbarer oder mittelbarer Nähe Schnitthaare zu finden sein müssen, sofern das Stück getroffen wurde. Ausnahmen davon bilden aufkommender starker Wind auch mit nachfolgendem Gewitter und kräftigen Regengüssen. Anhand des Schnitthaares kann man häufig bereits angeben, wo etwa das Stück getroffen wurde. Um recht genaue Angaben darüber machen zu können, sollte man das Schnitthaar der am häufigsten vorkommenden Schalenwildarten von etwa zwölf verschiedenen Körperstellen gesammelt haben. Zu berücksichtigen ist dabei, daß das Sommer- und Winterhaar unterschiedlich aussieht und auch verschieden lang ist. Um sich darin auszukennen, gehört hierzu ein Schnitthaarbuch, in dem man das gefundene Schnitthaar mit den gesammelten Haaren im Buch vergleicht und so den Sitz des Schnitthaares und damit den Sitz der Kugel bestimmt. Diese Schußzeichen werden noch ergänzt durch das Zeichnen des Stückes im Schuß und nach dem Schuß.

Das Zeichnen des Stückes nach dem Schuß wird oft fälschlicherweise als das Zeichnen im Schuß angegeben. Dieser Irrtum entsteht, weil die Mehrzahl der Schützen „nicht durch das Feuer sehen" kann. Diese Jäger geben daher die ersten Bewegungen des Stückes, die sie sehen, oft als das „Zeichnen im Schuß" an, in Wirklichkeit haben sie aber nur das „Zeichnen nach dem Schuß" gesehen. Der Hundeführer wird daher gut daran tun, sich durch die Angaben des Schützen nicht beirren zu lassen und sich nur nach den Schußzeichen zu richten, die ihm am Anschuß Aufschluß über den Sitz der Kugel geben. Sollte, was auch vorkommt, der Anschuß nicht bezeichnet werden können, so läßt man seinen Hund am halben Riemen vorsuchen, um mit

Such verwundt, mein Hund

dessen Hilfe den Anschuß zu finden. Voraussetzung ist, daß man das Verhalten seines Hundes kennt und der Hund Schnitthaar, Schweiß, Knochensplitter u. a. zu verweisen gewohnt ist.

Nachsuche

Mit Ruhe und Bedacht ist der Hund nach eingehender Untersuchung des Anschusses auf die Fährte einzuweisen. „Such verwund, mein Hund" so heißt der Zuspruch, den unser Hund erhalten soll, nicht aber „Such verloren, apport" oder ähnliche unsinnige Zurufe. Jedes neue, dem Hund für die Nachsuche unbekannte Hörzeichen gilt es zu vermeiden, um den Hund nicht zu irritieren.

Wir geben nun unserem Hund, wenn er die Wundfährte angefallen

Der Hund hat die kranke Sau gefunden

Nach erfolgreicher Nachsuche

Ob auf der Hasenspur, ob auf der Schweißfährte
Auf der Schweißfährte

hat und sie arbeitet, jeweils nur so viel Riemen, daß er unbehindert voran suchen kann. Der Schweißriemen soll dabei nicht straff gespannt sein, sondern leicht herunterhängen. Es ist allerdings besser, der Hund erhält etwas mehr Riemen, so daß dieser ab und an auf der Erde schleift, als daß er uns am straff gespannten Riemen hinter sich herzieht.

Verweist uns der Hund auf der Wundfährte Schweiß oder andere Pirschzeichen, so loben wir ihn mit „So recht, mein Hund", „Laß sehen, mein Hund" und greifen am Riemen vor. Den Riemen brauchen wir beim Vorgreifen nicht aufzuwickeln, er bleibt liegen und wir greifen uns jeweils abwechselnd mit der linken und rechten Hand am Riemen bis zum Hund vor. Beim Weitersuchen lassen wir den Riemen wieder etwa bis zur Hälfte durch unsere Hände gleiten, bei Bedarf auch mehr. Wollen wir uns von Schweiß oder Schaleneindrücken überzeugen, lassen wir den Hund mit dem Zuspruch „Haaalt, (gedehnt gesprochen) laß sehen" verhalten.

Bei der Suche sollte man viel mit dem Hund reden, um ihn zu motivieren. Lob soll allerdings nur dann erfolgen, wenn man genau weiß, daß der Hund noch auf der rechten Fährte ist und er z. B. Schweiß gezeigt hat.

Eine kleine Zwischenrast für Führer und Hund kann nichts verderben, sondern läßt Zeit zum Sammeln frischer Kräfte, denn Schweißarbeit ist meist Schwitzarbeit. Ein ruhig arbeitender Hund ist hierbei unbedingt vorzuziehen, auch wenn es etwas länger dauert, ehe man zum Stück kommt. Geht die Nachsuche über die Grenzen einer Forstabteilung hinaus oder kreuzt sie Wege oder Gestelle, so ist es ratsam, durch einen Bruch jeweils die Stelle zu kennzeichnen. Kommt man später mit dem Hund von der Fährte ab, so kann man immer auf diese gekennzeichneten Stellen zurückgreifen und von dort den Hund erneut zur Nachsuche ansetzen.

Der Hund wird geschnallt

Arbeiten wir keine Totsuche, wird also das Stück aus dem letzten Wundbett noch flüchtig, so schnallen wir unseren Hund nur dann, wenn wir uns davon überzeugen konnten, daß das abgehende Stück auch das von uns gesuchte Stück ist.

Ist unser Hund durch den Anblick des flüchtigen Stückes noch sehr erregt, so arbeiten wir ruhig noch ein Stück am Riemen, bis der Hund wieder zum ruhigen Gebrauch der Nase zurückgefunden hat. Schnallen wir unseren Hund in erregtem Zustand, so haben wir Mühe, die Halsung abzubekommen, weil der Hund schon vorwärts drängt, und die Gefahr, daß er uns mitsamt Halsung und Schweißriemen aus den Händen gleitet, ist zu groß. Schnallen wir unseren Hund, bevor wir uns davon überzeugt haben, daß das letzte Bett ein warmes Wundbett ist, besteht gar zu leicht die Gefahr einer Fehlhetze mit allen ihren unliebsamen Folgen.

Das erstmalige Schnallen sollte an Rehwild erfolgen, weil dieses infolge seiner geringen Stärke vom großen Hund verhältnismäßig leicht niedergezogen werden kann. Ohne die Unterweisung unseres Hundes, tote Stücken am Träger zu ergreifen, werden sie, wie ihre Vorfahren, die Wölfe, erst hinten in die Keulen oder in die Weichen fassen, um das Stück zu stoppen, und dann erst nach vorn zur Drossel nachfassen.

Können wir eine Hetze nicht mit dem Ohr oder Auge verfolgen und ist unser Hund weder Totverbeller noch -verweiser, so sieht die Situation schon schlechter aus. Bei Vorhandensein eines zweiten Hundes arbeiten wir mit diesem die Hetze aus, sonst bleibt uns nichts anderes übrig, als die Rückkehr unseres Hundes abzuwarten, ihn wieder an den Riemen zu nehmen und mit ihm den Weg der Hetze nachzuarbeiten. Das schreibt sich leichter als es ist, da unser Hund nach einer Hetze meist wenig Lust verspürt, weiter Riemenarbeit zu leisten. Hierbei zeigt es sich, wer seinen Hund exakt eingearbeitet hat und wer nicht.

Überrascht uns während der Nachsuche die Dämmerung, so ist von einem Schnallen in jedem Fall abzuraten, ebenso bei strengem Frost, wenn zu erwarten ist, daß die Hetze länger dauert. Man bricht dann besser die Nachsuche ab und bereitet alles für den nächsten Morgen vor. Dann kann man in Ruhe weitersuchen, da man den ganzen Tag vor sich hat.

Hunde mit mangelnder Wildschärfe sollten die Wundfährte ausschließlich am Riemen ausarbeiten. Hierbei darf man nichts überstürzen. Je nach Sitz des Schusses sollte man das Stück entweder richtig krank werden lassen oder, wenn man, zum Beispiel durch Umschlagen einer Dickung, den ungefähren Ort des Wundbettes feststellen kann, die entsprechenden Wechsel mit Schützen besetzen, die dem hochgemachten Stück eine weitere Kugel antragen können. Schnallt man einen im Wesen weichen Hund, so ist der Erfolg meist ein Stück Fallwild.

Haken und Widergänge

Bei längerem Nachsuchen kommt es verschiedentlich vor, daß das Stück auf seiner Flucht Haken und Widergänge einlegt. Während der alte erfahrene Hund diese Knoten zu entwirren trachtet und, wenn er nicht weiterkommt, mit größeren Radien Bogen schlägt, bis er den Abgang des Stückes gefunden hat, bringen Haken und Widergänge den unerfahrenen Hund u. U. in große Verlegenheiten, da er diese überschießt.

Beginnt auch der unerfahrene Nachsuchenhund Bogen zu schlagen, was er aus Naturveranlagung heraus machen sollte, so lassen wir ihn am langen Riemen voransuchen, auch wenn es mitunter bis zur halben Stunde dauert, ehe wir auf den Abgang des Stückes kommen.

Das Schnallen des Hundes, stets als der Weisheit letzter Schluß, geschieht meist dann, wenn der Führer sich der Arbeit seines Hundes nicht mehr sicher ist, da diesem die Erfahrung fehlt, auch dessen Ausbildung nur sporadisch betrieben wurde, also beide noch unerfahren sind. Erfahrene Hundeführer und Hunde wissen sich zu helfen, wenn es durch irgendwelche widrigen Umstände nicht mehr weiterzugehen scheint.

Der erfahrene Führer trägt seinen Hund gerecht ab, schlägt um die Stelle einen Bogen mit etwa 100 m Radius und läßt den Hund voransuchen. Fällt der Hund dabei eine Fährte an, so überzeugt der Führer sich davon, daß es auch die gesuchte Fährte ist.

Findet er Schweiß, so wird ihm die Farbe, bei Trittsiegeln deren Größe und Beschaffenheit Auskunft darüber geben können, ob er die gesuchte Fährte wiedergefunden hat oder nicht.

Fluchtverhalten

Erfahrenen Führern ist bekannt, daß sich laufkrankes Wild im Gebirge gern entlang der Höhenschichtlinien bewegt. Bei Vorderlaufschuß geht das Stück oft noch steilste Hänge hoch, jedoch nie bergab, da ihm der Lauf zum Abstützen fehlt. Umgekehrt flüchten Stücke mit Hinterlaufschuß oft bergab und selten bergauf, da ihnen zum Klettern die Schubkraft des Hinterlaufes fehlt.

Vom Hund hart bedrängtes und schwer krankes Wild wird meist zum tiefsten Geländepunkt flüchten und sich gerne in Wasser stellen. In tieferem Wasser kann das bedrängte Stück den Hund viel leichter abwehren als auf dem Lande, da dieser dort meist bereits schwimmen muß.

Konnte der DD nach einer Hetze das kranke Stück niederziehen, ist es vorteilhaft, wenn er danach den Führer zum Stück ruft

Unangenehmer ist es, wenn z. B. ein Rudel Rot- oder Damwild über eine Wundfährte zieht und dabei Schweißpartikel verschleppt. Findet sich unser Nachsuchenhund hierbei nicht alleine zurecht, heißt es abbrechen. Der Hund wird abgetragen, wir greifen dann etwa 100 m vor und lassen dann vorsuchen. Ein Schnallen wäre auch hier völlig fehl am Platze, da der weniger erfahrene Hund lieber eine frische als eine kalte Fährte arbeitet, zumal diese frischen Fährten anfangs durch das Kreuzen der Wundfährte Schweiß aufweisen können. Schnallen wir den Hund, so wird er also in der Regel der frischen „Rotfährte" folgen. Das Ergebnis ist eine Hetze an gesundem Wild, die uns in unserer Arbeit mit dem Hund ganz gehörig zurückwirft.

Greift unser Hund bei solch einer Hetze möglicherweise sogar noch ein gesundes Stück, in der Regel nur ein schwaches Stück, so sollten wir ihn nicht bestrafen, sondern daran denken, daß wir es waren, die ihn im falschen Augenblick geschnallt und damit die Möglichkeit dazu gegeben haben.

Stellen und Verbellen

Hat der Hund nach erfolgreicher Hetze das Stück stellen können und verbellt es, so ist unsere Aufgabe, dem Hund so schnell wie möglich zu Hilfe zu kommen. Das bedeutet aber nun nicht, daß wir uns bar aller Vorsicht in die Richtung des Standlautes stürzen, um, sowie uns ein Stückchen Decke oder Schwarte zu Gesicht kommen sollte, darauf Dampf zu machen. Wir umschlagen statt dessen den „Bail", um so eine günstige Schußposition zu finden. Daß grundsätzlich der Hundeführer den Fangschuß anzubringen hat, muß vor Antritt der Nachsuche durch klare Anweisungen festgelegt sein. Ein anderer als der Hundeführer hat dann in der Dickung nichts zu suchen.

Beim Angehen des verbellten Stückes muß man auf die Windrichtung achten und sich diesem lautlos und möglichst nur unter Wind nähern, da es sonst nochmals flüchtig werden dürfte, wenn es uns bemerkt. Besteht für unseren Hund keine Gefahr, verbellt er das Stück also aus genügender Entfernung, so versuchen wir in eine günstige Schußposition zu kommen. Wir schießen nur dann, wenn wir sicher sind, daß wir den Hund dabei nicht gefährden. Für den Fangschuß aus unmittelbarer Nähe ist das Flintenlaufgeschoß dem Büchsengeschoß vorzuziehen.

Verkehrsunfälle mit Wild, wie hier, erfordern auch immer eine Nachsuche mit dem Hund

Beim Stellen und Verbellen müssen wir von unserem Hund verlangen, daß er das Verbellen nicht nur zehn Minuten, sondern bis zu einer Stunde lang durchhält. Gerade in Bergrevieren kommt es vor, daß längere Zeit vergehen kann, ehe man zu dem Standlaut gelangt.

Ist man in den Besitz des Stückes gekommen, so trägt man den Hund unter Lob ab und gibt ihm einen Platz außer Sicht des Stückes. Nach Frieß „soll man den Hund nicht beim Aufbrechen zusehen lassen, sonst bricht er das nächste Mal selbst auf!".

Genossenmachen

Das Genossenmachen des Hundes nach Beendigung der Schweißarbeit wird teils befürwortet, teils als mehr oder weniger überholt abgelehnt. Angebracht ist es bei Hunden, die nicht genügend Schneid besitzen, um ein Stück zu verfolgen und zu stellen.

Solche Hunde sollte man entweder mit Schweiß aus der Hand oder einem Stück Milz oder Lunge, aber nicht mit Leber genossen machen. Man muß aber sehr vorsichtig sein, da es zum Anschneiden verleiten kann. Deshalb wird auch empfohlen, den Hund nicht unmittelbar am Stück und nicht mit noch warmem Schweiß genossen zu machen, falls man es nicht überhaupt vorzieht, dem Hund bereits am Stück sein Futter zu verabreichen. Die heutigen Deutsch-Drahthaar sind in der Mehrzahl so gezüchtet, daß sie genügend Temperament besitzen und nicht erst durch das Genossenmachen mit Schweiß oder Wildteilen angeregt werden müssen.

Stöbern

Nicht nur nach Frieß unterscheidet sich das eigentliche Stöbern vom Buschieren grundsätzlich. Im „Hellen" wird buschiert, im „Dunklen" wird gestöbert. In größeren Dickungen kann der Jäger dem Hund kaum folgen, geschweige denn vom Hund hochgemachtes Wild beschießen. Der Hund muß also das Wild herausstöbern und vor den oder die Schützen bringen. Er erfüllt praktisch die Aufgabe eines Treibers. Daß er dabei sichtlaut sein muß, dürfte klar sein. Je weniger Wild auf kleiner Fläche liegt, je größer und unwegsamer die Dickungen sind, in denen das Wild steckt, desto weiter muß der Hund hierbei suchen.

Der Hund, der zum Stöbern verwendet wird, sollte nicht „überjagen", sondern nur in dem Komplex, der durchgedrückt wird, das Wild hochmachen und laut vor die Schützen bringen. Jagt der Hund weit über, so macht er das Wild in anschließenden Treiben gleich mit locker, was wir nicht wünschen. Der stöbernde Hund darf gesundes Wild nur kurz, d. h. bis zu den aufgestellten Schützen, verfolgen. Krankes Wild bildet eine Ausnahme. In der Regel kommt beim Stöbern aber nur gesundes Wild vor.

Der zum Stöbern eingesetzte Hund sollte zu seiner Sicherheit ein Signalhalsband tragen. Das gilt auch für den Einsatz in Straßennähe

In der Prüfungsordnung für Jagdgebrauchshunde steht zum Überjagen: „Hetzt der Hund beim Stöbern ein gesundes Stück Wild weit in andere Revierteile und kommt auch auf Pfiff oder Ruf seines Führers in angemessener Zeit nicht zurück, so ist dies als Fehler zu werten. Ungehorsame Hetzer, die anhaltend selbständig überjagen und erst nach längerer Zeit zurückkehren, genügen nicht den Ansprüchen, die an einen firmen Gebrauchshund gestellt werden müssen. Sie müssen deshalb wegen dauerndem Ungehorsam von der Weiterprüfung ausgeschlossen werden."

Am Ausbilder und Führer liegt es, wenn ein Hund uns und anderen zum Ärger ständig überjagt. Bei einem systematisch ausgebildeten Hund werden wir diese Unsitte kaum feststellen, es sei denn, daß er in der Hand eines ungeeigneten Führers den Appell verloren hat.

Die Ausbildung unseres Hundes im Stöbern kann bereits im ersten Feld erfolgen, wenn die Entwicklung des Hundes und der Ausbildungsstand dies zulassen.

Bei der Ausbildung des Hundes zum Stöbern gibt es zwei Varianten. Bei der ersten wird er auf Sichtzeichen oder Zuruf des Führers aus dessen unmittelbarer Nähe zum Stöbern geschickt. Bei der zweiten legt der Führer ihn in einer gewissen Entfernung von sich am Dickungsrand ab und dirigiert ihn von hier aus durch entsprechende Zeichen.

Die letztgenannte Art erfordert etwas mehr Zeit zur Ausbildung, hat dafür aber erhebliche Vorteile. Hegendorf empfiehlt das Hupen als Einweisungssignal für den Hund. Es entstehen dann keine Verwechslungen, wie sie beim Rufen oder Pfeifen möglich sind. Der Hupruf wird als Aufforderung zum Stöbern vom Hund sehr schnell begriffen und leicht von anderen Ruf- oder Pfeifsignalen unterschieden.

Sehr erleichtert wird die Ausbildung, wenn ein perfekter Stöberer zur Verfügung steht, der dem jungen Hund „vormacht", wie er sich in der Dickung zu verhalten hat. Eine Schonung oder Dickung mit Kaninchen oder Hasen muß allerdings zur Verfügung stehen, denn ohne Wild wird man keinen Hund im Stöbern ausbilden können. Große geschlossene Waldpartien mit viel Rehwild eignen sich nicht zur Einarbeit.

Auf keinen Fall dürfen wir die Kontrolle über unseren Hund verlieren und müssen ihn ständig in der Hand haben, was nicht immer einfach ist, da man ihn ja nicht sieht. Der Deutsch-Drahthaar weiß oft seinen Herren besser einzuschätzen als dieser ihn und treibt es bei einem allzu nachlässigen und nachsichtigen Führer dann leicht weiter, als es diesem lieb ist. Bei der Ausbildung im Stöbern wirkt sich Nachgiebigkeit des Führers und Ausbilders auf jeden Fall negativ aus.

Am besten eignet sich für die Ausbildung ein Feldgehölz, eine isolierte Waldparzelle oder eine Remise, die sich leicht überblicken lassen und uns eine genaue Kontrolle der Arbeit des Hundes ermöglichen. Schon am Laut des Hundes können wir bald feststellen, was er jagt. Der Laut hinter Kaninchen und Hase wird hell klingen, an stärkerem Wild wie Dam-, Rot- und Schwarzwild dumpfer. Auch Hetzlaut und Standlaut lassen sich gut unterscheiden. Der Hetzlaut ist heller und wird entsprechend der hin- und hergehenden Hetze von verschiedenen Stellen des Gehölzes ertönen, der Standlaut ist dagegen tiefer und meist an eine Stelle gebunden.

Buschieren

Buschieren heißt in übersichtlichem Gelände „unter der Flinte" suchen. Für die ersten Arbeiten wählen wir Blößen mit nicht zu hohem Bodenbewuchs, so daß die Möglichkeit besteht, den Hund immer unter Sichtkontrolle zu haben. Um unseren Hund auf die neue Arbeit einzustellen, lassen wir ihn sich erstmal in der Suche entwickeln, ohne aufstehendes Wild gleich zu beschießen. Wir fördern also die Suche und festigen dabei den Gehorsam am Wild durch Trillerpfiff.

Buschieren unter der Flinte

Sollte der Hund dabei einmal mit einem Hasen abgehen, so erwarten wir ihn ruhig und erteilen ihm dann die Lektion „Down vorwärts". Erst wenn Suche und Gehorsam am Wild zufriedenstellend sind, versuchen wir ein Stück Wild zur Strecke zu bringen. Erst auf unseren Zuruf darf der Hund apportieren. Aus erzieherischen Gründen lassen wir deshalb eine gewisse Zeit zwischen dem Schuß und der Aufforderung zum Apportieren vergehen.

Genau wie im Feld lassen wir unseren Hund beim Buschieren gegen den Wind suchen. In etwas dichterem Bestand wird er langsamer suchen müssen, um nichts zu überlaufen.

Das beim Buschieren geschossene Wild hat der DD seinem Führer zuzutragen

Anfangs üben wir das Buschieren mit unserem Hund allein, später soll er auch für mehrere Schützen arbeiten. Die Mitschützen müssen zumindest während der Ausbildungszeit sehr sorgfältig ausgewählt werden und Verständnis für die Erstlingsarbeiten unseres Hundes aufbringen. Sie sollen sichere Schützen sein und nur so weit in die Abrichtung unseres Hundes eingreifen, daß sie dem zur Verfolgung ansetzenden Hund ein „Halt" oder „Down" zurufen. Mehrere Hunde während der Ausbildung nebeneinander arbeiten zu lassen ist nicht zu empfehlen. Der Jagdneid untereinander veranlaßt sie zum Einspringen und zu Ungehorsam.

Wasserarbeit

Zur Arbeit im Wasser gehört ebenso wie zur Schweißarbeit eine dementsprechende Passion. Man nennt diese Passion „Wasserfreudigkeit" und sollte bemüht sein, diese erwünschte Anlage von klein auf zu wecken und zu fördern (siehe Kap. Übungsangel).

Das Vertrautmachen unseres Deutsch-Drahthaar mit dem nassen Element kann schon sehr frühzeitig im Welpenalter erfolgen, so daß der junge Hund gegen Ende des Jahres fleißig mit den älteren Hunden um die Wette im Schilf stöbert und auch im Ausbildungsstand so weit ist, daß er uns eine Ente aus tiefem Wasser bringt.

Das allmähliche Kälterwerden des Wassers macht einem passionierten

Hund wenig aus. An uns liegt es, ob diese Arbeit im kalten Wasser unserem Hund gesundheitlich schadet oder nicht. Geben wir ihm nach der Wasserarbeit die Möglichkeit, sich gleich wieder trocken zu laufen, und sperren ihn nicht unabgetrocknet in Zwinger oder Auto, so wird die Wasserarbeit unserem Deutsch-Drahthaar auch bei kalter Witterung nicht schaden. Besser noch ist es, den Jagdhund in der kalten Jahreszeit nach der Wasserarbeit abzutrocknen (Handtuch). Das hat nichts mit Zimperlichkeit zu tun, sondern ist eine Maßnahme, die passionierten Wasserarbeitern das Leben zu verlängern hilft.

Gemeinsam wird der Übergang vom flachen zum tiefen Wasser schnell überwunden

Bei Welpen im Alter von acht bis zehn Wochen kann man beobachten, daß sie ihrer Mutter unbedenklich in das nasse Element nachfolgen und sogar im tiefen Wasser ihre ersten Schwimmversuche wagen. Dabei sollte man aber auch darauf achten, daß das Gewässer ohne Strudel, hindernde Schlingpflanzen und steile Ufer ist, damit die kleinen Burschen unbeschadet wieder das Wasser verlassen können. Bei diesen frühzeitig an das Wasser gewöhnten Deutsch-Drahthaar werden wir bei der späteren Ausbildung im Wasser wenig Arbeit haben. Es ist auf jeden Fall vorteilhaft, wenn wir diese Anlage bereits im ersten Lebensjahr sich entwickeln lassen.

Ab Monat Mai bis meist in den Oktober hinein ist das Wasser so warm, daß es häufig sogar uns, also noch viel mehr unseren Hund zum Baden verlockt. Gewöhnen wir unseren Deutsch-Drahthaar erst an das nasse Element, so wird für ihn danach das Schwimmen, also der Aufenthalt im tiefen Wasser und im Schilf, etwas sehr Erfreuliches sein. Der Übergang vom flachen zum tiefen Wasser, vom Laufen zum Schwimmen bereitet manchmal Schwierigkeiten. Ist dieses Stadium erst überwunden, so haben wir gewonnen.

Im Zusammensein mit einem erfahrenen wasserfreudigen Hund geht dieser Übergang fast unbemerkt vonstatten, zumal wenn wir noch Wasserpartien aussuchen, in denen die Hunde auf Bleßhühner stoßen. Hierbei sollte man es dem Hund gleich angewöhnen, unsere richtungweisende Armbewegung zu befolgen, ein

Sichtzeichen, das er ja bereits von der Einarbeitung auf dem Feld her kennt. Den Hund durch Steinwürfe in eine bestimmte Richtung zu dirigieren ist nur bedingt anzuwenden, da es ihn zur Arbeit aufs Auge bzw. aufs Gehör verleitet.

Steht uns kein älterer Hund zur Verfügung, so müssen wir unter Umständen selber mit gutem Beispiel vorangehen. Für die Vorarbeit genügen Gummistiefel, doch zur Arbeit im tiefen Wasser, zum Schwimmen müssen wir die Badehose auspacken. Bisher hat noch jeder Deutsch-Drahthaar nach einer dieser beiden Methoden schwimmen „gelernt" und wurde so auch ohne Gewaltanwendung mit dem tiefen Wasser vertraut.

Die Methode, den Hund durch eine endlose Leine, die am anderen Ufer eines möglichst mehrere Meter breiten und etwa einen Meter tiefen Baches oder Flußlaufes angebracht ist, an das Wasser und an das Schwimmen zu gewöhnen, ist nicht empfehlenswert. Ebenso ist ein Hineinwerfen des Hundes in das tiefe Wasser, um ihm das Schwimmen beizubringen, unbedingt falsch. Derart behandelte Hunde werden lediglich wasserscheu, und es kostet später sehr viel Mühe, aus ihnen wasserfreudige Hunde zu machen.

Sollte wider Erwarten der junge Hund im tiefen Wasser anstatt vorwärts zu schwimmen, nur mit den Vorderläufen „wassertreten", muß er stützend unter den Bauch gefaßt und vorwärts geschoben werden.

Anfangs lassen wir den Hund eine Ente oder ein Bleßhuhn eräugen und ihnen dann folgen. Später wird er bei vorhandener Passion nur noch auf das Geläuf beziehungsweise auf die Schwimmspur angesetzt, um dann zuletzt nur noch auf unsere Armbewegung hin in der angegebenen Richtung zu stöbern. Es muß eine Selbstverständlichkeit sein, daß zu jeder Arbeit im Wasser die Halsung abgenommen wird.

Da wir aber nicht nur einen Hund für die Arbeit vor dem Schuß haben möchten, sondern uns seiner speziell nach dem Schuß bedienen wollen, müssen wir nach Vertrautsein unseres Deutsch-Drahthaar mit dem nassen Element an das Apportieren aus tiefem Wasser denken.

Das Apportieren des dem Hund bekannten Apportierbocks aus flachem Wasser, wobei wir von Anfang an auf sauberes Abgeben ohne vorheriges Schütteln achten, leitet diese Übung ein. Sitzt diese Übung (die auch am Riemen geübt werden kann, um ein unnötiges Herumspielen vermeiden und das schnelle Herankommen erzielen zu können), so werfen wir den Apportierbock in tieferes Wasser, aus dem unser Hund nur schwimmend apportieren kann. Bei vorheriger Gewöhnung auch an das tiefe Wasser werden hierbei keine Schwierigkeiten zu erwarten sein.

Das Bringen aus tiefem Wasser wird hier mit dem Apportierbock geübt

Ebenso wie im Feld lassen wir unseren Hund auch im Wasser möglichst immer gegen den Wind suchen, damit ihm die Wildwitterung entgegengetragen und von ihm wahrgenommen werden kann. Unser Hund wird dabei auch bei der Wasserarbeit zum Stöbern unter Wind in Schilf und Röhricht geschickt. Hat er bereits Erfahrung im Stöbern, wird er häufig erst am Ufer unter Wind revieren, bis ihm seine Nase sagt, wo Enten sind, und er zum Stöbern das Wasser annimmt.

Die Verfolgung einer Schwimmspur auf blankem Wasser setzt eine gute Nase voraus und bedeutet intensive Arbeit des Hundes. Nicht immer läßt sich die Wasserarbeit so einrichten, daß der Hund sich am Ufer unter Wind befindet. Es kann ebenso gut vorkommen, daß der Wind vom Ufer zum Wasser hin steht. Der Hund muß also auf Einweisung auch ohne vorherige Entenwitterung willig im Schilf stöbern. Daß der Hund bei ablandigem Wind am inneren Schilfrand stöbert und so wieder unter Wind arbeitet, setzt voraus, daß er erst ohne Witterung, nur auf Weisung seines Führers, Schilf und tiefes Wasser annimmt.

Das Stöbern ohne Ente in dichtem Schilf und tiefem Wasser ist dem jungen Hund anfangs sehr schwer beizubringen. Sein Interesse an dieser Arbeit wird erst geweckt, wenn er dabei die Erfahrung macht, daß er, auch wenn er im Augenblick ohne direkte Witterung ins Wasser geht, am Ende doch Stöberarbeit hinter Ente oder Bringearbeit an Ente bekommt. Hierbei kann bei ablandigem Wind das Hineinwerfen einer toten Ente oder eines anderen Wasservogels in dichtes Schilf und das Apportieren durch unseren Hund die Arbeit ebenso fördern wie das Einsetzen lebender Enten (dabei ist die Richtlinie des JGHV über die Wasserarbeit strikt einzuhalten) unter gleichen Bedingungen. Auch hierbei veranlaßt erst die Erfahrung den Hund zu williger Arbeit beim „Stöbern ohne Ente".

Versuchen wir anfangs die Freude an der Wasserarbeit über den Greifwillen zu wecken, so daß unser Hund starkes Interesse für Schilfwasser und Wasserwild zeigt und mit Bravour Schilf und tiefes Wasser annimmt, so sind in der Praxis jedoch diejenigen die besten Wasserhunde, die ohne zu zögern und geschmeidig wie ein

Otter, also ohne großen „Plumps" ins Wasser gehen. Ruhige und sichere Nasenarbeit ist auch hier Trumpf.

Das Bringen einer geflügelten Ente geschieht mit weichem Griff

Beim Aufgang der Entenjagd versuchen wir das Können unseres Hundes erst an leichten Gewässern, die nicht zu hohe Anforderungen im Stöbern und im Bringen aus dichtem Schilf stellen. Wir richten dabei unser Augenmerk mehr auf unseren Hund und seine Arbeiten als auf vieles Schießen!

Der abendliche Entenstrich verlangt von unserem Hund Schußruhe, da wir ihn nicht nach jedem Treffer, sondern erst nach Schwinden des Tageslichtes zum Apportieren auffordern. Geflügelte Enten können sich auch am Ufer verkrochen haben, so daß unser Hund auch dort noch einmal nachschauen muß. Gerade bei geflügelten Enten gilt es, auf vorschriftsmäßiges Abgeben zu achten. Schüttelt sich der Hund vorher das Wasser aus dem Pelz, so hat die dazu abgelegte Ente beste Gelegenheit zu flüchten.

Bei Ausübung der Entenjagd an Flußufern wird es oft erforderlich sein, unseren Hund auch an das andere Ufer zu schicken und ihn dort auf dem Lande nach geschossenen Enten suchen zu lassen. Sieht der Hund die Ente herunterfallen, so ist es meist recht einfach, da er sich dann in die entsprechende Richtung begeben wird. Hat er die herabfallende Ente jedoch nicht geortet, wird es meist sehr schwierig, da er unsere Armbewegung und den entsprechenden Zuruf nur als Aufforderung zur Suche im Wasser des jenseitigen Uferrandes, nicht aber zur Suche auf dem Trockenen auffassen wird.

In diesem Fall wird uns, wollen wir nicht selbst ins Wasser gehen oder eine Brücke suchen, nichts weiter übrigbleiben, als den Hund durch Werfen von Steinen an Land und an die ungefähre Stelle zu dirigieren, wo die Ente liegen müßte. Nach einigen

Wiederholungen wird es keines Steinwurfes mehr bedürfen, da der gelehrige Deutsch-Drahthaar nunmehr unsere Aufforderung richtig zu deuten weiß.

Feldarbeit

Zusammenfassend seien die einzelnen Aufgaben angeführt, die wir von unserem Deutsch-Drahthaar für die Feldarbeit verlangen müssen: Um Wild zu finden, hat unser Hund eine flotte, ausdauernde Quersuche zu zeigen und den richtigen Gebrauch seiner Nase zu beweisen, gesundes Wild fest und sicher vorzustehen, ohne Hast nachzuziehen, Gehorsam am Haarwild zu zeigen, den Schuß mit Platzlage zu quittieren, auf Zuspruch Spur oder Geläuf zu arbeiten und das erlegte Wild ordnungsgemäß zu finden, zu bringen und abzugeben.

Zuerst werden wir uns der Hühnerjagd widmen. Da die Hühnerjagd als klassische Feldjagd mit der Suche beginnt, wollen wir diese anschließend einer näheren Betrachtung unterziehen.

Nach vorschriftsmäßigem Sitzenlassen unseres Hundes, wozu nun kein Hör- oder Sichtzeichen mehr, sondern nur unser Stehenbleiben nötig ist, lösen wir diesen von der Führerleine. Erst auf unseren Zuspruch „Such voran, mein Hund", wobei unsere Armbewegung die Richtung angibt, in die er suchen soll, beginnt der Hund mit der Suche.

Anfangs werden wir unseren Hund nur gegen den Wind suchen lassen, wobei wir darauf achten, daß das Wenden jeweils auch nur in den Wind hinein geschieht. Da wir aber nicht endlos nur in eine Richtung laufen können, müssen wir diese auch einmal ändern. Gerade bei der Suche mit schlechtem Wind zeigt aber der erfahrene und selbständig suchende Deutsch-Drahthaar sein wahres Können.

Schon bei der vorbereitenden Führung im Feld haben wir die Suche unseres Hundes dahingehend beeinflußt, daß er nicht stichgerade in den Wind sucht, sondern in der Quersuche den Wind schneidet und so entschieden mehr Feld nimmt.

Von einem Jagdgebrauchshund müssen wir mehr verlangen als von dem Junghund. Wir lassen deshalb unseren Hund, dessen Benehmen am Wild wir ja kennen und der gelernt hat, auf Trillerpfiff Gehorsam zu zeigen, ruhig Feld nehmen. Dann lassen wir etwa 100 m rechts und links von uns und etwa 10 bis 30 m vor uns suchen. Bei dieser Suche stören wir ihn so wenig wie möglich und rufen ihn nur dann ab, wenn die Suche zu flüchtig ist oder zu weit geht. Ein Hund, der ständig in seiner Suche durch Hör- und Sichtzeichen unterbrochen wird, kann sich keinen flüssigen Suchenstil aneignen.

Die Quersuche unseres Hundes wird von ihm nur dann unterbrochen, wenn er Witterung in die Nase bekommt. Hat ihm der Wind „Luftwitterung“, d. h. direkte Wildwitterung, zugetragen, so zeigt das der Vorstehhund meist mit hoher Nase an, wobei er in der Regel den Kopf erhebt und in Richtung der Witterung verharrt, also vorsteht. Im Unterschied dazu wird er als erfahrener Hund indirekte Witterung, z. B. Spurwitterung, nur markieren, da er weiß, daß hier lediglich Wild da war, das bereits wieder weiter ist.

Die Suche unseres Deutsch-Drahthaar soll nicht zu schnell, aber flott, planmäßig und ausdauernd sein. Sie ist um so höher zu bewerten, je mehr sie sich dem Gelände und dem Wind anpaßt und erkennen läßt, daß ihre Schnelligkeit mit der Güte der Nase im Einklang steht.

Bei Ausübung der Hühnerjagd wird unser Hund in der Regel kein Einspringen und keine Schußhitze zeigen, sondern so lange vorstehen, bis wir heran sind. Wir nähern uns in ruhigem Tempo dem vorstehenden Hund stets von hinten, rufen ihm noch ein langgezogenes „Hüüüt“ oder „Wahr dich“, beim Nachziehen ein „Langsam“ zu, und lassen den Hund „Halt“ machen, um dann selber die Hühner herauszutreten. Wir geben auch nicht jedesmal, sondern nur bei günstiger Schußposition, ein oder zwei Schüsse ab und lassen den Hund nach dem Schuß eine geraume Weile liegen, ehe wir ihn zum Bringen auffordern.

Können wir hingegen nicht erwarten, an den Hund und an die Hühner heranzukommen, eilen also im Geschwind- oder Laufschritt zum Hund und schießen, sobald sich nur ein Huhn blicken läßt, möglichst gleich zweimal, und lassen den Hund nach dem Motto „Schuß los, Hund los“ gleich ohne Aufforderung apportieren, so ist es kein Wunder, wenn der Hund, von unserer Aufregung angesteckt, schußhitzig wird und einspringt.

Beim Ausüben der Hasenjagd als Suchjagd wird sich der bisher auf Hühnerwitterung eingestellte Hund erst umstellen müssen. Wir wenden uns zu diesem Zweck einem Revierteil zu, in dem kaum Hühner, dafür aber um so mehr Hasen vorkommen. Unser Hund wird sich dann recht schnell umstellen können, zumal, wenn wir erst einige Hasen vor ihm erlegt haben.

Um aber unseren Hund nicht gleich in Versuchung zu führen, bemühen wir uns, den ersten Hasen möglichst mit sicherem Schuß rollieren zu lassen. Wollen wir noch mehr zur Beruhigung unseres Hundes tun, so lassen wir ihn in Platzlage liegen und nehmen selbst den Hasen auf, um ihn zu versorgen.

Den nächsten abgehenden Hasen lassen wir unbeschossen, widmen aber dafür unsere ungeteilte Aufmerksamkeit dem Benehmen unseres Hundes. Falls er Anstalten zu einer

Hetze machen sollte, wird ihn unser Trillerpfiff und bei Nichtgehorsam das „Down vorwärts" eines Besseren belehren.

Bis hierher kam er noch! Die Wundspur führte den DD zum verendeten Hasen. Um das Vbr-Leistungszeichen zu erhalten, muß eine solche Arbeit mindestens 300 Meter weit sein

Den dritten Hasen lassen wir wieder rollieren – und erst nach einer Weile von unserem Hund bringen. Dabei sollte man möglichst nur ganz sichere Schüsse anbringen, um eine Spurarbeit mit eventuellem Hetzen zu vermeiden. Da es aber für „ganz sichere Schüsse" keine Garantie gibt, ist ein erfahrener Jagdgebrauchshund mitzuführen, der die schwierigen Arbeiten übernimmt.

Erstlingswundspurarbeiten auf Hasen sollen, wie auch die Erstlingsarbeiten auf der Wundfährte, mit einem sichtbaren Erfolg für unseren Hund enden. Deshalb wählen wir diese Arbeiten so aus, daß der Erfolg auch mehr oder weniger garantiert ist.

Um unserem Hund die nötige Ruhe nach dem Schuß und bei flüchtigen Hasen beizubringen, nehmen wir ihn auch zur Feldtreibjagd mit. Schon die ganze Umgebung, die vielen Menschen sowie andere Hunde bringen unseren vierläufigen Begleiter in erregte Stimmung, die noch steigt, wenn es mit dem ersten Treiben losgeht.

Vorsorglich behalten wir den Hund an der Führerleine zu unserer Linken und widmen unsere Aufmerksamkeit in erster Linie ihm und seinem Benehmen, in zweiter Linie erst den uns anlaufenden Hasen. Unser Handwerkszeug ist entweder das Metallhalsband oder eine leichte Gerte, man kann aber auch beides anwenden. Der Hund nimmt uns in diesem Zustand der inneren Erregung den kräftigen Ruck an der Halsung sowie einen zünftigen Jagdhieb nicht groß übel, beides dürfte aber zur Beruhigung beitragen.

Das Schießen und die im Treiben herumflitzenden Hasen dürften sich auf unseren vierläufigen Begleiter nicht so ungünstig auswirken wie etwa ein im Kessel laut hetzenden Hund. Hier zeigt es sich, ob wir unseren Jagdgefährten zu Ruhe und Gehorsam erzogen haben. Die Rufe unserer Nachbarn, die einen Hasen krankgeschossen zu haben glauben, dürfen uns auf keinen Fall veranlassen, den jungen Hund auf Sicht zu schnallen, denn unsere ganze bisherige Erziehungsarbeit wäre damit in Frage gestellt. Wahrscheinlich werden einige unserer Nachbarn das nicht einsehen, da sie von Hundeerziehung und -führung nichts verstehen. Sie sollten sich lieber selbst einen Hund halten, statt von anderen zu verlangen, daß diese sich ihre in Ausbildung befindlichen Hunde verderben.

Um in unserem Hund die Aufregung der Treibjagd abklingen zu lassen, ist zur Nachsuche die Riemenarbeit angebracht. Die Freisuche auf der Wundspur kommt zu einem späteren Zeitpunkt immer noch zurecht. Daß wir bei der Nachsuche unseren Hund immer wieder zur Suche mit tiefer Nase anregen, ihn beim richtigen Halten der Wundspur loben (eine Kontrolle unsererseits ist bei leichtem Akker oder bei Schneedecke durchaus gegeben), ist für den Ausbilder und Führer eines Jagdgebrauchshundes eine Selbstverständlichkeit.

Saugatter

Um den Sauen beizukommen, deren Bestände sich nicht nur durch den verstärkten Maisanbau beträchtlich vermehrt hatten, wurden in der ehemaligen DDR die Staatlichen Forstwirtschaftsbetriebe beauftragt, Saugatter anzulegen. Die Größe der Gatter wurde vorgeschrieben; sie betrug von 0,75 bis 1,50 ha. Ein Drittel mußte davon aus Dickung und zwei Drittel aus Einsichtflächen bestehen. Nicht angeordnet war die Anlage einer Suhle, die je nach Bodenbeschaffenheit allein durch Wasserzufuhr oder aber künstlich begründet wurde und zum Wohlbefinden des Schwarzwildes im Gatter beitrug. Die Stärke der Gattersau war mit etwa 30 bis 60 kg vorgeschrieben.

Das Verhalten des Jagdhundes an Schwarzwild wurde als Zusatzprüfung in die Gesamtprüfungsordnungen aufgenommen, ebenso wie vordem das Verlorenbringen auf natürlicher Wundspur, die Bringetreue am Fuchs etc. Bei der Prüfung waren drei Richter zugegen.

Um die Prüfung durchzuführen, mußten mindestens drei Nennungen vorliegen. Jeder Hund wurde einzeln geprüft. Dem Hundeführer wurde es gestattet, bis zu fünf Meter mit dem Hund in das Gatter zu gehen und seinen Hund zur Suche zu schicken. Danach hatte er das Gatter zu verlassen und sich völlig ruhig zu verhalten. Der Hund mußte innerhalb von zehn Minuten Schwarzwild finden, es verbellen, Angriffen ausweichen, Distanz halten und in ständiger Bindung zum Stück bleiben. Die Arbeit soll mindestens 2,5 Minuten, aber nicht länger als fünf Minuten betragen.

Angriffen soll der DD geschickt ausweichen, Distanz halten und in ständiger Bindung zum Stück bleiben.

Die Höchstnote erhielt der Hund, welcher nach dem Finden der Sau ständig am Stück blieb, es durch laufendes Bedrängen aus der Dickung drückte, das Stück wieder stellte und damit band, wobei er Laut zeigen mußte. Eine geringere Bewertung erhielt der Hund, der zwar die Sau aus der Dickung drückte, sie aber nicht binden konnte. Noch geringer wurde die Bewertung, wenn der Hund das Stück nur verbellte, ohne es aus der Dickung zu drücken. Die Mindestnote erhielten Hunde, die von vornherein mehrfacher Aufforderung zur Suche bedurften oder mehrmals zum Hundeführer zurückkamen und erneut geschickt werden mußten. Nicht benotet wurden Hunde, die innerhalb der zehn Minuten nicht zum Stück fanden, weniger als 2,5 Minuten am Stück arbeiteten oder keinen Laut gaben.

Da der Schütze in der jagdlichen Praxis das in der Dickung anwechselnde Wild kaum sehen kann, sind stumm jagende Hunde zum Stöbern nicht geeignet. Sicht- bzw. Spurlaut ist also notwendig, damit der Schütze auf das ankommende Wild rechtzeitig aufmerksam wird.

Die mit dem Saugatter gegebene Möglichkeit, Jagdhunde unter Aufsicht mit dem wehrhaften Schwarzwild bekannt zu machen, sie für diese Wildart zu interessieren und so für die jagdliche Praxis vorzubereiten, ist jetzt aus Gründen des Tierschutzgesetzes untersagt. Das ist sehr bedauerlich, da die überhöhten Schwarzwildbestände reduziert werden müssen, was ohne den Einsatz von an Schwarzwild erfahrenen Jagdgebrauchshunden erheblich erschwert wird.

Die Korrektur erworbener Untugenden

Ein Welpe im Alter von zehn bis zwölf Wochen, also in einem Alter, in dem wir ihn meist vom Züchter übernommen haben, bringt noch keine erworbenen Untugenden mit, die eignet er sich erst später bei uns an. Kaufen wir uns aber einen „völlig rohen Hund" von etwa zwölf oder gar noch mehr Monaten, so muß man schon mit einigen Überraschungen rechnen. Haben wir nicht die Zeit, einen Vorstehhund selber abzuführen, dafür aber das Geld, uns einen fertig ausgebildeten Hund zu kaufen, so können wir auch bei diesem noch Pannen erleben, obwohl der Hund seine Leistungen auf öffentlichen Prüfungen nachwies und uns außerdem vorgeführt wurde.

Mit dem letzten Satz soll nun nicht etwa gegen den Kauf eines fertig abgeführten Deutsch-Drahthaar Stellung genommen, sondern nur zum Ausdruck gebracht werden, daß selbst fertig abgeführte Jagdgebrauchshunde bei Führerwechsel und späterer unsachgemäßer Führung sich noch Fehler aneignen können, die ihren Gebrauchswert stark beeinträchtigen oder sogar völlig in Frage stellen. Schuld daran hat nicht der Züchter oder Ausbilder, sondern einzig und allein der Käufer.

Der schußhitzige Deutsch-Drahthaar

Eine sehr häufige Untugend ist die Schußhitzigkeit des Hundes. Schuld daran haben wir in der Regel selber. Sie wird in erster Linie bei Hunden auftreten, die im Feld geführt werden und deren Passion eifrigst geweckt und gefördert wurde. Die liebste Wildart sind dem Hund im Feld die Hasen und die Rehe, weniger die Fasanen oder die Hühner. Im Wald ist es das Rehwild, dem die ganze Passion gilt, zumal wenn er Erfolg im Greifen und Niederziehen hatte. Zum Anschneiden ist es dann nicht mehr weit.

Ursache, und die zu wissen ist wegen der Korrektur unbedingt nötig, ist in der Regel die Unsitte des sofortigen Schnallens des Hundes auf sichtiges Wild nach Abgabe des Schusses. Sei es, daß man selbst geschossen hat oder der Nachbar einem zum sofortigen Schnallen aufforderte. Haben wir das drei-, viermal praktiziert, führen wir einen schußhitzigen Jagdhund am Riemen, der auf jeden Schuß, auf jedes sichtige Stück Wild einspringen wird. Außerdem besteht die Gefahr, daß wir selbst mit umgerissen werden oder uns der Schuß verrissen wird.

Um der Schußhitzigkeit Herr zu werden, heißt es mit den Übungen „Schußruhe", dem „Verhalten auf dem Stand", dem „Ablegen unter Abgabe von Schüssen" und dem „Benehmen vor eräugtem Wild" wieder von vorn zu beginnen.

Korrektur der Schußhitzigkeit

Zur Korrektur der Schußhitzigkeit nehmen wir den Deutsch-Drahthaar an die Führerleine und begeben uns in den wildreichsten Teil des Jagdreviers. Nach Möglichkeit lassen wir uns von einem Jagdkameraden begleiten, der eine Schußwaffe mit sich führt, damit wir uns voll und ganz auf den Hund konzentrieren können. Bevor wir mit den Übungen beginnen, bekommt unser Hund das Metallhalsband angelegt. Auf den Schuß, den am besten der Jagdkamerad auf unser Zeichen hin abgibt, ziehen wir den Hund unter dem Zuruf „Halt" oder „Down" mit dem Riemen, der unter dem Steg unseres Schuhes oder Stiefels entlangläuft, ruckartig zu Boden und achten auf vorschriftsmäßige Lage, Kopf zwischen den Vorderläufen am Boden.

Vier- bis fünfmalige Wiederholungen werden nötig sein, ehe diese Übung wieder sitzt. Wenn notwendig, werden weitere Übungen angehängt, bis unser Zuruf korrekt ausgeführt wird. Dann gehen wir, den Hund an der Leine, über die Felder. Abgehende Hasen werden „blind" beschossen, wobei wir die „Halt"-Lage eisern weiterüben.

Die nächste Stufe bildet die Suche an der langen Feldleine, jedoch muß das nicht am selben Tag geschehen.

Mit dem Schnallen des Hundes warten wir auf jeden Fall noch. Wir versuchen erst an Treib- oder Drückjagden teilzunehmen, bei denen viel geschossen wird. Treibjagden auf Hasen eignen sich dazu am besten. Wir selbst werden dabei wenig zu Schuß kommen, uns dafür aber um so mehr unserem Hund und dessen vorschriftsmäßigem Verhalten widmen. Sowie unser Hund Anstalten zum Einspringen macht, wozu die ganze Atmosphäre bei der Treibjagd nur zu schnell verleitet, erfolgt die Haltlage unter Zwang.

Sind wir in der Durchführung der Übungen konsequent und geben dem Hund auch außerhalb der Korrekturübungen keine Gelegenheit, in alte Fehler zurückzufallen, sei es im Feld oder Wald, so dürfte sich der Erfolg bald einstellen. Wir können es uns dann auch erlauben, den Deutsch-Drahthaar im Feld wieder frei suchen zu lassen. Quittiert unser Hund aufstehende Hasen auf unseren Trillerpfiff hin nicht sofort mit „Halt", trillern wir nicht erst mehrmals, sondern erwarten die Rückkehr des Hundes, um dann das Vorwärtskriechen bis zu der Stelle zu üben, wo der Gehorsam versagt wurde. Den Strafschuß anzuwenden ist aus Tierschutzgründen generell verboten. (Siehe auch den Abschnitt Teletakt-Impuls-Gerät.)

Die Schußhitzigkeit ist eine Vorstufe zu zügellosem Hetzen, sie führt zur Harthörigkeit, verleitet zum Quetschen oder Knautschen des Wildes. Beseitigen wir die Schußhitzigkeit, so wird uns auch das Abstellen der Harthörigkeit sowie das Quetschen oder Knautschen keine Schwierigkeiten mehr bereiten.

Harthörigkeit

Der Harthörigkeit gehen wir in einem umzäunten Grundstück zu Leibe. Auf unseren leisen Pfiff hin – dem bekannten Ton zum Hereinkommen – hat der Deutsch-Drahthaar sofort zu wenden und zu uns zu kommen. Tut er es nicht, setzen wir ihm mit der Steinschleuder oder der Wurfkette eins auf seine Decke. Wir pfeifen anfangs nur dann, wenn wir Gewißheit haben, unser Strafmittel bei Ungehorsam wirkungsvoll anbringen zu können. Die Übung wird dann ins Freie verlegt. Sämtliche bisher geübten Zurufe werden durchexerziert, wobei wir nur leise Hörzeichen geben, aber desto strenger auf sofortige Ausführung achten. Das „Halt-vorwärts" als bewährtes Strafmittel wird keine Handscheue hervorrufen und dennoch unseren Hör- und Sichtzeichen den nötigen Nachdruck verschaffen.

Bei Harthörigkeit ist auch der Einsatz des Impuls-Gerätes möglich, seine Anwendung jedoch sollte nur mit Unterstützung darin erfahrener Ausbilder erfolgen.

Quetschen und Knautschen

Das Quetschen und Knautschen des Wildes, hervorgerufen durch Schußhitzigkeit mit Einspringen oder dem Greifen geflügelten Federwildes, kann sich bereits durch Beseitigen der Ursachen oder beim Zwangsapportieren wieder geben. Ruhe nach jedem Schuß ist oberstes Gebot. Sollte der angeleinte Hund nach dem Schuß losstürmen wollen und obendrein Laut geben, wird er niedergetrillert.

Nervenschwache, leicht erregbare Hunde kauen allein schon aus Nervosität auf dem Wild herum. Solchen Exemplaren das Quetschen und Knautschen abgewöhnen zu wollen, hat in den wenigsten Fällen Erfolg. Ein Hilfsmittel, um diese Übel zu beseitigen, ist der Teleboc (siehe Abschnitt Teleboc). Mit ihm kann man den aufgesteckten Bringbock mit einem lauten Knall (einer Treibladung) in die Luft schießen. Um das Wegfliegen des Bringbockes für den Hund jagdnahe zu gestalten, umkränzt man den Bock mit möglichst langen weißen Hühner-, Enten- oder Gänsefedern, die mit Klebeband befestigt werden. Der Hund hat nach dem Abschuß ruhig neben seinem Ausbilder zu sitzen, ehe er nach etwa zwei bis drei Minuten geschnallt wird. Aber auch dann darf er nicht gleich davonstürmen, sondern erst auf den Zuruf „Apport".

Der schußscheue Hund

Das Gegenteil des schußhitzigen Hundes haben wir in dem schußscheuen Hund. Dieser Mangel ist ebenfalls meist durch falsche Ausbildung erworben worden, häufig sind solche Drahthaar jedoch auch nervlich belastet.

Da man mit einem schußscheuen Hund keine Jagd ausüben kann, ist das natürlich ein gravierender Fehler, dem auch große züchterische Bedeutung beigemessen wird. Schon alleine eine auf der VJP festgestellte leichte Schußempfindlichkeit genügt, um diesen Deutsch-Drahthaar lebenslänglich von der Zucht auszuschließen.

Schußscheue ist auch ein Teil des Wesens des Hundes, von dem wir wissen, daß das Angeborene und das in der Umwelt Erworbene eine unauflösbare Einheit bilden. Daß man Schußscheue wieder abbauen kann, ist bekannt. Hier sollen Wege dazu aufgezeigt werden, da ein schußscheuer ebenso wie ein schußempfindlicher Hund keine Verbandsprüfung bestehen kann (siehe auch den Abschnitt „Das Prüfungswesen").

Als erstes müssen wir den Hund an den Knall gewöhnen. Wie bereits schon beschrieben, kann man das auf verschiedene Art und Weise erreichen, nur müssen wir beachten, daß wir es hier mit einem bereits verdorbenen Hund zu tun haben, also nicht mit einem, den wir überhaupt erst an den Schuß gewöhnen wollen.

Unsere Aufgabe besteht darin, unseren Hund, der den Schuß von einer für ihn negativen Seite kennengelernt hat, davon zu überzeugen, daß der Schuß ihm nicht schadet, sondern ihm zu einem jagdlichen Erfolg verhilft. Zuerst müssen wir ihn an den Schußknall gewöhnen.

Während wir unseren angeleinten Hund loben, ihn streicheln und klopfen, lassen wir deshalb in einiger Entfernung anfangs mit dem Luftgewehr schießen. Zeigt unser Hund noch Angst, so muß sich der Luftgewehrschütze noch weiter entfernen. Das Loben und Streicheln wird wiederholt und bei Schußabgabe erhält unser Hund einen Leckerbissen. Wenn der Hund auf den Schuß nicht mehr ängstlich reagiert, wiederholen wir die Übung mit einem Kleinkalibergewehr, wechseln den Ort und gehen dann auch hinaus ins Revier, um, in entsprechender Entfernung vom Hund beginnend und dann immer näher kommend, mit der Kurzwaffe und später mit der Flinte schießen zu lassen. Unter Umständen machen wir uns auch den Hetztrieb unseres Hundes dabei zu Nutzen, indem wir dann einen Schuß abgeben, wenn der Hund einen Hasen hetzt. Hierbei müssen wir jedoch aufpassen, daß wir nicht von einem Extrem in das andere fallen, uns also anschließend mit der Korrektur des schußhitzigen Hundes befassen zu müssen.

Ist unser schußscheuer Hund bereits im Apportieren ausgebildet, kann der Teleboc auch hierbei in Aktion treten. Ein Gehilfe schießt den mit Federn dekorierten Bringbock so ab, daß der angeleint neben dem Ausbilder sitzende Hund den Bock fliegen sieht. Mit dem aufmunternden Zuruf „Voran, Apport" läuft dieser mit dem Hund zum Bock und läßt ihn aufnehmen. Der Hund wird gelobt, muß sich setzen, wird gestreichelt und wieder gelobt, um ihm dann den Bock abzunehmen. Der Hund erhält danach seinen Belobigungshappen und wird geschnallt, um nun mit seinem Ausbilder herumzutollen. Bei weiteren Übungen ist jedesmal der Ort zu wechseln, bis er die Schußscheue verloren hat.

Der handscheue Deutsch-Drahthaar

Ein handscheuer Deutsch-Drahthaar ist in den meisten Fällen das Produkt falscher Ausbildung und wirft auf den Hundeführer ein schlechtes Licht. Häufig handelt es sich bei diesem um einen unvernünftigen oder rohen Menschen, der das Mittel des Zwanges auf verkehrte Art und Weise, nämlich hauptsächlich mit Schlägen, angewendet hat.

Um in dem Hund wieder Vertrauen zum Menschen zu erwecken, hilft nur Führerwechsel oder eine völlige Umstellung in der Art der Behandlung des Hundes durch den Führer oder Ausbilder, auf die man allerdings meist wenig rechnen kann. Hervorgerufen wird die Handscheue auch, wenn man den herangekommenen Hund straft, ohne ihn angeleint zu haben. Aber auch ein angeleinter Deutsch-Drahthaar, der sinnlos und roh geschlagen wird, reagiert darauf mit Handscheue, während ein zur rechten Zeit ausgeteilter Hieb mit der Gerte erzieherisch wirken wird. Der neue Besitzer muß sich nun erst einmal das Vertrauen des Hundes erwerben. An dem Hund wird also nicht herumdressiert, sondern er geht an der Leine mit ins Revier, wird von uns häufig angesprochen und gelobt, von uns selbst – möglichst aus der Hand – gefüttert. Es wird alles getan, was dem Hund das fehlende Vertrauen zum Menschen wiedergibt. Drohende Körperhaltungen gegenüber einem solchen Hund sind unbedingt zu vermeiden, jede vorhandene Passion des Hundes ist aber zu fördern. Mit viel Liebe und Geduld läßt sich so auch aus einem handscheuen Hund wieder ein brauchbarer Jagdgefährte machen. Handscheue Hunde können die Prüfungen des JGHV und die BP nicht bestehen.

Der Anschneider

Das Anschneiden kann zur Untugend eines Jagdgebrauchshundes werden. Die Ursache ist entweder falsche Erziehung, Haltung oder falsche, einseitige Ernährung – und das wohl in den meisten Fällen. Wer seinen Hund einseitig oder ungenügend ernährt, wird bald die Erfahrung machen, daß dieser Wild anschneidet, zumal wenn es anbrüchig ist. Wird dies nicht sofort beim ersten Versuch unterbunden, oder etwa noch dadurch unterstützt, daß – unter Außerachtlassung der damit verbundenen Infektionsmöglichkeit – der Hund mit rohen Innereien von Wild gefüttert wird, so braucht man sich nicht zu wundern, wenn der Hund zum notorischen Anschneider wird. Gefährlich in dieser Hinsicht ist auch das Genossenmachen am noch warmen Stück.

Haben wir das Anschneiden bei unserem Hund bemerkt, müssen wir dagegen sofort einschreiten. Wir geben unserem Hund zu anderer Zeit und an anderem Ort die Gelegenheit, erneut den Versuch zu machen, und in diesem Augenblick greifen wir oder ein Gehilfe ein. Die geschleuderte Wurfkette und der scharfe Verweis „Pfui, was ist das" haben gute erzieherische Wirkung. Falls der Drahthaar Niederwild anschneidet, führen wir ihn ebenfalls in Versuchung, indem er eine Schleppe der betreffenden Wildart ausarbeiten muß. Der Schleppenzieher liegt in Deckung bereit, um mit der Wurfkette und dem selben Zuruf auf den Hund einzuwirken.

Eine weitere Möglichkeit, dem Hund das Anschneiden zu verleiden, egal ob er es bei Schalen- oder Niederwild versucht, ist das Teletaktgerät. Wir können den elektrischen Impuls selber auslösen, müssen aber unseren Hund dabei ungehindert beobachten können, damit wir den richtigen Augenblick abpassen, in dem der Hund sich herunterbeugt und zufaßt. Voraussetzung ist, daß unser Hund die Teletakt-Attrappe wenigstens eine Woche lang tragen mußte, wobei sie im Haus oder im Zwinger abgenommen wird. Daß wir uns mit dem Impulsgeber außer Sicht- und Geruchswahrnehmung des Hundes befinden müssen, soll nur zur Sicherheit noch einmal angeführt werden. Die Wiederholung einer solchen Situation wird uns zeigen, ob die Lektion gewirkt hat. Bei Niederwild wird es passieren, daß unser Hund das Stück liegen läßt und leer zu uns zurückkommt. Das darf natürlich nicht von uns geduldet werden, weswegen wir unseren Hund an der langen Feldleine die Schleppspur bis zum Stück ausarbeiten und dann, wenn nötig unter Zwang, apportieren lassen (siehe auch den Abschnitt „Teletakt").

Der Totengräber

Das Vergraben einer Beute ist die natürliche Handlung des Wolfes, um diese so für „schlechte Zeiten" aufzubewahren. Diese Eigenschaft ist bei seinen Nachfahren noch rudimentär erhalten geblieben, auch wenn sie durch das bestehende Mensch-Hund-Verhältnis hinfällig geworden ist. Wenn der Deutsch-Drahthaar „Beute" vergräbt, muß es also Ursachen geben.

Zum Eingraben des zu apportierenden Wildes kommt es meist nur bei Überdressur oder bei mangelhafter Ausbildung. Der überdressierte, meist noch junge Hund nimmt zwar das Wild auf, buddelt es aber aus Furcht vor Strafe ein, der Hund mit mangelhafter Ausbildung mag wegen fehlenden Konnexes zum Ausbilder das Wild nicht bringen, ihm fehlt die Durcharbeitung im Bringenmüssen. Auf frischer Tat ertappt, muß der Hund dann unter Zwang das zu apportierende Stück aufnehmen und bringen. Spätere Versuche auf Schleppen mit der selben Wildart, unter Hinzuziehen des Schleppenziehers als Beobachter, werden unter unserer Mitwirkung mit „Down-vorwärts" bis zum Stück und „Aufnehmen unter Zwang" Erfolg haben.

Ohne jedoch zu wissen, wo das Stück eingegraben wurde, nützt eine Zwangsanwendung nichts, da unser Hund die Rückkehr zu dem vergrabenen Stück konsequent verweigern wird. Da kann uns nur ein firmer Hund helfen, der, auf die Schleppe angesetzt, das eingegrabene Stück wieder ans Tageslicht befördert und dann bringt. Probatum est. Eine andere Möglichkeit, um ein vom Hund eingegrabenes Stück leichter wieder aufzufinden, ist, an das Stück eine etwa drei bis vier Meter lange dünne Perlonschnur anzuknoten, an deren Ende ein weißes Stück Stoff angeknüpft ist.

Meist geschieht das Eingraben auf einer längeren Strecke und nicht im direkten Einwirkungsbereich des Führers, also auf den 300 Meter langen Waldschleppen mit Hase und Fuchs. Dabei kann beim Vergraben auch die Ermüdung des Hundes eine Rolle spielen. Um dem Vergraben Einhalt zu gebieten, muß man wieder eine Verleitsituation herbeiführen, wozu man aber zumindest einen Helfer benötigt, da man nicht in der Lage ist, die ganze Strecke zu übersehen. Der Übersicht wegen muß diese Situation in einem lichten Altholzbestand hergestellt werden. Ein halbmondförmiges Anlegen der Schleppe wird die Übersicht verbessern. Ist ein Hochsitz vorhanden, kann dieser wegen der besseren Einsicht der Überwachung dienlich sein.

Daß unser Hund die Teletakt-Attrappe eine Wochen zuvor umgelegt bekommt, soll nochmals betont werden, ebenso das Abnehmen der Attrappe im Haus und im Zwinger. Entsprechend der Örtlichkeit bekommt der Ausbilder oder der Gehilfe den Sender in die Hand. Der Impuls wird erst gegeben, wenn der Hund anfängt, die Kuhle zu kratzen. Hört unser Hund dadurch mit dem Kratzen auf, behält den Hasen oder den Fuchs aber im Fang und liefert ihn dann vorschriftsmäßig ab, wird solch eine Situation etwa nach einer Woche wiederholt. Zeigt unser Hund dann keine Absicht mehr einzugraben, kann man mit der Wirkung zufrieden sein. Läßt unser Hund den Hasen oder Fuchs aufgrund des Impulses fallen und kommt dann leer zu seinem Ausbilder, wird er an die lange Leine genommen, muß die Schleppe daran ausarbeiten und den Hasen bzw.

Fuchs – wenn nötig unter Zwang – aufnehmen. Auch hier ist wenigstens eine Wiederholung nötig (siehe auch den Abschnitt „Teletakt").

Auf Prüfungen werden Hunde dadurch zum Vergraben verleitet, daß der Führer, anstatt sich abseits zu stellen und den Hund auf sich aufmerksam zu machen, bei den Richtern stehenbleibt und sich, möglicherweise abgewandt, unterhält. Der Hund erkennt so seinen Führer nicht, äugt zu der Menschengruppe und schickt sich zum Entsetzen seines Führers an, die Beute einzugraben, da er sie nicht mit den vielen Menschen und Hunden teilen will. Hier mögen die gleichen Gründe vorliegen, wie in dem Fall, daß der Ausbilder zwei Hunde führt. Der eine wird auf die Schleppe gesetzt, der andere bleibt beim Führer und ist so der Grund, weshalb der auf die Schleppe gesetzte Hund nicht herankommt, sondern lieber das Stück Wild eingräbt. Der Hund erkennt lediglich seinen Führer an und ist demzufolge auch nur bereit, diesem die „Beute", also das zu apportierende Stück, zu übergeben, keinesfalls aber anderen Menschen oder gar Hunden.

Der bissige Deutsch-Drahthaar

Beim bissigen Hund kann sich das Beißen auf andere Hunde, auf fremde Menschen, aber auch auf den eigenen Herrn beziehen. Alle drei Arten der Bissigkeit beruhen von Ausnahmen abgesehen auf falscher Erziehung, was einem meist sehr viel Ärger und auch Kosten verursacht.

Beißt unser Deutsch-Drahthaar andere Menschen, ohne von diesen dazu veranlaßt zu werden, so können wir uns mit ihm in der Öffentlichkeit nur mit Maulkorb sehen lassen. Bei einer bestehenden Tollwutgefahr kann ein solcher Biß u. U. dazu führen, daß der Hund wegen Tollwutverdachts getötet wird, sofern keine ordnungsgemäße Tollwutschutzimpfung nachgewiesen werden kann. Nimmt man so einen bissigen Hund auf Gesellschaftsjagden mit, dürfte man dazu kaum wieder eingeladen werden.

Zeigt sich der Deutsch-Drahthaar wegen der Ausbildung uns gegenüber widersetzlich, indem er uns die Zähne zeigt oder sogar zufaßt, so sollte man das dem Hund nicht durchgehen lassen. Ein sofortiges Ergreifen am Nackenfell und energisches Schütteln mit den Worten „Pfui, was ist das!" ist schon notwendig, um sich als „Kopfhund" zu beweisen.

Es empfiehlt sich in diesem Fall eine Lektion Unterordnungsübungen an einem tief in den Erdboden geschlagenen Pfahl, dessen mit einem eisernen Ring versehenes oberes Ende nur kurz über den Erdboden ragt. Unser Deutsch-Drahthaar kommt an das Metallhalsband, die Leine läuft durch den Ring. Bei Widersetzlichkeit ziehen wir die Leine an, so daß es ihn sofort zu Boden zieht, und verabreichen ihm mit „Pfui, was ist das" einen kräftigen Gertenhieb. Hat das nicht genügt, so ist das zweite Abstrafen ausgiebiger vorzunehmen.

Neigt unser Hund zur Bissigkeit gegenüber anderen Hunden, indem er jeden anderen Hund anknurrt und beißt, so suche man die Gesellschaft von anderen Hunden, halte den Hund aber mit Metallhalsband an der Leine, in der anderen Hand die Gerte. Beim leisesten Knurren erfolgt ein scharfer Ruck mit der Leine, der von einem kräftigen Hieb unterstützt wird. Der Ruck an der Leine kann so kräftig sein, daß es unseren Deutsch-Drahthaar umreißt. Je schärfer man durchgreift, um so eher dürfte man Erfolg haben.

Das Beißen von Menschen ohne besondere Ursache wird genauso geahndet, doch nützen wir dabei die Anlagen für die Ausbildung zum Schutzhund aus, so daß wir dann also einen Hund haben, der auf unseren Zuruf hin ohne Furcht zufaßt.

Doch nicht jedem Hundehalter ist es gegeben, sich bei einem ihn oder andere Menschen beißenden Hund durchzusetzen, weshalb man sich von einem unverbesserlichen Beißer trennen sollte.

Der Deutsch-Drahthaar als Schutzhund

Unseren Deutsch-Drahthaar als Schutzhund auszubilden, dürfte im Normalfall kein Problem sein, doch muß er die notwendige Nervenstärke dazu besitzen. Die Ausbildung erfordert zusätzlich einen Figuranten, auch Scheintäter genannt, der sich auf die Psyche unseres Hundes einzustellen versteht. Während bei einer

Das Reizen des Hundes durch den Scheintäter

Auseinandersetzung Hund contra Katze oder Hund contra Fuchs keiner der Kontrahenten den Hund freiwillig gewinnen läßt, ist das aber bei der Ausbildung zum Schutzdienst durch den Figuranten der Fall. Der Scheintäter reizt den Hund an der Leine dadurch, daß er mit einem Stock vor ihm auf die Erde schlägt. Während der Ausbilder seinem Hund zuruft: „Paß auf", beläßt der Figurant aufgrund seines Zurückweichens dem Hund das Gefühl, überlegen zu sein. So ist ein Schutztrieb aufzubauen, was jedoch bei einem Verein für Schutzhunde zu erfolgen hat, da auch dort eine Prüfung stattfinden kann. Die Wachsamkeit unseres Hundes im Auto, am Rucksack und am erlegten Wild kann so auf die Person des Ausbilders erweitert werden. Daß damit eine erweiterte Aufsichtspflicht für den Halter des Deutsch-Drahthaar besteht, auch eine Haftpflichtversicherung notwendig wird, soll hier ausdrücklich betont werden.

Das Prüfungswesen

Notwendige Formalitäten

Als Besitzer eines Deutsch-Drahthaar ist man bemüht, die jagdlichen Anlagen frühzeitig zu fördern, um seine Eignung und zukünftige Verwendung im vielseitigen Jagdgebrauch feststellen zu können. Das Ergebnis dieser Förderung findet seinen Niederschlag in der Teilnahme und dem Ergebnis der Verbands-Jugendprüfung (VJP), die im Frühjahr abgehalten wird. Diese Prüfung ist eine der Voraussetzungen für den späteren Einsatz als Zuchthund und trägt zum Erkennen des Erbwertes der Eltern bei, wenn möglichst viele Wurfgeschwister geprüft werden.

Da aus jagdlichen Gründen die Hauptaufgabe des Jagdgebrauchshundes in der Arbeit nach dem Schuß besteht, haben die Richter festzustellen, ob ihn seine Anlagen, z. B. der sehr gute Einsatz der Nase, gepaart mit dem Finder- und Spurwillen bei vorhandener Wesensfestigkeit dazu befähigen. Die Wesensfestigkeit drückt sich in der Ruhe, der Konzentration und im Durchhaltewillen während der Arbeit aus.

Die Anlagenprüfungen, Verbands-Jugendprüfungen (VJP) und Herbstzuchtprüfung (HZP), sind von dem veranstaltenden Verbandsverein mit Termin und Teilnahmebedingungen so rechtzeitig in den Deutsch-Drahthaar Blättern oder im Organ des Jagdgebrauchshundverbandes „Der Jagdgebrauchshund" auszuschreiben, daß die Nennung vor Nennungsschluß vom Anmelder eingereicht werden kann. Die Nennung mit dem geforderten Nenngeld kann durch den Eigentümer oder durch den Führer des betreffenden Hundes vorgenommen werden. Der Eigentümer des gemeldeten Hundes muß Mitglied eines dem Jagdgebrauchshundverband angeschlossenen Vereins sein, bei einem DD also dem Verein Deutsch-Drahthaar. Teilnahmeberechtigt sind Hunde, die im vorhergehenden Kalenderjahr gewölft wurden. Sie können aber auch bis zu drei Monate älter sein. Zur HZP können auch Hunde gemeldet werden, die im selben Kalenderjahr gewölft wurden. Zu allen oben angegebenen Prüfungen werden nur Deutsch-Drahthaar zugelassen, die eine Ahnentafel des VDD-Zuchtbuchamtes haben.

Die Nennung zur Jugendsuche auf Formblatt 1 ist anhand der Ahnentafel des Hundes möglichst mit Schreibmaschine auszufüllen (siehe Anlage Formblatt 1).

Zum festgelegten Prüfungstermin hat der Führer mit seinem Deutsch-Drahthaar am Treffpunkt zu erscheinen und dem Prüfungsleiter, der ein anerkannter Verbandsrichter sein muß, die Ahnentafel und den Impfpaß seines Hundes zu übergeben. Im Impfausweis muß der Nachweis der notwendigen, rechtzeitig erfolgten und noch wirksamen Schutzimpfungen enthalten sein. Ist das nicht der Fall, darf der Hund nicht zur Prüfung zugelassen werden – das Nenngeld (= Reugeld) ist damit verfallen. Ebenso besteht kein Anspruch auf Rückzahlung des Nenngeldes für gemeldete, aber nicht zur Prüfung erschienene Hunde. Es ist auf einer Anlagenprüfung ferner nicht erlaubt, daß ein Führer mehr als zwei Hunde vorführt.

Vor Beginn der Prüfung wird die Übereinstimmung der im rechten Behang vorhandenen Tätowiernummer mit der in der Ahnentafel eingetragenen Ziffer verglichen.

Die Verbandsjugendprüfung (VJP)
Auf der Verbandsjugendprüfung werden durch ein dreiköpfiges Richterkollegium die Spurarbeit (Hasen), die Nase, die Suche, das Vorstehen und die Führigkeit des Hundes beurteilt. Außerdem sind die Art des Jagens, direkt auf Sicht oder indirekt auf der Spur der Hasen, festzustellen. Dazu gehören: spurlaut, sichtlaut, stumm, weidlaut. Fraglich bedeutet, daß der Hund auf der Hasenspur nicht spurlaut war, auch keinen Weidlaut zeigte und keine Möglichkeit hatte, einen Hasen sichtig zu hetzen.

Es ist jedem Hund mehrfach Gelegenheit zu geben, seine Anlagen zu beweisen, jedoch nicht mehr als fünf mal.

Die Schußfestigkeit wird während der Suche des einzelnen Hundes durch Abgabe von mindestens zwei Schüssen in einem Zeitabstand von wenigstens 20 Sekunden geprüft. Ist die Beurteilung nicht eindeutig möglich, so ist eine Wiederholung der Schußabgabe nach frühestens 30 Minuten zu vollziehen. Die Beurteilung erfolgt in fünf Einstufungen von schußfest bis schußscheu, wobei eine leichte Schußempfindlichkeit bereits eine spätere Zuchtzulassung ausschließt.

Scheue oder Ängstlichkeit festzustellen, gehört ebenfalls zu den Aufgaben der Richter. Wesenschwache Hunde oder Angstbeißer sind auch von der Zucht ausgeschlossen.

Zu den körperlichen Mängeln gehören Gebißanomalien, Augenfehler, beim Rüden außerdem Hodenfehler. Andere grobe körperliche Mängel sind ebenfalls schriftlich festzuhalten.

Die fünf Prüfungsfächer werden nach einem Zwölf-Punkte-System bewertet, wobei die Punkte auf der Zensurentafel auch aufgeführt sind. Sie reichen von „mangelhaft" mit 1 bis 2 bis zu „hervorragend" mit 12 Punkten. Die Prädikate „genügend", „gut" und „sehr gut" mit 4, 7 und 10 Punkten sind ein Mittelwert, die 3 und 5, die 6 und 8, die 9 und 11 schwächen den Mittelwert nach unten ab oder werten ihn nach oben auf. Ein „hervorragend" kann nur für die Prüfungsfächer Spurarbeit und Nase vergeben werden, es ist in jedem Einzelfall in der Richtersitzung mündlich zu begründen. Die Noten dieser beiden Fächer werden mit der Fachwertziffer 2 multipliziert. Bei den Fächern Suche, Vorstehen und Führigkeit bleibt Arbeitspunkt gleich Wertungspunkt.

Das Erreichen von 65 Gesamtpunkten ist insofern wichtig, da diese Mindestpunktzahl eine der Voraussetzungen für die Teilnahme an der Hegewald-Zuchtprüfung ist. In dieser Punktezahl müssen Hasenspur, Nase und Suche mit „sehr gut" (9 bis 11 Punkte) bewertet worden sein.

Ein Deutsch-Drahthaar, der eine Bewertung erhält, die der auf der abgebildeten Zensurentafel für VJP entspricht, hat die erste Hürde für die Teilnahmeberechtigung an der Hegewald-Zuchtprüfung übersprungen.

Kommt es bei der Auswertung der Jugendprüfung zwischen zwei oder mehreren Hunden zur Punktgleichheit, so wird folgende Reihenfolge empfohlen: der Hund mit Härtenachweis rangiert als erster, dann der Laut (spurlaut oder sichtlaut, fraglich, stumm, weidlaut – auch in Verbindung mit spurlaut oder sichtlaut), zuletzt das Alter, also der jüngere vor dem älteren.

Die Beurteilung des Gebisses, der Augen und bei Rüden zudem der Hoden werden in der Regel durch einen Zuchtrichter, wenn nicht vom Zuchtwart der Gruppe, vorgenommen, von denen gegebenenfalls grobe körperliche Mängel zu beurteilen sind.

Hasenspur:
Die Spurarbeit des Deutsch-Drahthaar wird auf der Spur des für ihn nicht oder nicht mehr sichtbaren Hasen geprüft und dabei der Spurwille, die Spursicherheit sowie die jeweilige Schwierigkeit infolge der Witterung und des Geländes zum Maßstab

der Beurteilung genommen. Die Länge der ausgearbeiteten Hasenspur ist dabei nicht entscheidend.

Nase
Die Beurteilung der Nase während der Suche ist abhängig vom häufigen Finden von Wild, weitem Anziehen, Markieren von Wildwitterung, Gestüber, aber auch von Vogelwitterung. Die auf der Spurarbeit gezeigten Nasenpunkte beim Verlieren, Kreuzen und Wiederfinden ergeben das Gesamturteil der Güte der Nase.

Suche
Die Suche dient dem Finden von Wild und soll im Galopp erfolgen. Sie erfolgt als Quersuche gegen den Wind. Eine überwiegende Trabsuche ist nur mit „gut" einzustufen.

Vorstehen
Gefundenes Wild soll der Deutsch-Drahthaar durch Vorstehen oder auch Vorliegen anzeigen. Da die VJP eine Anlagenprüfung ist, wird kein Durchstehen verlangt. Nicht festliegendes Wild kann zu besonderen Schwierigkeiten führen. Deswegen wird Nachprellen nicht als Fehler gewertet. Blinken (= vorhandenes Wild nicht anzeigen wollen) ist aber ein Fehler. Der Hund kann damit die Prüfung nicht bestehen. Das Vorstehen einer bestimmten Wildart wird nicht mehr verlangt. Die Möglichkeit, Federwild vorzufinden, sollte aber gegeben sein.

Führigkeit
Der Blickkontakt des Deutsch-Drahthaar zum Führer zeigt sein Bestreben, mit ihm Verbindung zu halten und auf seine Sichtzeichen zu reagieren. Dieses Verhalten des Hundes wird als Führigkeit bewertet.

Ausscheiden
Stark schußempfindliche, schuß- und handscheue Deutsch-Drahthaar sind im Interesse der Zucht durchzuprüfen, können diese aber nicht bestehen. Der DD, welcher im Fach Vorstehen keine 2, in allen übrigen Fächern keine 3 Punkte erreicht, hat die VJP ebenfalls nicht bestanden.

Prüfungswiederholung
Eine bestandene VJP darf nur einmal wiederholt werden, wobei allerdings die Teilnahme an einer internationalen Prüfung nicht gerechnet wird.

Armbruster-Haltabzeichen (A.H.)
Es kann auf der VJP geprüft werden (siehe Zusatzleistungen).

Verbands-Herbstzuchtprüfung (HZP)
Die Anforderungen hinsichtlich der Ausschreibung einer Herbstzuchtprüfung wie Nennungsschluß, Höhe des Nenngeldes und Teilnahmeberechtigung sind die gleichen wie bereits bei der Verbands-Jugendprüfung. Der Hundeeigentümer muß Mitglied in einem dem Jagdge-

brauchshundeverband (JGHV) angeschlossenen Verein sein. An das Alter des Hundes werden die gleichen Anforderungen wie bei der VJP gestellt mit der Erweiterung, daß auch Hunde daran teilnehmen dürfen, die in demselben Jahr gewölft sind, in dem die HZP stattfindet.

Auf der Nennung sind frühere Leistungen und Preise auf Verbands- und anderen Prüfungen unter genauer Angabe, wo und wann sie erworben wurden (Preisklasse und Punkte), anzugeben. Herbstzuchtprüfungen können mit und ohne Prüfung der Spurarbeit auf der Hasenspur ausgeschrieben werden. Aus der Nennung muß ersichtlich sein, ob der Führer seinen DD auf der Hasenspur geprüft haben möchte oder nicht, wenn beide Möglichkeiten ausgeschrieben wurden.

Auf mehr als zwei Herbstzuchtprüfungen darf man seinen Deutsch-Drahthaar nicht vorführen, es sei denn auf einer mit internationaler Beteiligung, wie der Hegewald-Zuchtprüfung.

Am Tag der Prüfung hat der Führer mit seinem Hund genau wie auf der VJP Ahnentafel und Impfpaß vorzulegen. Die Impfungen müssen rechtzeitig erfolgt und noch wirksam sein. Muß dem Hund wegen fehlenden Impfschutzes die Teilnahme verweigert werden, ist das Nenngeld verfallen. Ebenso besteht kein Anspruch auf Rückzahlung des Nenngeldes für gemeldete, aber nicht zur Prüfung erschienene Hunde. Von einem Hundeführer dürfen nur bis zu zwei Hunde auf der HZP geführt werden.

Auf der HZP hat der Junghund die Entwicklung seiner natürlichen Anlagen im Hinblick auf seine Eignung und zukünftige Verwendung als Jagdgebrauchs- wie auch als Zuchthund zu beweisen. Wurden auf der VJP fünf Anlagenfächer geprüft, so erfahren diese auf der HZP eine Erweiterung durch die Fächer Wasserarbeit und Arbeitsfreude. Mit der Höchstnote 12 (= „hervorragend“) können nur die Prüfungsfächer Spurarbeit, Nase und Verlorenbringen der Ente aus der Deckung bewertet werden. Für diese Note ist in der Richtersitzung eine Begründung durch den Obmann der Gruppe zu geben.

Außer den Anlagenfächern werden die Abrichtefächer geprüft, in denen das Bringen von Feder- und Haarwild (Hase oder Kanin) verlangt wird. Die Abrichtefächer dürfen nicht höher als mit „sehr gut“ (= 10 Arbeitspunkte) bewertet werden.

Bei der Art des Bringens darf als Note bei Hase/Kanin, Ente, Huhn/Fasan keine 0 (= „ungenügend“) dabei sein, sondern als Mindestnote ist die 1 (= „mangelhaft“) gefordert.

1. Beispiel: Art des Bringens Hase/Kanin 7 Punkte, Ente 1 Punkt, Huhn/Fasan 1 Punkt = 9 Punkte, geteilt durch 3 = 3 = bestanden.
2. Beispiel: Art des Bringens Hase/Kanin 8 Punkte, Ente 1 Punkt,

Huhn/Fasan 0 Punkt = 0 = nicht bestanden.

Das Bringen von Nutzwild ist also zwingend vorgeschrieben. Ein DD, der das Wild zwar gefunden hat, es aber nicht aufnimmt, kann ebenfalls die Prüfung nicht bestehen. Er darf auch kein zweites Mal angesetzt werden. Einem Drahthaar, der bei der Schlepparbeit oder beim Bringen durch außergewöhnliche Umstände gestört wird, wie durch das Eräugen eines flüchtigen Hasen, eines Rehs oder anderen Niederwildes, aber auch durch eine Katze, einen Hund oder Weidevieh, kann eine neue Schleppe gewährt werden. Die erste Schleppe fällt dann für die Bewertung in vollem Umfang aus.

Da in der Feld- und Wasserarbeit bereits Leistungen gezeigt werden, können diese mit den notwendigen Erweiterungen, wie z. B. der Schweißarbeit, für die Brauchbarkeitsprüfung genutzt werden. Diese Zusatzprüfungen, die nicht am Tag der HZP durchgeführt werden müssen, richten sich nach den in den Ländern gültigen Bestimmungen für eine Brauchbarkeitsprüfung.

Zu den Anlagenfächern gehören:	Fachwertziffer:	Kriterien:
1. Spurarbeit (Hase)	3	Spurwille, Spursicherheit
2. Nase	3	häufiges Finden und Markieren von Wild
3. Suche	2	planmäßig, ausdauernd Wild finden
4. Vorstehen	2	Vorstehen, Vorliegen von Wild
5. Führigkeit	2	Verbindung zum Führer
6. Arbeitsfreude	1	Arbeitslust, Arbeitswille
7. Wasserarbeit		
a. Verlorenbringen aus der Deckung	3	Suchen, Finden der lebenden Ente
b. Verlorensuchen im deckungsreichen Gewässer	1	Suchen, Finden und Bringen der toten Ente
Zu den Abrichtefächern gehören:		
8. Verlorenbringen von Federwild		
a. Arbeit am geflügelten Huhn einschließlich Bringen	1	Finden und Bringen
b. oder Verlorensuchen und Bringen	1	Finden und Bringen
c. oder Bringen auf der Schleppe	1	auf 150 m Entfernung mit zwei stumpfwinkligen Haken
9. Haarwildschleppe	1	auf 300 m Entfernung mit zwei stumpfwinkligen Haken
10. Art des Bringens (von a, b, c in zusammengefaßter Note)	1	Aufnehmen, Tragen, Abgeben (von a, b, c)
a. Hase oder Kanin	Punkte	
b. Ente	Punkte	
c. Huhn oder Fasan	Punkte	
11. Gehorsam	1	den der Führer vom Hund verlangt

Die Hegewald-Zuchtprüfung

Die Hegewald-Zuchtprüfung mit ihrer nunmehr über 60jährigen Tradition ist, wie der Name sagt, eine Zuchtprüfung der Drahthaar-Jährlinge in der Tradition Hegewalds. Sie ist zu einem Treffen der großen Drahthaarfamilie geworden, auf der sich die Jährlinge mit ihren Leistungen, aber auch in ihrem Phänotyp vorstellen. Die Auswahl bleibt nicht auf Deutschland beschränkt, sondern zugelassen sind auch Jährlinge aus dem Ausland. Diese Hunde muß ebenfalls ein deutlicher Bart und der Härtenachweis auszeichnen. Sie müssen im Zuchtbuch des VDD oder in einem Zuchtbuch ihres Heimatlandes, das von der FCI und vom Jagdgebrauchshundverband anerkannt wird, eingetragen sein.

Die für die ausländischen Drahthaar genannten Bedingungen für die Nennung zur Hegewald-Zuchtprüfung gelten natürlich auch für die einheimischen, doch sind diese noch wesentlich erweitert. So ist i. d. R. die Voraussetzung zur Zulassung das Erreichen von 65 Punkten auf der VJP. In dieser Punktzahl müssen Hasenspur, Nase und Suche mit „sehr gut" (9 bis 11 Punkte) bewertet worden sein. Die Nennungen für die Hegewald-Zuchtprüfungen erfolgen gruppenweise durch den Vorsitzenden, womit bestätigt wird, daß die Jährlinge auch die Wasservorprüfung bestanden, den HD-frei-Nachweis haben, im Form- und Haarwert dem Standard mit mindestens „gut/gut" entsprechen und die Bedingungen für die Zuchttauglichkeit im Sinne der Zuchtordnung des VDD erbracht haben.

Die Fächer auf der Hegewald-Zuchtprüfung sind analog denen der Herbstzuchtprüfung, doch wird ein höheres Niveau vorausgesetzt, auch bleibt das Prüfen des Deutsch-Drahthaar auf der Hasenspur ein Pflichtfach. Der Form- und Haarwert wird jeweils von drei Zuchtwarten der Gruppen beurteilt und darf nicht unter „gut/gut" liegen, damit mit dem Bestehen der Prüfung eine Eintragung in das Zuchtregister des VDD erfolgen kann. Die Vorstellung der von Form- und Haarwert-Richtergruppen bewerteten Rüden und Hündinnen auf der Zuchtschau wird jeweils unter der Leitung des Hauptzuchtwartes im Ring vorgenommen und stellt so eine eindrucksvolle Demonstration des Standes der Deutsch-Drahthaar-Zucht dar.

Verbandsgebrauchsprüfung (VGP)

Für die Nennung zur VGP gelten die gleichen Bedingungen wie bei der VJP bzw. HZP. Spricht man von der Herbstzuchtprüfung als der Gesellenprüfung, so wird die VGP als die Meisterprüfung des Jagdgebrauchshundes in Feld, Wald und Wasser bezeichnet. Deutsch-Drahthaar, die diese Prüfung bestehen, werden bei sachgemäßer Führung auch den Anforderungen der Praxis gerecht. Deshalb wird auf der VGP nicht mehr die Anlage, sondern allein die Leistung geprüft und bewertet. Dabei wird auf den Gehorsam besonderer Wert gelegt, speziell auf das Benehmen des Hundes vor eräugtem Wild und auf die Schußruhe. Außergewöhnliche Umstände bei der Arbeit auf der Schleppe oder beim Bringen sind kein Grund mehr, dem Hund eine Ersatzarbeit zu geben. Aufgrund der Schwere und Vielfalt der Anforderungen wird das Bestehen der VGP mit dem Eintrag in das Deutsche Gebrauchshunde-Stammbuch als eine unserer wichtigsten Voraussetzungen für die Zucht angesehen.

Die Bedeutung der geforderten Vielseitigkeit kommt auch darin zum Ausdruck, daß jeder Deutsch-Drahthaar in allen fünf Fachgruppen (Wald, Wasser, Feld, Gehorsam, Bringen) bestimmte Durchschnittsleistungen erbringen muß, um den entsprechenden I. bis III. Preis zu erreichen. Die Vielseitigkeit der Leistungen ist aus der Zensurentafel für VGP ersichtlich.

Zensurentafel für VGP

Für die I. bis III. Preise gelten folgende Mindestbedingungen:

Waldarbeit

Für den I. Preis: Leistungen in allen fünf Fächern, für die Riemenarbeit das Prädikat „sehr gut“. Mindestpunktzahl: 68 Punkte.

Schweißarbeit auf Schalenwild. Der Zettel am Baum kennzeichnet die numerierte Schweißfährte. Außer der Nummer ist die Uhrzeit sowie die Länge der Fährte angegeben

Dem Hundeführer wird vom Richter der Anschuß gezeigt. Die dem DD bekannte Handlung läßt ihn interessiert zuschauen, sie trägt zur Stimulierung des Hundes auf die bevorstehende Arbeit bei

Für den II. Preis: Leistungen in allen fünf Fächern, für die Riemenarbeit das Prädikat „gut“. Mindestpunktzahl: 54 Punkte.
Für den III. Preis: Leistungen in allen fünf Fächern, für die Riemenarbeit das Prädikat „genügend“. Mindestpunktzahl: 36 Punkte.

Der DD untersucht den Anschuß …

… und wird von seinem Führer zum Folgen aufgefordert

Wasserarbeit
Für den I. Preis: Leistungen in allen drei Fächern. Mindestpunktzahl: 30 Punkte.
Für den II. Preis: Leistungen in allen drei Fächern. Mindestpunktzahl: 24 Punkte.
Für den III. Preis: Leistungen in mindestens zwei Fächern, darunter Verlorensuchen im deckungsreichen Gewässer. Mindestpunktzahl: 18 Punkte.

Feldarbeit
Für den I. Preis: Leistungen in allen fünf Fächern, für die Fächer Nase und Vorstehen mindestens das Prädikat „gut“. Mindestpunktzahl: 70 Punkte.
Für den II. Preis: Leistungen in allen fünf Fächern, für die Fächer Nase und Vorstehen mindestens das Prädikat „gut“. Mindestpunktzahl: 60 Punkte.
Für den III. Preis: Leistungen in allen Fächern, für die Fächer Nase und Vorstehen mindestens das Prädikat „genügend“. Mindestpunktzahl: 40 Punkte.

Gehorsam
Für den I. Preis: 67 Punkte.
Für den II. Preis: 60 Punkte.
Für den III. Preis: 58 Punkte.

Bringen
Für den I. Preis: Leistungen in allen vier Fächern. Mindestpunktzahl: 28 Punkte.

Für den II. Preis: Leistungen in allen vier Fächern. Mindestpunktzahl: 24 Punkte.
Für den III. Preis: Leistungen in mindestens drei Fächern, darunter Bringen von Haarnutzwild, Federwild (Ente und Huhn/Fasan), Fuchs. Mindestpunktzahl: 18 Punkte.

Zusatzleistungen

Armbruster-Haltabzeichen (AH)
Das Armbruster-Haltabzeichen wird auf Antrag beim Stammbuchführer verliehen, wenn der Deutsch-Drahthaar auf einer Verbandsprüfung bei der freien Suche im Feld sich von jedem eräugtem Hasen bei einem Mindestabstand zum Führer von 20 Meter abrufen oder abpfeifen läßt und im Anschluß daran die Ausarbeitung dieser Hasenspur mindestens mit dem Prädikat „gut" absolviert.

Härtenachweis (/)
Sofern ein Deutsch-Drahthaar ein wehrhaftes Stück Raubwild, wie eine wildernde Katze oder einen Waschbären, greift und sofort tötet, bevor ein Erlegen mit der Schußwaffe überhaupt möglich war, und diese selbständige Arbeit zuverlässig bezeugt wird, kann über die zuständige DD-Gruppe für den betreffenden Drahthaar das Leistungszeichen „Härtenachweis" (/) beim Stammbuchamt beantragt werden.

Lautjagerstrich (\)
Der Lautjagerstrich kann beim Stammbuchführer beantragt und nach Prüfung der Unterlage erteilt werden, wenn der Deutsch-Drahthaar spurlaut an Hase oder Fuchs gejagt hat. Das kann beim Stöbern auf der VGP, auf einer besonderen Stöberprüfung oder durch schriftliches Zeugnis von zwei Verbandsrichtern geschehen. Das gleiche gilt für den DD, der auf der HZP oder der Verlorenbringenprüfung einwandfrei spurlaut war.

Verlorenbringen auf natürlicher Wundspur (Vbr)
Das Leistungszeichen Vbr kann der Deutsch-Drahthaar auf Antrag beim Stammbuchführer erhalten, der auf die natürliche Wundspur eines Hasen oder Fuchses gesetzt, diesen mindestens 300 Meter weit verfolgt und seinem Führer zuträgt. Die Möglichkeit einer Hetze ist darin eingeschlossen. Hierbei ist der Laut des Deutsch-Drahthaar festzustellen. Die gezeigte Arbeit ist von zwei Verbandsrichtern zu bestätigen. Bei der Anwesenheit von nur einem Verbandsrichter und einem Zeugen sind zwei Arbeiten des Hundes zu beurteilen, die zweite jedoch von einem anderen Richter sowie einem anderen Zeugen.

Bringtreueprüfung (Btr)
Die Bringtreueprüfung besteht der Deutsch-Drahthaar, welcher zufällig einen toten, bereits kalten Fuchs min-

destens 100 Meter entfernt von seinem Führer und ohne dessen Einfluß findet und diesem zuträgt. Diese Prüfung kann eine VDD-Gruppe in den Monaten August bis einschließlich April im Wald abhalten. Der mindestens 3,5 kg schwere Fuchs muß spätestens zwei Stunden vor Beginn der Arbeit des Hundes entgegengesetzt von diesem zu dem markierten Platz getragen und dort ausgelegt worden sein. Damit das Verhalten des Deutsch-Drahthaar beobachtet werden kann, sind zwei Richter auf einem Hochsitz außer Wind zu postieren. Der unter Aufsicht eines dritten Richters zum Stöbern geschickte Hund hat 20 Minuten Zeit, den Fuchs zu finden und seinem Führer zu bringen. Findet der DD den Fuchs, nimmt ihn aber nicht auf, ist er von der Weiterprüfung ausgeschlossen, was die beiden ansitzenden Richter durch Benachrichtigung (Hornsignal, Sprechfunk) dem dritten Richter mitteilen. Die Arbeiten sind dem Stammbuchführer in einem Prüfungsbericht anzuzeigen.

Verbandsschweißprüfungen (VSwP)

Die Voraussetzung für die Teilnahme an einer Verbandsschweißprüfung ist neben der üblichen Nennung, der gleichzeitigen Zahlung des Nenngeldes und der Vorlage des gültigen Impfausweises das Mindestalter von zwei Jahren am Tag der Prüfung. Auch darf ein Führer nur einen Hund auf der Prüfung führen. Ein Deutsch-Drahthaar, der diese Prüfung mit gleicher Stehzeit zweimal bestanden hat, wird zu keiner weiteren zugelassen. Abgehalten werden diese Prüfungen in der Zeit, in der die Jagd auf Schalenwild offen ist, jedoch darf beim Legen der Fährten kein Schnee liegen.

Die Länge der Kunstfährten beträgt jeweils 1.000 Meter und ist mit drei rechtwinkligen Haken, zwei Wundbetten sowie sechs Verweiserpunkten versehen. Die weitere Erschwernis besteht darin, daß der DD die Fährte erst nach über 20 bzw. nach über 40 Stunden Stehzeit arbeiten darf. Eine Anschneideprüfung sowie eine Totverweiser- oder Totverbellerprüfung findet jedoch nicht statt. Ein Hund, der die Über-20-Stunden-Fährte nicht erfolgreich absolviert hat, darf nicht zu der Prüfung mit der Über-40-Stunden-Fährte zugelassen werden.

Bei Bestehen der VSwP werden I. (sehr gut), II. (gut) und III. (genügend) Preise vergeben. Das Ergebnis jeder Prüfung ist dem Stammbuchführer mitzuteilen, der den Hunden das Leistungszeichen SwI, SwII oder SwIII entsprechend dem Preis bei der Über-20-Stunden-Fährte und das SwX/I, SwX/II oder SwX/III bei der Über-40-Stunden-Fährte vergibt, wobei bei letzterer vor dem Schrägstrich der Preis der Über-20-Stunden-Fährte

Leistungszeichen und Kürzel des Jagdgebrauchshundeverbandes

<table>
<tr><td>JGHV</td><td>Jagdgebrauchshundverband</td></tr>
<tr><td>DGStB</td><td>Deutsches Gebrauchshund-Stammbuch</td></tr>
<tr><td>DGStB 29767</td><td>Hund hat eine Verbands-Gebrauchsprüfung bestanden und ist unter dieser Nummer im DGStB eingetragen</td></tr>
<tr><td>Zb 156194</td><td>Hund ist unter dieser Nummer im Zuchtbuch Deutsch-Drahthaar eingetragen und mit dieser Nummer im rechten Behang tätowiert</td></tr>
<tr><td>DD</td><td>Deutsch-Drahthaar</td></tr>
<tr><td>Gr</td><td>Griffon</td></tr>
<tr><td>DSt</td><td>Deutsch-Stichelhaar</td></tr>
<tr><td>PP</td><td>Pudelpointer</td></tr>
<tr><td>VJP</td><td>Verbands-Jugendprüfung</td></tr>
<tr><td>VJP 68 P</td><td>Verbands-Jugendprüfung mit 68 Punkten bestanden</td></tr>
<tr><td>HZP</td><td>Verbands-Herbstzuchtprüfung</td></tr>
<tr><td>HZP o.Sp. 176</td><td>HZP ohne Hasenspur mit 176 Punkten bestanden</td></tr>
<tr><td>HZP m.Sp. 206</td><td>HZP mit Hasenspur mit 206 Punkten bestanden</td></tr>
<tr><td>VGP</td><td>Verbands-Gebrauchsprüfung</td></tr>
<tr><td>VGP I.P.</td><td>VGP mit I. Preis bestanden</td></tr>
<tr><td>VSwP</td><td>Verbands-Schweißprüfung</td></tr>
<tr><td>SwI/</td><td>VSwP auf der über 20 Stunden alten Fährte mit I. Preis bestanden</td></tr>
<tr><td>SwI/II</td><td>VSwP auf der über 20 Stunden alten Fährte mit I. Preis und auf der über 40 Stunden alten Fährte mit II. Preis bestanden</td></tr>
<tr><td>Btr.</td><td>Bringtreue-Prüfung am Fuchs bestanden</td></tr>
<tr><td>Vbr.</td><td>Verlorenbringer auf natürlicher Wundspur Hase oder Fuchs</td></tr>
<tr><td>AH</td><td>Armbruster-Haltabzeichen (Gehorsam am sichtigen Hasen)</td></tr>
<tr><td>HN</td><td>Härtenachweis an Raubwild oder Raubzeug</td></tr>
<tr><td>/ (vor dem Namen)</td><td>Härtenachweis</td></tr>
<tr><td>\ (vor dem Namen)</td><td>Lautjagerstrich (spurlautes Jagen oder Nachweis lauten Stöberns)</td></tr>
<tr><td>| (vor dem Namen)</td><td>Totverweiser</td></tr>
<tr><td>— (vor dem Namen)</td><td>Totverbeller</td></tr>
<tr><td>>| (vor dem Namen)</td><td>Härtenachweis, Lautjager und Totverweiser</td></tr>
<tr><td>—> (vor dem Namen)</td><td>Härtenachweis, Lautjager und Totverbeller</td></tr>
<tr><td>ZR</td><td>Zuchtregister</td></tr>
<tr><td>v</td><td>vorzüglich (Form bzw. Haarwert)</td></tr>
<tr><td>sg</td><td>sehr gut (Form bzw. Haarwert)</td></tr>
<tr><td>g</td><td>gut (Form bzw. Haarwert)</td></tr>
<tr><td>gen</td><td>genügend (Form bzw. Haarwert)</td></tr>
<tr><td>m</td><td>mangelhaft (Form bzw. Haarwert)</td></tr>
<tr><td>ugen</td><td>ungenügend (Form bzw. Haarwert)</td></tr>
<tr><td>sg/v</td><td>Beurteilung Formwert „sehr gut“, Haarwert „vorzüglich“</td></tr>
<tr><td>ZR 187/91</td><td>Zuchtregistereintragung unter der Nummer 187 im Jahre 1991</td></tr>
<tr><td>Hegewald</td><td>Bundes-Herbst-Zuchtprüfung des VDD</td></tr>
<tr><td>JEP</td><td>Jagdeignungsprüfung (Anforderungen an den Hund in den Ländern unterschiedlich)</td></tr>
<tr><td>VZPO</td><td>Verbands-Zuchtprüfungsordnung (VJP und HZP)</td></tr>
<tr><td>VGPO</td><td>Verbands-Gebrauchsprüfungsordnung (VGP)</td></tr>
<tr><td>LZ</td><td>Leistungszucht</td></tr>
<tr><td>spl</td><td>Spurlaut (Hase oder Fuchs)</td></tr>
<tr><td>sil</td><td>Sichtlaut (Hase oder Fuchs)</td></tr>
<tr><td>st</td><td>Stumm (Hase oder Fuchs)</td></tr>
<tr><td>wdl</td><td>Waidlaut</td></tr>
<tr><td>E. A. F.</td><td>Eigentümer, Ausbilder, Führer</td></tr>
</table>

Leistungszeichen und Kürzel des Jagdgebrauchshundeverbandes	
HD	Hüftgelenkdysplasie
VDH	Verband für das Deutsche Hundewesen
FCI	Internationaler Kynologischer Verband
Jgkl	Jugendklasse (Ausstellung)
Gebrkl	Gebrauchshundklasse (Ausstellung)
Fw	Formwert
Hw	Haarwert
3,5	3 männliche, 5 weibliche Welpen
WT	Wurftag
gew.	geworfen oder gewölft
Brsch	Braunschimmel
Schwsch	Schwarzschimmel
br	braun
m. b. Pl.	mit braunen Platten
m. M.	mit Mantel
Rd	Rüde
Hdn	Hündin
CACIB	Internationales Schönheits-Championat
CACIT	Internationales Arbeits-Championat

steht (X). Zur Erläuterung ein Beispiel: SwI/II bedeutet den I. Preis bei der Über-20-Stunden-Fährte und den II. Preis bei der Über-40-Stunden-Fährte.

Der kranke Deutsch-Drahthaar

Krankheiten, vorbeugende Maßnahmen und andere Hinweise

Die artgerechte Ernährung und Haltung unserer Hunde mit den rechtzeitigen Erst- und Wiederholungsimpfungen gegen Tollwut, Parvovirose, Staupe, infektöse Leberentzündung und Leptospirose verhelfen ihnen gegenüber den gerade aufgeführten Krankheiten zu einer weitgehenden Immunität. Sollte dennoch eine derartige Infektion vorkommen, so wird sie den Deutsch-Drahthaar dank der Vorsorge kaum ernsthaft gefährden. Die folgenden Maßnahmen gilt es zu beachten bzw. in die Tat umzusetzen, um den DD vor Krankheiten weitgehend zu schützen:

Impf- und Parasiten-Behandlungsschema

1. Regelmäßige Entwurmung von Spul-, Band- und Hakenwürmern (auf Wurmfreiheit der Mutterhündin vor dem Deckakt ist zu achten, da Spulwurminfektionen der Föten bereits im Mutterleib möglich sind).
2. Spulwurmkuren der Welpen in der 2., 5. und 8. Lebenswoche (Spulwürmer sind bereits mit drei Wochen geschlechtsreif).
3. Ab der 5. bis 6. Woche Impfung gegen Parvovirose (ohne Infektionsdruck), ab der 8. Woche nach Konsultation des Tierarztes auch gegen Staupe und Hepatitis.
4. Ab der 14. Woche kombinierte Staupe-, infektiöse Leberentzündung-, Leptospirose- und Parvovirose-Impfung; ab dem 5. Lebensmonat gegen Tollwut.

Serumimpfungen haben gegenüber den vordem genannten eine passive Immunisierung zur Folge, deren Schutzwirkung aber nur 14 Tage anhält.

So wird eine Backentasche zum Eingeben flüssiger Medikamente gebildet. Feste Medikamente werden in etwas Leberwurst gegeben und vom DD freudig aufgenommen

Die meisten Erkrankungen gehen mit erhöhter Körpertemperatur des Hundes einher. Es sind dies die In-

Provisorisch geschienter Knochenbruch; die weitere Behandlung sollte baldmöglichst der Tierarzt übernehmen

fektionskrankheiten bakterieller oder viraler Natur. Da eine möglichst frühzeitige medizinische Behandlung die meiste Aussicht auf Erfolg verspricht, ist es wichtig, gewisse Anzeichen für eine Erkrankung, wie Apathie, Freßunlust oder Änderungen im sonst gewohnten Gebaren noch am selben Tage zu bemerken. Das ist bei der Stubenhaltung relativ einfach, bei der Zwingerhaltung auch, wenn man seinen Hund täglich selbst versorgt und ihm seinen täglichen Auslauf zukommen läßt.

Bei fieberhaften Erkrankungen leistet das Fieberthermometer gute Dienste. Die Körpertemperatur des Deutsch-Drahthaar wird im Weidloch, genauer gesagt, im Mastdarm gemessen, wobei der Hund liegen oder stehen kann. Die Dauer der Messung ist mit gut zwei Minuten been-

Bei verändertem Verhalten des Hundes wird man als erstes die Körpertemperatur messen. Das Messen erfolgt im Mastdarm

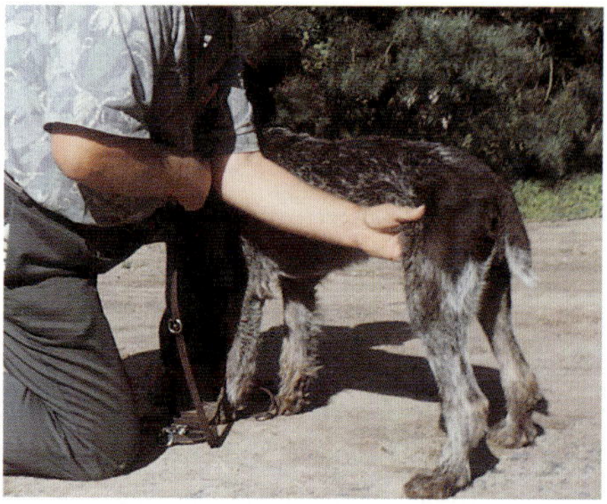

Die gezählten Pulsschläge sollten zur Kontrolle notiert werden. Erhöhter Puls in Ruhestellung gemessen ist auch ein Warnsignal

det und wird bei neueren Thermometern auch akustisch angezeigt. Es empfiehlt sich, die Rute und das Thermometer während der Messung festzuhalten. Die Normaltemperatur beträgt beim Hund 38 bis 39 °Celsius, bei jungen Hunden meist 39 °Celsius. Körpertemperaturen über 39 ° bedeuten, außer bei Erregung, daß mit dem Deutsch-Drahthaar etwas nicht in Ordnung ist. Zusätzlich sollte man dann die Anzahl der Atemzüge und die der Pulsschläge pro Minute notieren. Normale Pulszahlen sind bei erwachsenen Hunden 60 bis 80, bei Junghunden bis 120. Die Zahl normaler Atemzüge liegt beim Alttier zwischen 14 und 16, beim Jungtier zwischen 20 und 22. Bedenkliche Merkmale sind Erbrechen und Durchfall, aber auch Husten, Würgen, vermehrter Durst und das Nicht-Urinieren und -Koten.

Wer seinen Deutsch-Drahthaar ungeziefer- und wurmfrei hält sowie artgerecht ernährt und die angegebenen Schutzimpfungen durchführen läßt, wird sich eines gesunden Hundes erfreuen können. Überanstrengungen können den DD aber gegenüber Ansteckungen empfindlich machen, weswegen eine Beobachtung auf Veränderungen im Benehmen des Hundes wie angeführt einem Tierarzt mitzuteilen sind, der die Art einer eventuell notwendigen Behandlung festlegt.

Da der Hundehalter außer den angegebenen Beobachtungs- und Meßmaßnahmen weitere Schritte nur auf Anweisung des Tierarztes tätigt, werden spezielle Krankheiten deswegen kurz geschildert, ohne auf eigene Behandlungsmaßnahmen hinzuweisen.

Die häufigsten Erkrankungen

Tollwut

Sie ist auch auf den Menschen übertragbar und führt bei nicht rechtzeitiger Behandlung unweigerlich zum Tod. Hauptüberträger dieser Viruskrankheit ist der Fuchs, daher ist jede Beißerei zwischen Hund und Fuchs gefährlich. Gelingt es, den Fuchs zu erlegen, wird er sofort auf Tollwutverdacht untersucht. Ist er positiv, der Deutsch-Drahthaar aber schutzgeimpft, wird er sofort nachgeimpft und eine Quarantäne angeordnet.

Nach dem klassischen Krankheitsbild verläuft die Tollwut in drei Stadien. Als erstes tritt eine Veränderung im Verhalten ein, was als melancholisches Stadium bezeichnet wird, um dann nach etwa ein bis drei Tagen in vermehrte Unruhe mit planlosem Umherirren, wobei Mensch und Tier gebissen werden, ins Stadium der Raserei überzugehen. Verbleibt der DD dann im Zwinger, beißt er in dessen Zaun, benagt unverdauliche Gegenstände, wie Holz, Kohle, Steine, Lumpen, und schlingt sie auch hinunter. Im letzten Stadium treten Lähmungen der Kehlkopfnerven und Muskeln auf, das Bellen geht in heiseres Heulen über, der Unterkiefer hängt herunter, der Speichel fließt frei ab, der Hund beginnt zu schielen, die Lähmungen schreiten fort und es folgt der Tod. Wenn diese Stadien weniger auffällig auftreten bzw. ganze Symptomkomplexe wegfallen, wird diese Erscheinungsform als „stille Wut" bezeichnet, ohne daß diese Form der Tollwut deswegen weniger gefährlich ist.

Staupe
Sie ist eine Virusinfektion, die mit einer hohen Körpertemperatur, ein- oder zweimaligem Erbrechen, oft auch mit Durchfall, Mattigkeit und Appetitlosigkeit beginnt. Da diese Erscheinungen nur einen Tag lang auftreten, werden sie häufig übersehen oder nicht ernst genommen. Nach drei bis acht fieberfreien Tagen tritt dann eine Bakteriämie mit eitriger Bindehautentzündung, Appetitlosigkeit, hohem Fieber, oft verbunden mit Husten, Durchfall oder Erbrechen ein. Im weiteren Verlauf kann sich die Infektion auf den Atmungsbereich oder den Magen-Darm-Trakt auswirken. Wird außerdem das Zentralnervensystem geschädigt (nervöse Form der Staupe), stellen sich Gleichgewichtsstörungen, Krämpfe und Lähmungen ein, die häufig tödlich enden. Übersteht der Hund die nervöse Form der Staupe, behält er jedoch Schädigungen zurück.

Die Ausbildung des sogenannten Staupe-Exanthems, das sich in pustolöser Form an den Schenkelinnenflächen und am Unterbauch zeigt und meist ohne jede Behandlung abheilt, wird als allergische Reaktion eines mit guten Abwehrkräften ausgestatteten Körpers angesehen.

Aujeszkysche Krankheit
Die Aujeszkysche Krankheit ist auch als „Pseudowut" bekannt. Sie ist eine Virusinfektion, welche die Gehirnnerven befällt. Da es noch kein Gegenmittel gibt, ist ein tödlicher Ausgang vorprogrammiert. Die Symptome ähneln vielfach der Tollwut, jedoch ohne daß Beißsucht vorkommt. Allerdings kann es zu Tobsuchtsanfällen kommen. Der Unruhe und Teilnahmslosigkeit folgen starkes Speicheln infolge von Schluckbeschwerden. Bewegungsstörungen zeigen sich in schwankendem Gang. Starker Juckreiz verursacht Kratzen, das bis zur Selbstverstümmelung geht.

Die Aujeszkysche Krankheit wird durch ungekocht verfüttertes, virushaltiges Schweinefleisch bzw. Knochengaben übertragen.

Parvovirose
Sie trat 1978 erstmals als neue Erkrankung bei Hunden auf und zählt zu den gefürchtetsten Welpenkrankheiten der Neuzeit. Das Virus verursacht starke, übelriechende oder auch blutige Durchfälle sowie gehäuftes Erbrechen, was den Wasserhaushalt des Hundes zerstört, den Welpen also austrocknet und somit seinen Tod verursacht. Akute Fälle kommen daher an den Tropf, der die Austrocknung verhindert.

Die Entwicklung eines homologen Lebendimpfstoffes mit einer besonders guten Immunitätsbildung gab den Tierärzten ein probates und hochwirksames Mittel gegen die Parvovirose in die Hand. Mit diesem Impfstoff dürfen auch trächtige Hündinnen geimpft werden, Welpen erstmalig mit sechs Wochen.

Coronavirus-Infektion
Hierbei handelt es sich ebenfalls um eine Magen-Darmentzündung durch Coronaviren, die plötzlich auftretende unstillbare Durchfälle verursachen. Von der Parvovirose ist sie nicht zu unterscheiden.

Reovirus-Infektion
Sie ist weniger verbreitet als beide vorgenannten Erkrankungen. Die fieberhafte Erkrankung der Atemwege tritt kombiniert mit gleichzeitigem Durchfall auf.

Infektiöse Leberentzündung (Hepatitis contagiosa canis)
Wie der Name schon sagt, ist dieses eine Entzündung der Leber, die glücklicherweise selten vorkommt. Sie äußert sich in akuter fiebriger Allgemeinerkrankung, von der die Leber, die Luftwege, schließlich auch das Gehirn befallen sein können.

Eine vorbeugende Impfung ist unbedingt anzuraten. Bei Früherkennen kann auch noch erfolgreich geimpft werden.

Herpesvirus canis-Infektion
Hierbei handelt es sich um eine speziell von Züchtern gefürchtete Krankheit, die auch unter dem Namen „infektiöses Welpensterben" bekannt ist. Eine Verwechslung mit dem „Zwingerhusten" ist möglich, da die Symptome ebenfalls im Atmungsbereich auftreten.

Zwingerhusten
Er tritt meist bei Zwingerhaltung auf. Der Husten wird von ansteigendem Fieber begleitet. Eine vorbeugende, rechtzeitige Impfung wird empfohlen.

Leptospirose (Stuttgarter Hundeseuche)
Beim Menschen „Weilsche Krankheit" genannt, ist sie eine schwere Erkrankung der Leber und der Nieren sowie des Darmes. Bei akuter Form tritt großer Durst auf. Bindehautentzündungen sind, im Unterschied zu denen bei der Staupe, nicht eitrig, sondern haben zähe, grau-schleimige Absonderungen. Befallen werden Hunde jeden Alters, besonders stark aber Welpen und Junghunde. Eine vorbeugende Impfung ist deshalb angeraten.

Hautkrankheiten
Haukrankheiten erzeugen meist einen Juckreiz, Haarausfall, Entzündungen, Auflagerungen, Verfärbungen, Verdickungen oder Nekrosen (absterbendes Gewebe). Sie haben verschiedene

Ursachen wie Ekzeme, Dermatomykosen (Infektion mit Schimmelpilzarten), Furunkulosen, Vergiftungen (Thallium), Aujeszkysche Krankheit (starker Juckreiz), Staupe (sogenannte Staupepusteln an den Schenkelinnenflächen und dem Unterbauch), Vitamin- und Hormonhaushaltsstörungen, Parasitenbefall (wie Flöhe, Haarlinge, Läuse, Milben) und Allergien.

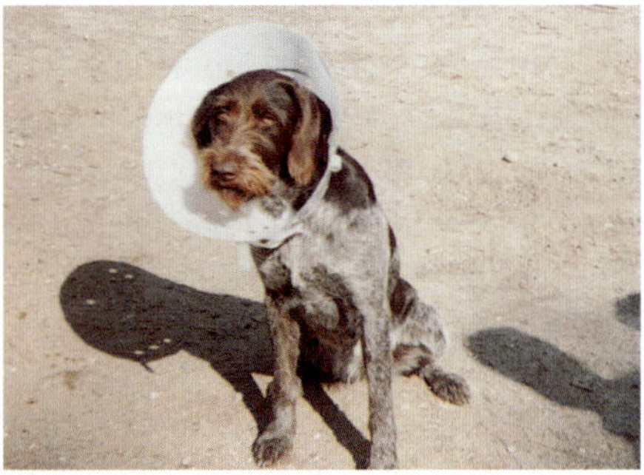

Um ein Belecken behandelter Hautflächen zu verhindern, wurde dem DD ein „Spanischer Kragen" verordnet

Vorbeugend dagegen sind eine sachgerechte Fütterung, das Freihalten von Ungeziefer und Parasiten sowie eine saubere Unterbringung des Hundes. Beim Auftreten von permanentem Juckreiz, Haarausfall, Entzündungen, Verkrustungen muß der Hund unbedingt dem Tierarzt vorgestellt werden. Vom Hund apportierte Füchse sind auf Sarkoptesräude wegen der Ansteckungsgefahr zu kontrollieren.

Gehörgangsentzündung
Die als „Ohrenzwang" bekannte Entzündung ist die Erkrankung der häutigen Auskleidung des äußeren Gehörganges. Da die Ursachen dieser Erkrankung sehr unterschiedlich sein können, bedarf es der Untersuchung durch den Tierarzt. Symptome sind heftiges Schütteln des Kopfes und Kratzen mit der Pfote an dem betreffenden Ohr, da ein Juckreiz vorhanden ist. Dabei kann es zu Schmerzäußerungen kommen. Nach starker Verschmutzung kann man mit milder, handwarmer Lösung (Ohrpflegelotion) spülen. Wattestäbchen dürfen keinesfalls verwendet werden, da sie Fremdkörper oder Ohrenschmalzpfropfen mit in die Tiefe des Gehörgangs schieben.

Rachitis
Die Rachitis, die Knochenweiche bei Welpen und Junghunden, ist eine typische Mangelkrankheit. Bei den heutigen Ernährungsmöglichkeiten der Mutterhündin und der Welpen dürfte sie bei einem ernsthaften Züchter nicht mehr vorkommen.

Gebärmuttervereiterung (Pyometra)
Sie tritt meist erst nach dem sechsten Lebensjahr auf. Die Vereiterung kommt unabhängig davon vor, ob die Hündin schon einmal geworfen hat oder nicht. Allgemeine Mattigkeit, starkes Durstgefühl und schokoladenbrauner Ausfluß aus der Scheide sind

typische Anzeichen dieser Erkrankung. Eine rechtzeitige operative Entfernung der Gebärmutter läßt die Hündin nach Ulrich „aufblühen“. Sie ist anschließend ungemindert jagdlich einsatzfähig.

Wird eine vereiterte Gebärmutter nicht entfernt, führt diese Erkrankung innerhalb weniger Wochen oder Monate zum Tode.

Entzündung der Lidbindehäute

Beim jagdlichen Einsatz können Fremdkörper hinter die Lidbindehäute gelangen, sei es als Spelze, Sand, Staub oder in anderer Form. Es entsteht dadurch ebenso wie durch Zugluft, wenn z. B. der Deutsch-Drahthaar aus dem fahrenden Auto schauen darf, eine Entzündung der Lidbindehäute, die unbehandelt chronisch werden kann. Es besteht Juckreiz der Lider mit Rötung der Bindehaut. Lichtscheue, Tränenfluß und eitriger Ausfluß sind weitere Symptome. Die Diagnose und Behandlung sollten einem Tierarzt überlassen werden.

Furunkulose der Zwischenzehenhaut und Ballen

Das Durchlaufen der Ballen geschieht vornehmlich in der Hauptjagdzeit nach stunden- oder tagelangen Einsätzen auf ausgedörrtem hartem oder steinhart gefrorenem Ackerboden. Ohne Wundbehandlung kommt es zu einer Furunkulose der Zwischenzehenhaut und der Ballen.

Hüftgelenksdysplasie (HD)

Die HD ist in ihrer Anlage eine vererbbare Erkrankung bzw. Mißgestaltung des Hüftgelenks, die einseitig oder beidseitig auftreten kann. Äußerlich ist sie nur verdachtsweise zu diagnostizieren, genaue Auskunft ergibt eine entsprechende Röntgenaufnahme vom Becken des Deutsch-Drahthaar. Diese wird erst mit einem Jahr vorgenommen, da dann keine weiteren wachstumsmäßigen Veränderungen mehr eintreten. Vor dem Röntgen werden die Hunde durch eine Injektion ruhig gestellt, damit kein Verwackeln der Aufnahme erfolgen kann.

Die HD zeigt sich morphologisch durch eine stark abgeflachte Gelenkpfanne, in welcher der Hüftgelenkskopf nicht genügend Halt findet. Die Krankheit äußert sich anfangs durch Bewegungsunlust und leichte Ermüdung. Im fortgeschrittenen Stadium setzen sich die Hunde gern hin, springen nur zögernd und zeigen einen unsicheren und schwankenden Gang. Eine Heilbehandlung ist durch Implantation möglich, doch äußerst kostspielig. Ein weiterer aktiver jagdlicher Einsatz ist in Frage gestellt. Die Zulassung zur Zucht wird damit auch nicht erreicht.

Verletzungen

Angefahrene Hunde

Der heutige Straßenverkehr ist so dicht geworden, daß ein Deutsch-Drahthaar während seines Einsatzes in der jagdlichen Praxis oder während der Ausbildung leicht einem Verkehrsunfall zum Opfer fällt. Hier soll nicht auf die Schuldfrage, sondern auf die Erfolgsaussichten der Heilung eingegangen werden.

Ein Bruch der Wirbelsäule schließt eine Heilung aus, zumal wenn noch das Rückenmark zerrissen oder gequetscht wurde. Die Rückenlinie weist einen Knick auf, die Hinterhand ist vollkommen gelähmt, der Hund kann weder urinieren noch koten.

Beckenbrüche heilen verhältnismäßig gut, wenn das Becken nicht zu stark zerstört ist. Notwendig sind drei Wochen Ruhe, die der Hund in einer nicht zu großen Kiste oder einem Korb „abliegen“ muß. Beim Bruch des Oberschenkels erfolgt eine ähnliche Behandlung. Brüche der anderen Röhrenknochen müssen jedoch nach Abschwellen der Bruchstelle geschient und eingegipst werden.

Wenn die Harnblase zerrissen ist, so ist der Tierarzt in der Lage, das zu erkennen und die Blase zu nähen.

Eine defekte Milz kann operativ entfernt werden, da der Hund auch ohne sie leben kann. Ein Zerreißen der Leber führt aber infolge innerer Verblutungen meist zum Tode. Wird der Darm von seiner Aufhängevorrichtung abgerissen, kann durch eine Operation ein Verbluten verhindert werden. Ein Zerreißen des Darms kann bei rechtzeitiger Vorstellung und Erkennung operativ behandelt werden. Knochenbrüche sind provisorisch mittels zweier daumenstarker gerader Stöcke zu schienen. Der Bruch ist vorher in die ursprüngliche Stellung zu bringen. Fixiert wird diese Lage durch festes Umwickeln mit einer Binde.

Verletzungen durch Schrotschuß

Ein aus unmittelbarer Nähe abgegebener Schrotschuß hat verheerende Verletzungen zur Folge und deformiert ganze Körperteile, sofern nicht nur Randschrote treffen. Bei normaler Schrotschußentfernung von etwa 35 Meter kommt es auf die Körperfläche an, die getroffen wird. Ein Schrotschuß soll das zu bejagende Tier durch die Schockwirkung, also durch Einwirkung auf das gesamte Nervensystem, töten und nicht aufgrund der Durchschlagkraft der Schrote. Die Mehrzahl der Schrotschüsse verursacht beim Deutsch-Drahthaar in der genannten Distanz nur Prellschüsse, bei denen die Schrote in die Unterhaut bzw. Muskulatur eindringen, wo sie einheilen können.

Verletzungen durch Kugelschuß

Die direkte Wirkung eines Teilmantelgeschosses auf den Deutsch-Drahthaar hat wohl fast immer dessen sofortigen Tod zur Folge. Bei Ablenkung des Geschosses hat es sich meist schon zerlegt, so daß der DD nur von einem Splitter getroffen wird. Bei Verletzungen gilt das über den angefahrenen oder überfahrenen Deutsch-Drahthaar Gesagte, doch sind die Auswirkungen bei Organen, die ein an Flüssigkeit reiches Gewebe innerhalb einer kräftigen Kapsel enthalten, ungemein stärker. Das betrifft den Schädel, die großen Muskeln, die Nieren, die Leber und die Milz. Bauchschüsse sind weniger gefährlich, wenn die Hunde nicht vor der Jagd gefüttert oder getränkt worden sind. Stark blutende Verletzungen gefährden das Leben des Deutsch-Drahthaar durch Versagen des Kreislaufes. Eine blaßrosa bis porzellanweiße Färbung der Schleimhäute der Augen, der Mundhöhle, bei Hündinnen auch noch der Scheide bedeuten eine akute Lebensgefahr infolge der inneren oder äußeren Blutungen. Bei allen blutenden Schußverletzungen gilt es daher, die Blutung schnellstens zum Stillstand zu bringen. Meist genügt ein Druckverband bzw. ein Auslegen der Wunde mit Verbandzeug und Umwickeln mit festen Binden. Falls nicht, ist ein Abbinden mit einer Staubinde nötig, ein Taschentuch tut es auch. Das Abschnüren soll nicht länger als zwei Stunden andauern und auch nicht mit Bindfaden oder dünnem Draht geschehen.

In all den genannten Fällen ist ein Tierarzt oder eine Tierklinik nach der ersten Hilfe umgehend aufzusuchen.

Biß-, Stich-, Hieb- oder Rißverletzungen

Bei Hundebeißereien wird meist kein Eimer Wasser zur Verfügung stehen, um ihn über den Köpfen der Kontrahenten zu entleeren. Ein Dazwischenfassen bringt nur uns Bißverletzungen ein. Ein Auseinanderbringen gelingt dann, wenn jeder Besitzer seinen Hund an der Rute faßt und aushebt. Ein Draufeinschlagen hilft kaum etwas. Blutungen, wie sie durch den Biß einer Bache entstehen können, sind wie bereits geschildert zu behandeln, das selbe gilt auch für derartige Verletzungen durch Keiler, Rot- oder Damhirsch.

Verletzungen dieser Art sind fast immer mit mehr oder weniger starken Infektionen verbunden, weshalb die Heilung über den Umweg der Eiterung erfolgt. Verletzungen mit Taschen- oder Höhlenbildung werden wegen der Eiterversackung nicht genäht, sondern offen behandelt. Die Öffnung für den Abfluß verbleibt an der tiefsten Stelle der Wunde.

Kleinere Verletzungen, die der Hund sauberlecken kann, heilen von den Wundrändern her auch ohne tierärztliche Versorgung. Das einzuschätzen bedarf aber entsprechender Erfahrung des Hundebesitzers. Im Zweifelsfall sollte man immer einen

Tierarzt aufsuchen. Bei dieser Verletzung ist Stubenhaltung angebracht. Die heilende Wirkung bei Wunden, die der Hund belecken kann, kommt von dem Speichel, der die Bestandteile enthält, welche die Ausbreitung von Krankheitserregern hemmen. Der Speichel wirkt also desinfizierend.

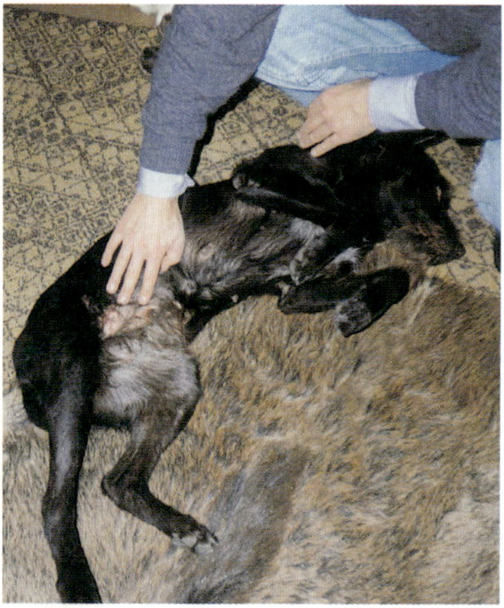

Diesmal traf der Keiler die Hündin in die Flanke am Gesäugerand.

Wurde die Bauchhöhle geöffnet und sind Darmteile herausgetreten, so sind diese vor weiteren Verschmutzungen durch Überlegen eines sauberen Tuches zu schützen. Das Zurückverlagern sollte dem Tierarzt überlassen bleiben, da die Darmteile vorher keimfrei gesäubert werden müssen.

Wurde der Brustkorb eröffnet, ist die Öffnung sofort luftundurchlässig abzudecken, etwa mit einer Schweißeinlage oder einem luftundurchlässigen Frühstücksbeutel.

Das Einströmen von Luft verursacht das Zusammenfallen des Lungenflügels. Eine rechtzeitige Operation verschließt die Öffnung und der Körper kann die eingedrungene Luft wieder abbauen. Werden jedoch beide Brustkorbseiten geöffnet, tritt unweigerlich der Tod durch Ersticken ein.

Verschluckte Fremdkörper

Vornehmlich junge Hunde verschlukken Fremdkörper infolge ihres Spiel- und Apportiertriebes. Nicht alle Fremdkörper gelangen gleich in den Magen, sondern können sich aufgrund ihrer Beschaffenheit davor festsetzen. Durch Erbrechen wird der Deutsch-Drahthaar versuchen, den Fremdkörper loszuwerden. Es hat aber keinen Zweck, lange darauf zu warten, sondern es ist schnellstens tierärztliche Hilfe in Anspruch zu nehmen.

Fremdkörper im Magen verursachen nur gelegentlich Erbrechen. Ein Abwandern in den Darm kann aber zum Darmverschluß und damit zum Tode führen. Symptome sind häufiges Erbrechen, Appetitlosigkeit und Fehlen des Kotabsatzes. Zwecks Fremdkörperdiagnose ist eine Röntgenaufnahme notwendig. Eine Magenoperation ist nicht so schwierig wie eine Darmoperation.

Das Ende, der Alterstod

Das Gespann Jäger und Hund hat leider nur eine begrenzte Zeit zur Verfügung, sie beträgt im Normalfall zwölf bis vierzehn Jahre und ist aus der Sicht des Menschen eher kurz. Man hat davon abgeleitet, daß ein Menschenjahr etwa sieben Hundejahren gleich zu setzen ist. Wer es differenzierter haben möchte, orientiert sich an der folgenden Tabelle:

Alter des Hundes im Vergleich mit dem Alter des Menschen in Jahren

Alter des Hundes	Alter des Menschen
$^1/_2$	10
1	15
2	24
3	28
4	32
5	36
6	40
7	44
8	48
9	52
10	56
12	64
14	72
16	80

Eine andere Faustregel besagt, daß man vier Jahre einen jungen, vier Jahre einen leistungsstarken und vier Jahre einen alten Hund hat. Der Jäger kann also nicht gemeinsam mit seinem Deutsch-Drahthaar alt werden. Er kann aber ein Jahrzehnt seines Lebens mit seinem Hund verbringen, in denen der vierläufige Jagdgefährte ein unentbehrlicher Gehilfe wird und sie beide eine Vielzahl von unvergeßlichen Jagdtagen miteinander erleben. Mit zunehmendem Alter lassen die Kräfte und auch die Sinne des DD nach, er kompensiert das aber mittels seiner großen jagdlichen Erfahrungen. Doch es kommt der Tag, an dem seine Kräfte rapide nachlassen, seine Läufe ihn nicht mehr tragen wollen. Es ist traurig, so etwas mit ansehen zu müssen, aber waren wir so lange ein unzertrennliches Gespann, so soll er seinen letzten Weg nicht alleine gehen. Auf den Schoß genommen, wird er gestreichelt und ihm liebevoll zugesprochen, während der Tierarzt ein schmerzloses Hinüberschlummern ermöglicht.

Die letzte Ruhestätte sollte das Revier sein, in dem er uns Begleiter und Helfer war. Kommen wir dort vorbei, gilt ihm unser Gruß, indem wir in Dankbarkeit unseren Hut ziehen.

Literaturverzeichnis

ANDREAS, K.: Gerechte Jagdhundschulung, München 1966

ANDREAS, K.: Der Hund – mein Waidgesell, München 1969

ARCULARIUS, H.: Entwicklung, Vererbung und Umwelt, Berlin 1954

BACA, J.: Auf Wundspur und Schweißfährte, München 1976

BARTH, W.-E.: Der Hannoversche Schweißhund als Beispiel der Entwicklung eines deutschen Jagdhundes, Hann. Münden 1969

BOHN, G.: Die Krankheiten des Jagdgebrauchshundes, Neudamm 1938

BUNGARTZ, J.: Die jagdbaren Tiere Europas, Stuttgart 1886

BURNS, M. und FRASER, M.: Die Vererbung des Hundes, Reutlingen 1968

BYHAIN, F.: Handbuch Deutsch-Kurzhaar, Nürnberg 1973

CIRSOVIUS, F.: Der brauchbare Jagdhund, Neudamm 1935

CREYTZ, A. v.: Die Dressur des Hundes, Neudamm 1911

DÖBEL, H. W.: Jäger Practica, Leipzig 1754

DORN, K.: Hund und Umwelt, Berlin 1957

EISERHARDT, H.: Die Führung des Jagdhundes in Feld, Wald und Wasser, Berlin 1953

ENDE, R. v.: Die Abrichtung des Fährtenhundes, Berlin 1954

ENDE, R. v.: Über Wölfe und Hunde, Berlin 1982

FEDDERSEN-PETERSEN, D.: Hundepsychologie, Stuttgart 1987

FISCHEL, W.: Die Seele des Hundes, Berlin 1950

FISCHEL, W.: Tierpsychologie und Hundeforschung, Leipzig 1941

FISCHER, H.: Der Hund, Leipzig 1923

FLEMMING, H. F. v.: Der vollkommene Teutsche Jäger, Leipzig 1719

FREUND, W.: Der Wolfsmensch, Melsungen 1988

FREVERT, W.: Jagdliches Brauchtum, Berlin 1942

FREVERT, W. und BERGIEN, K.: Die gerechte Führung des Schweißhundes, Hamburg 1974

FRIESS, R.: Unsere Jagdhunde, München 1949

FRIESS, R.: Hatz-Watz, München 1963

FRIESS, R.: Sünden rings um die Schweißarbeit, Wien 1960

GEIGER, G.: Prüfungswesen und Leistungsvererbung beim Deutschen Drahthaarigen Vorstehhund (DD), Gießen 1973

GEROLD, A.: Hund und Jäger, Wien 1973

GRANDERATH, F.: Hundeabrichtung, Radebeul 1952

GRASHEY, O.: Praktisches Handbuch für Jäger, Stuttgart 1894

GUCKEL, H.: Hundezucht in Wort und Bild, Berlin 1956

HANZKE, R.: Die Ausbildung des Gebrauchshundes, Berlin 1924

HASSENSTEIN, B.: Instinkt – Lernen – Spielen – Einsicht, München 1980

HEDER, F.: Wie ich meine Hunde dressierte, Neudamm 1920

HEGENDORF: Der Hund nach dem Schuß, Hamburg 1950

HEGENDORF: Der Gebrauchshund, Berlin 1951

HEGENDORF: Wie sag ich's meinem Hunde, Wien 1953

HEGENDORF und TABEL, C.: Richten und Führen, München 1955

HEGEWALD: Schriften über den Gebrauchshund, Neudamm 1911

HENSELER, H.: Über die Bedeutung der Mendelschen Vererbungsregeln für die praktische Tierzucht, Berlin 1913

HERB, W.: Totverbellen, Totverweisen und Schweißhundarbeit des Gebrauchshundes, Neudamm 1899

HILBRIG, K.: Die wichtigsten Blutlinien und Familien des deutschen Gebrauchshundes, Neudamm 1913

HOFMANN, O.: Der Feld- und Waldgebrauchshund, Wiesbaden 1957

HOHNAU, A. L.: Anleitung zur Zucht und Dressur aller Arten der Jagdhunde, Quedlinburg 1865

HÜTHER, C.: Der Deutsche Pudel, München 1907

KADICH, H. V.: Der stichelhaarige deutsche Vorstehhund, Berlin 1888

KLEEMANN, P.: Abstammung und Entwicklung von Deutsch-Kurzhaar, Leipzig 1937

KLIX, F.: Information und Verhalten, Berlin 1971

KLIX, F.: Erwachendes Denken, Berlin 1980

KOBER, U.: Mein Hund, Berlin 1952

KOCH-KOSTERSITZ: 400 Ratschläge für den Hundefreund, Radebeul 1963

KREWER, B.: Die Nachsuche auf Schalenwild, Hannover 1989

LORENZ, K.: Über tierisches und menschliches Verhalten, München 1965

MENZEL, R. und R.: Die Verwertung der Riechfähigkeit des Hundes, Berlin 1930

MEYER, P.: Taschenlexikon der Verhaltenskunde, Paderborn 1976

MOST, K.: Die Abrichtung des Hundes, Braunschweig 1951

MOXON, P. R. A.: Die Führung von Jagdhunden nach englischer Methode, Hamburg und Berlin 1963

MUELLER, F.: Die Verwendung des Jagdhundes nach dem Schuß, Leipzig 1938

NAAKTGEBOREN, C.: Die Geburt bei Haus- und Wildhunden, Wittenberg 1971

NORDENFLYCHT, G. V.: Diezels Niederjagd, Berlin 1915

OBERLÄNDER: Herbstblätter, Leipzig 1914

OBERLÄNDER: Die Dressur und Führung des Gebrauchshundes, Neudamm 1926

OSTERMANN, FR.: Die Deutschen Jagdgebrauchshunde, o. O. 1962

OSWALD, F.: Der Vorstehhund, Rudolstadt 1883

ROLFS, K.: Der Jagdgebrauchshund, Berlin 1970

ROLFS, K.: Abrichten des Jagdhundes, Melsungen 1989

SCHMIDT, H. D.: Allgemeine Entwicklungspsychologie, Berlin 1970

SEIFERLE, E.: Wesensgrundlagen und Wesensprüfung des Hundes, Bern 1972

SINZ, R.: Lernen und Gedächtnis, Berlin 1980

SINZ, R.: Gehirn und Gedächtnis, Berlin 1978

SYROTUCK, W. G.: Hund. Geruch und Fährte, Walldorf 1981

TABEL, C.: Dreizehn meiner besten Hunde, München 1954

TABEL, C.: Der Gebrauchshundjährling, München 1957

TABEL, C.: Der Jagdgebrauchshund, München 1981

TEICHMANN, P.: A B C der Hundekrankheiten, Leipzig 1968

TEMBROCK, G.: Grundriß der Verhaltenswissenschaften, Jena 1973

TEMBROCK, G.: Grundlagen der Tierpsychologie, Berlin 1963

TEMBROCK, G.: Tierpsychologie, Wittenberg 1956

TEMBROCK, G.: Verhaltensforschung, Jena 1964

TRUMLER, E.: Mit dem Hund auf Du, München 1971

TRUMLER, E.: Hunde ernst genommen, München 1970

TSCHUDI, J.: Winkells Handbuch für den Jäger und Jagdliebhaber, Leipzig 1878

VETTERLI, P.: Die Jagdhunde, Zürich 1969

VOGL, F.: Juristisches Handbuch für Hundehalter, Regensburg 1985

WEGNER, W.: Kleine Kynologie, Konstanz 1979

WEIDT, H.: Der Hund mit dem wir leben: Verhalten und Wesen, Hamburg und Berlin 1989

WIESNER, E. und WILLER, S.: Genetik der Hundekrankheiten. Leipzig 1983

WINCKELL, G. F. D.: Handbuch für Jäger, Jagdberechtigte und Jagdliebhaber, Band 1, Leipzig 1820

WÖRZ, E.: Der Vorsteh- und Gebrauchshund, Neudamm 1909

ZIMPEL, H.: Jagd und Wild, Berlin 1969

ZIMPEL, H.: Praxis der Jagd, Berlin 1963

DGStB: Band 27, 35, 37, 38 43–51, 53–55, 85–88

Deutsch-Drahthaar-Blätter: Band 7–14

JGHV: 75 Jahre Jagdgebrauchshundverband, Braunschweig 1974

VDD: 50 Jahre 1902–1952, Hamm 1952

VDD-Festschrift: 25. Hegewaldzuchtprüfung 1920–1954

VDD-Gruppe Berlin: 25 Jahre 1961–1986, Berlin 1988

VDD-Gruppe Mittelrhein: 75 Jahre 1914–1989, Kirchheimbolanden 1989

VfdDH e.V. Kynologischer Weltkongreß, Dortmund 1973

Gliederung und personelle Besetzung des VDD

nach dem Stand vom 1. Juni 1994

Geschäftsführender Vorstand

Vorsitzender: Gideon Freiherr von Redwitz, Wendelsteinstraße 25, 83071 Stephanskirchen, Telefon (0 80 31) 7 13 58, Telefax (0 80 31) 7 33 39

Stv. Vorsitzender: Franz-Clemens Hoff, Boschstr. 2, 59609 Anröchte, Telefon (0 29 47) 7 77

Geschäfts- und Kassenführerin: Hannchen Terboven, Tinkrathstraße 47, 45472 Mühlheim an der Ruhr, Telefon (02 08) 37 25 75, Telefon (02 08) 37 08 87 privat, Telefax (02 08) 37 25 75

Hauptzuchtwart: Georg Greller, Siegelsdorfer Straße 18 a, 90587 Veitsbronn, Telefon (09 11) 75 633 33, Telefax (09 11) 7 54 00 19

Schriftleiter der DD-Blätter: Prof. Dr. Dieter Birnbaum, W.-Rathenau-Straße 57, 17489 Greifswald, Telefon (0 38 34) 36 87, Telefax (0 38 34) 36 87)

Zuchtbuchführerin: Heide Haverland, Siegelsdorfer Straße 18a, 90587 Veitsbronn

Gruppen

Artland-Südoldenburg

Vorsitzender: Dr. Ludwig Alberty, Weizenkamp, 49401 Damme, Telefon (0 54 91) 26 33

Stv. Vorsitzender: Heinz Eissing, Bahnhofstr. 4, 49762 Lathen/Ems, Telefon (0 59 33) 9 36 10, Telefax (0 59 33) 93 61 17

Geschäftführerin: Ursula Lühr, Haferkamp 14, 49586 Merzen, Telefon (0 54 66) 2 51

Kassierer: Engelbert Müller, Am Schwertberge 18, 49401 Damme, Telefon (0 54 91) 25 71

Zuchtwartin: Friedericke Thamann, Nellinghof-Schierberg, 49434 Neuenkirchen, Telefon (0 54 93) 5 09 21

Baden

Vorsitzender: Hans Adam, Zinngasse 8, 79780 Stühlingen, Telefon (0 77 44) 2 43

Stv. Vorsitzender: Winfried Sillmann, Rheinstraße 9 a, 79367 Weisweil, Telefon (0 76 46) 4 35

Geschäftführer: Wilfried Flamm, Forsthausstraße 3, 79331 Teningen, Telefon (0 76 41) 5 15 87

Kassierer: Gernot Hodapp, Seebuschstraße 18, 77833 Unzhurst, Telefon (0 72 23) 4 02 35

Zuchtwart: Edmund Grampp, Herrenstraße 33, 77866 Rheinau-Diersheim, Telefon (0 78 44) 72 93

Berlin-Brandenburg

Vorsitzender: Peter Neusel, Eschenallee 24, 14050 Berlin, Telefon (0 30) 3 05 93 25, Telefax (0 30) 3 04 12 38

Stv. Vorsitzender: Joachim Olbrecht, Stargasse 18, 16866 Kyritz, Telefon (03 39 71) 7 13 97 privat, Telefon (03 31) 7 69 41 dienstlich

Geschäftführer: Werner Schreiber, Lessingstraße 17, 14482 Potsdam-Babelsberg, Telefon (03 31) 7 54 28, Telefax (03 31) 7 54 28

Kassierer: Thomas Schmidt, Grabenstraße 28, 14943 Luckenwalde, Telefon (0 33 71) 32 06 privat, Telefon (0 33 71) 5 23 25 dienstlich

Zuchtwart: Dr. Horst Rambusch, Johann-Sebastian-Bach-Straße 18, 14513 Teltow, Telefon (0 33 28) 4 20 57

Bremen

Vorsitzender: Ludwig Müller, Ulmenweg 4, 28816 Stuhr, Telefon (0 42 06) 16 51, Telefax (04 21) 56 44 86

Stv. Vorsitzender: Paul Noculak, Hördorfer Weg 5, 27711 Osterholz-Scharmbeck, Telefon (0 47 91) 74 49

Geschäftsführerin: Käthe Ströll, Industriestraße 33, 28816 Stuhr, Telefon (04 21) 80 45 85

Kassierer: Sven Haesloop, Hauptstraße 25, 28816 Stuhr, Telefon (04 21) 80 41 42

Zuchtwart: Franz Ströll, Industriestraße 33, 28816 Stuhr, Telefon (04 21) 80 45 85

Canada

Vorsitzender: George Boyd, P.O. Box 634, Kentville, NS B4N 3X7, Telefon 902–679–1308

Stv. Vorsitzender: John L. Mann, 518 Texas Road, Amhurstburg, ON, Telefon 519–736–7403

Geschäftführer: Michael Deppe, R. R. 1 Lake Shore Drive, Morrisburg, ON KOC 1XO, Telefon 613–543–2117

Zuchtwart: Eberhard Janke, R.R.2, 3237 Stonecrest Road, Woodlawn, ON KOA 3MO, Telefon 613-832-1254, Telefax 613–592–4477

Essen-Ruhr

Vorsitzender: Dr. Franz Petermann, Silberstraße 23, 44137 Dortmund, Telefon (02 31) 52 62 10

Stv. Vorsitzender und Zuchtwart: Karl Terhart, Rhedebrügger Straße 90, 46325 Borken, Telefon (0 28 72) 21 56, Telefax (0 28 72) 40 21

Geschäftführerin: Adelheid Korte, Josef-Albess-Straße 5, 46240 Bottrop, Telefon (0 20 41) 3 61 54, Telefax (0 20 41) 68 58 37

Kassierer: Jochen Trebing, Wasserkurter Straße 33, 59174 Kamen-Methler, Telefon (0 23 07) 3 08 35

Freistaat Sachsen

Vorsitzender: Gerhard Wernicke, Am Fischerwinkel 3, 04435 Schkeuditz, Telefon (03 42 04) 6 23 15, 6 26 34

Stv. Vorsitzender: Dr. Gisbert Röhler, Am Fischerwinkel 11, 04435 Schkeuditz, Telefon (03 42 04) 6 36 85

Geschäftführer: Hermann Machals, Hirschsprung 45, 04249 Leipzig, Telefon (03 41) 4 78 34 08

Kassierer: Günther Krause, Am Sportplatz 24, 06254 Wallendorf, Telefon (03 46 39) 3 10

Zuchtwart: Fritz Altermann, Plagwitzer Weg 2, 04827 Machern, Telefon (03 42 92) 32 11

Hamburg

Vorsitzender: Jürgen Schütt, Schusterberg 7, 21271 Hanstedt, Telefon (0 41 84) 84 84, und (0 40) 7 92 40 61, Telefax (0 40) 7 92 84 55

Stv. Vorsitzender: Reiner Wedemeier, Estorfer Straße 1, 21726 Kranenburg, Telefon (0 41 40) 7 82

Geschäftführerin und Kassiererin: Hiltrud Iltgen, Paganiniweg 5, 22145 Hamburg, Telefon (0 40) 6 78 49 79

Zuchtwart: Peter Suhr, Moordende 65, 21635 Jork, Telefon (0 41 62) 66 00

Hessen

Vorsitzender: Siegfried Desch, Rädchen 7, 35625 Hüttenberg, Telefon (0 64 47) 68 94

Stv. Vorsitzender: Hans Blitz, Talstraße 32, 64739 Höchst, Telefon (0 61 63) 22 54

Geschäftführer und Kassierer: Helmut Volk, Kirchstraße 6, 35440 Linden-Leihgestern, Telefon (0 64 03) 6 27 73
Zuchtwart: Werner Nestl, Schlaggasse 31, 36667 Nidda, Telefon (0 60 43) 84 06

Lüneburger Heide
Vorsitzender: Hermann Hellwinkel, Forsthaus Spange, 27299 Langwedel, Telefon (0 42 30) 14 01
Stv. Vorsitzender: Johann-H. Willen, Alter Kirchweg 1, 27432 Bremervörde, Telefon (0 47 61) 68 22
Geschäftführer: Karlheinz Kruse, Alter Sandberg 27, 31535 Neustadt, Telefon (0 50 36) 8 04
Kassierer: Peter Hohenstein, Brochdorferstraße 22, 29643 Neuenkirchen, Telefon (0 51 95) 21 06
Zuchtwart: Dr. Eckhard Brunken, Ludwigstraße 33, 27283 Verden, Telefon (0 42 31) 31 67

Märkische Heide
Vorsitzender und Geschäftführer: Konrad Schlaegel, Freienwalder Straße 52, 16269 Wriezen, Telefon (03 34 56) 24 40
Stv. Vorsitzender: Otto Vöcks, Oberförsterei, 15306 Neuentempel, Telefon (0 33 46) 89 47
Kassiererin: Dr. Heike Nösel, Berliner Straße 33, 16259 Bad Freienwalde, Telefon (0 33 44) 36 98
Zuchtwart: Erdmann Greiser, Buschmühlenweg 55, 15230 Frankfurt/O., Telefon (03 35) 32 40 06

Mecklenburg-Vorpommern
Vorsitzender: Prof. Dr. Dieter Birnbaum, Rathenaustraße 57, 17489 Greifswald, Telefon (0 38 34) 36 87, Telefax (0 38 34) 36 87
Stv. Vorsitzender: Claus Rudolph, Priemerburg, 18273 Güstrow, Telefon (0 38 43) 21 12 61
Geschäftführer und Kassierer: Heinz Braun, Neustädter Straße 11, 19288 Ludwigslust, Telefon (0 38 74) 2 24 11, Telefax (0 38 74) 2 24 11
Zuchtwart: Karl-Hermann Heinrich, Amselweg 3, 23968 Zierow, Telefon (0 38 41) 64 24 48

Mittelrhein
Vorsitzender: Richard Deichmann, Vor dem Schloß 22, 55234 Bechtolsheim, Telefon (0 67 33) 2 07, Telefax (0 61 35) 17 38
Stv. Vorsitzender: Uwe Tabel, Bahnhofstraße 18, 67471 Elmstein, Telefon (0 63 28) 2 60, Telefax (0 63 28) 17 57
Geschäftführer: Peter Menges, Hinter dem Schloß 30, 55234 Bechtolsheim, Telefon (0 67 33) 60 60
Kassierer: Hugo Frohnweiler, Gottfried-Schwalbach-Straße 34, 55127 Mainz, Telefon (0 61 31) 36 13 02, Telefax (0 61 31) 20 08 18
Zuchtwart: Reinhard Scherr, Forsthaus, 67471 Elmstein-Iggelbach, Telefon (0 63 28) 2 26

Niederlausitz
Vorsitzender: Peter Bihn, Logenstraße 32, 15907 Lübben/Spreewald, Telefon (0 35 46) 43 22
Stv. Vorsitzender und Zuchtwart: Siegmar George, Hopfengarten 5, 04932 Großthiemig
Geschäftführerin: Doreen Lehr, Hauptstraße 45, 04932 Großthiemig
Kassiererin: Susanne Heidenreich, Plessaer Straße 6, 04932 Gröden

Niederrhein
Vorsitzender: Allobernd Janßen, Blessemer Straße 27, 50364 Erftstadt-Lechenich, Telefon (0 22 35) 7 77 78, Telefax (0 22 35) 69 01 99
Stv. Vorsitzender: Rainer Dahm, Luisenstraße 22, 42929 Wermelskirchen
Geschäftführerin und Kassiererin: Marion Freieck, Priemberg 218, 42555 Velbert, Telefon (0 20 51) 25 41 19
Zuchtwart: Dr. Carlhermann Schürner, am Kloster 10, 42799 Leichlingen, Telefon (0 21 75) 48 95, Telefax (0 21 75) 48 95

Niedersachsen
Vorsitzender: Wilhelm Philipps, Zur Linde 1, 31167 Bockenem, Telefon (0 50 67) 21 02
Stv. Vorsitzender: Karl Hödicke, Forsthaus Eschershausen, 37170 Uslar, Telefon (0 55 71) 22 27
Geschäftführerin: Christa Gutsmann, Hauptstraße 69, 38547 Calberlah, Telefon (0 53 74) 6 60 69
Kassierer: Stefan Kaiser, Sölg 1, 38704 Liebenburg, Telefon (0 53 46) 46 25

Zuchtwart: Uwe Kollecker, Ostdeutsche Straße 4, 31319 Sehnde-Höver, Telefon (0 51 32) 65 63

Nordamerika

Vorsitzender: Dr. James Grady, 2711 Rocky Brook Road, Opelika, AL 36801, Telefon (001) 205–749–1340, Telefax (001) 205–749–3223

Stv. Vorsitzender: Roger Smith, 45 Stokes Road, Shamong, NJ 08088-9805, Telefon (001) 609–654–1531, Telefax (001) 609–953–1829

Geschäftführer: Hans A. Klein, Davis Road Box 223, Salt Point, NJ 12578, Telefon (001) 914–635–3961, Telefax (001) 914–635–9158

Kassierer: James E. Wion, 2703 Marble Springs Road, Barnhart, MO 63012, Telefon (001) 314–475–4530, Telefax (001) 314–933–3159

Zuchtwart: Larry L. Reeves, 1647 Green Briat Drive, Metamora, IL 61548, Telefon (001) 309–822–8346, Telefax (001) 309–822–8346

Nordbayern

Vorsitzender: Georg Greller, Siegelsdorfer Straße 18a, 90587 Veitsbronn, Telefon (09 11) 75 63 33, Telefax (09 11) 7 54 00 19

Stv. Vorsitzender: Adolf Wagner, Jauerstraße 14, 90473 Nürnberg, Telefon (09 11) 80 65 89

Geschäftführer: Walter Roß, Wachendorfer Straße 9, 90556 Cadolzburg, Telefon (0 91 03) 85 39

Kassierer: Karl Heinz Tiefel, Geißäckerstraße 1, 90768 Fürth, Telefon (09 11) 7 53 00 77 privat, (09 11) 77 79 19 dienstlich, Telefax (09 11) 77 05 22 dienstlich

Zuchtwart: Günther Barth, Steigerwaldstraße 23, 97447 Gerolzhofen, Telefon (0 93 82) 47 80

Oberschwaben

Vorsitzender: Albert Hepp, Kirchstraße 9/1, 88348 Saulgau-Moosheim, Telefon (0 75 81) 88 92

Stv. Vorsitzender: Oskar Brugger, Im Wiherländle 1, 88677 Markdorf-Hepbach, Telefon (0 75 44) 38 39

Geschäftführer: Walter Gabler, Bergweg 5, 88427 Bad Schussenried, Telefon (0 75 83) 22 74

Kassierer: Konrad Butscher, Am Guckenberg 4, 89611 Reutlingendorf, Telefon (0 73 75) 4 22 privat, (0 73 71) 86 11 geschäftlich

Zuchtwart: Hans Reck, Rosnaerstraße 36, 88512 Mengen-Rulfingen, Telefon (0 75 76) 73 43

Osnabrück

Vorsitzender: Franz Heidemann, Bahnstraße 35, 49090 Osnabrück, Telefon (05 41) 12 42 07

Stv. Vorsitzender: Volker Kolde, Lindemannskamp 20, 49078 Osnabrück, Telefon (05 41) 4 20 33

Geschäftführer und Kassierer: Uwe Lauwerth, Bahnhofstraße 10, 49186 Bad Iburg, Telefon (0 54 03) 22 41, Telefax (0 54 03) 49 87

Zuchtwart: Hans Bullerdieck, Neue Straße 9, 49143 Bissendorf, Telefon (0 54 02) 82 84

Ostfriesland-Nordoldenburg

Vorsitzender: Kuno Eihusen, Nordlandweg 1, 26553 Dornum, Telefon (0 49 33) 29 92, Telefax (0 49 33) 20 62

Stv. Vorsitzender: Bruno Menkhaus, Steinkimmen, 27777 Ganderkesee, Telefon (0 42 22) 82 60

Geschäftführer: Georg Behnke, Moslestraße 3, 26122 Oldenburg, Telefon (04 41) 92 28 90, Telefax (04 41) 9 22 89 22

Kassierer: Heinz O. Schultz, Waldstraße 12, 27798 Hude, Telefon (0 44 08) 4 52 privat, (04 41) 50 30 48 geschäftlich

Zuchtwart: Hermann Meinen, Süderwieke 54, 26639 Wiesmoor, Telefon (0 49 44) 23 12

Porta Westfalica

Vorsitzender: Rudolf Mittmann, Birkenweg 5, 48565 Steinfurt, Telefon (0 25 51) 58 08

Stv. Vorsitzender: Heinrich Worminghaus, Schwenningdorf, 32289 Rödinghausen, Telefon (0 52 28) 71 33

Geschäftführer und Kassierer: Heinz Heßling, Überwasser 23, 48346 Ostbeven, Telefon (0 25 32) 79 57

Zuchtwart: Alfons Goebel, Zum Türkenplatz 20, 59457 Werl, Telefon (0 29 22) 8 26 37

Rhein-Maas

Vorsitzender: Dr. Heinz Deimann, Düsseldorfer Straße 94, 41749 Viersen, Telefon (0 21 62) 7 79 77 dienstlich, (0 21 62) 8 01 56 privat, Telefax (0 21 62) 7 09 40

Stv. Vorsitzender: Wilhelm Heufs, Locht 57, 41334 Nettetal, Telefon (0 21 57) 33 08

Geschäftführerin: Hannchen Terboven, Tinkrathstraße 47, 45472 Mühlheim an der Ruhr, Telefon (02 08) 37 08 87

Kassierer: Konrad Emrich, Ahornweg 25, 41812 Erkelenz, Telefon (0 24 31) 18 40

Zuchtwart: Gustav Braßeler, Hochfeld 3, 41751 Viersen, Telefon (0 21 62) 5 51 04

Rhein-Neckar

Vorsitzender: Manfred Häuselmann, Loritzingstraße 3, 74918 Angelbachtal, Telefon (0 72 65) 80 05

Stv. Vorsitzender: Martin Dingler, Kirchstraße 4, 75245 Meulingen, Telefon (0 72 37) 94 70

Geschäftführerin: Claudia Klinger, Hörtweg 6, 69469 Weinheim, Telefon (0 62 01) 1 44 86 oder 5 17 89, Telefax (0 62 01) 5 19 57

Kassierer: Jochen Kretz, Taschenweg 10, 75223 Niefern-Öschelbronn, Telefon (0 72 33) 34 76, Telefax (0 72 31) 29 51

Zuchtwart: Johannes Weick, Philippsburger Straße 129, 76661 Philippsburg, Telefon (0 72 56) 51 66

Saarland

Vorsitzender: Erich Staub, Jungenwaldstraße 4, 66636 Tholey (GT Scheuern), Telefon (0 68 88) 81 82

Stv. Vorsitzender: Christoph Heimes, Rittershoferstraße 25, 66265 Heusweiler, Telefon (0 68 06) 66 53

Geschäftführerin: Ingrid Portz, Rissenthalerstraße 52, 66679 Losheim, Telefon (0 68 32) 15 95

Kassierer: Günther Jakobs, Pickardstraße 16, 66793 Saarwellingen, Telefon (0 68 38) 44 63

Zuchtwart: Willi Weismann, Horststraße 14, 66839 Schmelz, Telefon (0 68 87) 27 98

Sachsen-Anhalt

Vorsitzender: Harald Allmrodt, An den Pferdemärschen 63, 39576 Stendal, Telefon (0 39 31) 21 33 85, Telefax (0 39 31) 21 23 37

Stv. Vorsitzender und Zuchtwart: Wilhelm Lange, Straße der DSF 14, 39345 Wedringen, Telefon (0 39 04) 4 22 39

Geschäftführer: Jürgen Curschmann, Hoyersburger Straße 69, 29410 Salzwedel, Telefon (0 39 01) 2 47 83
Kassierer: Frenk Engelmann, Grundstraße 41, 39579 Groß Schwechten, Telefon (03 93 28) 4 22, Telefax (03 93 28) 4 22

Schleswig-Holstein
Vorsitzender: Willy Schwarten, 25866 Mildstedt-Lurup, Telefon (0 48 41) 7 23 29
Stv. Vorsitzender: Bernd Münchow, Krögers Kamp 32, 21493 Schwarzenbek, Telefon (0 41 51) 52 79
Geschäftführer: Friedrich Grünberg, Lundenberg, 25856 Hattstedtermarsch, Telefon (0 48 46) 5 33
Kassierer: Klaus Schröder, Ruhwinkel 2, 24354 Kosel, Telefon (0 43 54) 7 55
Zuchtwart: Günther Möller, Am Krönrey 2 B, 25469 Halstenbek, Telefon (0 41 01) 4 16 58

Südbayern
Vorsitzender: Fritz Blüml, Am Waldfriedhof 10, 94315 Straubing, Telefon (0 94 21) 6 34 56
Stv. Vorsitzender: Max Steinberger, Regensburger Straße 25, 85098 Großmehring, Telefon (0 84 07) 2 43
Geschäftführerin: Bettina Grill, Prinz-Karl-Straße 30, 82319 Starnberg, Telefon (0 81 51) 87 01
Kassierer: Robert Schned, Apoiger Straße 17, 84174 Eching, Telefon (0 87 09) 37 08
Zuchtwart: Albert Hofstetter, Ortsstraße 23, 85354 Hohenbachern, Telefon (0 81 61) 1 37 04

Thüringen
Vorsitzender: Roland Lenz, Vor der Waidmühle 96, 99869 Tröchtelborn, Telefon (03 62 58) 4 26
Stv. Vorsitzender: Detlef Stroch, Marienweg 9, 98574 Schmalkalden, Telefon (0 36 83) 37 71
Geschäftführer und Kassierer: Meinhard Nowack, Friedhofweg 5, 99867 Gotha
Zuchtwartin: Katharina Löchner, Hauptstraße 1, 99326 Griesheim, Telefon (0 36 29) 44 53

Uckermark
Vorsitzender: Klaus Rolfs, Forstweg 1, 17268 Milmersdorf, Telefon (03 98 86)2 13

Stv. Vorsitzender: Arnold Schlüter, Dorfstraße 49, 17291 Schmölln
Geschäftführerin und Kassiererin: Ingeborg Noack, Templiner Straße 12, 17268 Boitzenburg
Zuchtwart: Hans-Otto Vöcks, Forsthaus Wucker, 16247 Friedrichswalde, Telefon (03 98 82) 2 78

Uelzen

Vorsitzender und Zuchtwart: Norbert Feuerbach, Fuhrenkamp 14, 29559 Wrestedt-Stederdorf, Telefon (0 58 02) 47 48
Stv. Vorsitzender: Rolf Tupat, Lüdersburger Straße 17, 21379 Lüdersburg, Telefon (0 41 53) 6 87 29
Geschäftführerin: Hildegard Badekow-Schmidt-Stohn, Burgstraße 25, 29553 Wichmannsburg, Telefon (0 58 23) 13 05
Kassierer: Manfred Wulf, Gründewalder Straße 19, 29553 Beverbeck, Telefon (0 58 23) 16 78

Westfalen

Vorsitzender: Franz-Clemens Hoff, Anröchter Straße 1, 14823 Rädigke, Telefon (01 72) 2 61 33 47
Stv. Vorsitzender: Eberhard Ruess, Glockenweg 13, 59556 Lippstadt/Overhagen, Telefon (0 29 41) 1 27 60
Geschäftführer und Kassierer: Josef Friedag, Landsbergstraße 11, 48317 Drensteinfurt, Telefon (0 25 08) 10 11, Telefax (0 25 08) 93 36
Zuchtwart: Gerhard Rüschenschmidt, Königstraße 18, 59227 Ahlen, Telefon (0 23 82) 30 80

Württemberg

Vorsitzender: Werner Stein, Lerchenweg 17, 89182 Bernstadt, Telefon (0 73 48) 79 79
Stv. Vorsitzender: Hans Hermann, Hohestraße 16, 74189 Weinsberg-Gellmersbach, Telefon (0 71 34) 1 45 68
Geschäftführer und Kassierer: Hans-Werner Ledl, Lortzingstraße 13, 73479 Ellwangen-Röhlingen, Telefon (0 79 65) 6 33
Zuchtwart: Kurt Wurm, Ubbachstraße 15, 72294 Grömbach, Telefon (0 74 53) 68 46

Zuchtordnung des Vereins Deutsch-Drahthaar e.V.

(verabschiedet von der Mitgliederversammlung 1991)
11. Änderung
Stand: 1. April 1994

1. Teil – Allgemeines

Artikel 1
Grundsatz
Die Impulse in der DD-Zucht gehen vom Züchter aus. Seine züchterische Freiheit ist innerhalb des sachlichen Bereichs dieser Zuchtordnung gewährleistet.

Artikel 2
Der Hauptzuchtwart
1. Die Pflege, Betreuung und Förderung der DD-Zucht obliegt dem Hauptzuchtwart. Seine sachliche und örtliche Zuständigkeit liegt innerhalb des Geltungsbereichs der Satzung des Vereins Deutsch-Drahthaar e. V.
2. Er ist der Leiter des Zuchtbuchamtes.

Artikel 3
Die Gruppenzuchtwarte
1. Den Zuchtwarten der Gruppen des VDD obliegt die Pflege, Betreuung und Förderung der DD-Zucht in ihren Gruppen. Sie müssen vom Vorstand ihrer Gruppe über den Hauptzuchtwart dem geschäftsführenden Vorstand gemeldet und von diesem bestätigt werden.
2. Jede Gruppe kann nur einen verantwortlichen Zuchtwart bestellen.
3. Die Gruppenzuchtwarte können sich zur Erfüllung ihrer Aufgaben einer oder mehrerer Vertrauenspersonen bedienen. Die Vertrauenspersonen bedürfen der Zustimmung des Vorstands der zuständigen Gruppe.

Artikel 4
Die Züchter
Züchter im Sinne dieser Zuchtordnung ist der *Eigentümer* der Mutterhündin zur Wurfzeit, wenn
a) er einen eigenen, vom Zuchtbuchamt geschützten Zwinger unterhält (Artikel 6),
b) ein DD-Wurf in diesem Zwinger fällt und
c) der Wurf mindestens bis zur Tätowierung (Artikel 28) in diesem Zwinger gehalten wird.

Artikel 5
Der Zuchtvertrag
1. Der Eigentümer einer zuchttauglichen Hündin (Artikel 9) kann zulässige Zuchtrechte einzeln und jeweils nur mit Zuchtvertrag auf eine

andere Person übertragen, die mit der Wirksamkeit des Zuchtvertrags als Züchter im Sinne dieser Zuchtordnung gilt. Der Zuchtvertrag wird nur wirksam, wenn

a) die Hündin aus der Zucht des durch den Zuchtvertrag ernannten Züchters stammt,
b) das züchterische Bedürfnis nachgewiesen wird,
c) die Voraussetzungen des Artikels 4a mit 4c bestehen und
d) der Hauptzuchtwart den Zuchtvertrag genehmigt hat.

Antrag auf Genehmigung des Zuchtvertrags soll möglichst schon vor dem Deckakt gestellt werden.

3. Der Hauptzuchtwart darf den Zuchtvertrag nur genehmigen, wenn der Zuchtwart der für den Antragsteller zuständigen Gruppe die Unbedenklichkeit bestätigt hat und der Wirksamkeit keine aus der Satzung und Zuchtordnung hervorgehenden Hindernisse entgegenstehen.

Artikel 6
Zwingerschutz – Standort des Zwingers

1. Zwingerschutz wird nur Mitgliedern des VDD erteilt. Als Mitglieder im Sinne dieser Bestimmung gelten auch Personen, die die Mitgliedschaft zum VDD beantragt haben.
2. Jeder Züchter muß einen Zwinger unterhalten. Der Zwingername (Artikel 7) muß im Zuchtbuchamt des VDD geschützt sein. Für den gewählten *Standort* der Zwingeranlage ist maßgeblich, daß der Zwingerinhaber jederzeit selbst unmittelbaren und eigenverantwortlichen Einfluß auf alle Vorkommnisse in seinem Zwinger nehmen kann. Jede Art der Verschleierung, die dem Sinn dieser Bestimmung entgegensteht, insbesondere die verschleiernde Überlassung des Zwingernamens, ist unzulässig.
3. Der DD-Zwinger wird auf Lebenszeit des Zwingerinhabers geschützt, wenn der Zwingerschutz nicht aus besonderen Gründen vorzeitig erlischt.
4. Der Zwingerschutz erlischt aus besonderen Gründen vorzeitig
   a) auf Antrag des Zwingerinhabers,
   b) wenn die Züchtertätigkeit zehn Jahre nach Eintragung des Zwingerschutzes nicht aufgenommen oder
   c) zehn Jahre nach Eintragung des letzten Wurfes nicht weitergeführt wurde.

   Die Inhaber der zur Löschung anstehenden Zwinger sind zu verständigen oder durch Veröffentlichung in den DD-Blättern auf die anstehende Löschung aufmerksam zu machen.
5. Der Zwingerschutz bleibt jedoch bestehen, wenn der Zwingerinhaber die Weiterführung des Zwin-

gerschutzes beim Zuchtbuchamt vor Fristablauf beantragt. Der Antragsteller ist vom Zuchtbuchamt zu benachrichtigen. Für die Bearbeitung des Antrags werden keine Gebühren erhoben.

6. Der Zwingerinhaber kann den Zwingerschutz auf eine andere Person übertragen. Die Übertragung wird wirksam, wenn der Hauptzuchtwart die Zustimmung unterschriftlich erteilt hat. Artikel 32 ist anzuwenden.

Artikel 7
Der Zwingername
Zwingerschutz ist spätestens bei Anmeldung des ersten Wurfes (Artikel 22) über den zuständigen Gruppenzuchtwart beim Zuchtbuchamt zu beantragen. Der Antrag soll drei Namensvorschläge in der angestrebten Reihenfolge enthalten. Der vom Zuchtbuchamt zugeteilte Zwingername wird an andere Züchter nicht mehr vergeben. Alle Würfe im Zwinger des Züchters werden unter dem zugeteilten Zwingernamen im Zuchtbuch des VDD eingetragen, wenn diese Zuchtordnung nicht entgegensteht.

Artikel 8
Vornamen der Welpen im Zwinger des Züchters
Alle in einem Wurf im Zwinger des Züchters gefallenen Welpen erhalten Vornamen mit gleichen Anfangsbuchstaben. Das Geschlecht muß aus den Vornamen erkennbar sein. Für Welpen des ersten Wurfes ist der Anfangsbuchstabe „A“ zu verwenden. Für nachfolgende Würfe ist bei Vergabe der Vornamen in alphabetischer Reihenfolge zu verfahren. Die Anfangsbuchstaben „X“; und „Y“ können ausgeklammert werden.

2. Teil – Zulassung zur Zucht

Artikel 9
Zuchttauglichkeit

1. Grundlage der Zulassung zur Zucht ist die festgestellte Zuchttauglichkeit der Hunde. Die Zuchttauglichkeit wird von dem Zuchtwart der zuständigen Gruppe oder einem Beauftragten festgestellt.
2. Zuchttauglich ist ein Hund, wenn er
   a) keine der in Artikel 14 genannten zuchtausschließenden Mängel aufweist,
   b) den Härtenachweis erbracht und
   c) eine der folgenden Verbandsprüfungen – VJP, HZP, VGP, VSwP, Vbr – bestanden hat. Zu den Verbandsprüfungen, VSwP und Vbr hat zusätzlich die Überprüfung auf Schußfestigkeit und Wildscheue im Feld und im Wasser und zur VJP zusätzlich die Überprüfung auf Schußfestigkeit und Wildscheue im Wasser zu erfolgen.

3. Soweit der Nachweis der Schußfestigkeit gemäß der Prüfungseigenart bei Verbandsprüfungen nicht gefordert und erbracht wird, ist der Nachweis der Schußfestigkeit im Feld nach § 23 VZPO und am Wasser nach § 36 Abs. 9 und 10 VZPO oder § 60 Abs. 7 bis 10 VGPO vor drei Verbandsrichtern zu erbringen. Anfallende Kosten sind vom Eigentümer des Hundes zu tragen.
4. Das Ergebnis der Schußfestigkeit ist zu übernehmen, auch wenn die Verbandsprüfung (HZP, VGP) insgesamt nicht bestanden wurde.
5. Der Nachweis der Schußfestigkeit am Wasser ist nicht erbracht, wenn der Hund am Wasser die Arbeit auf den Schuß hin abbricht und nur durch massive Einwirkung des Führers im Wasser bleibt. Ein solcher Hund ist bereits als schußempfindlich einzustufen.
6. Hunde, die vor dem 1. April 1985 bereits zuchttauglich waren, werden von diesen Bestimmungen nicht berührt.

Artikel 10
Kennzeichnung der Ahnentafeln der zuchttauglichen Hunde

1. Die Vorderseite der Ahnentafeln der zuchttauglichen Hunde ist nach festgestellter Zuchttauglichkeit (Artikel 9) mit dem Stempelaufdruck „Zuchttauglich" zu versehen.
2. Der Stempelaufdruck muß mit Datum und Unterschrift des Zuchtwarts der zuständigen Gruppe versehen werden.

Artikel 11
Alter der Zuchthunde

Zuchthündinnen sollen nicht vor der zweiten Hitze und nicht nach dem achten Lebensjahr gedeckt werden. Als Deckrüden sollen nur Rüden Verwendung finden, die das neunte Lebensjahr nicht überschritten haben.

Artikel 12
Anzahl der Deckakte

1. Der Deckrüde verfügt während des Zuchtjahres über sechs erfolgreiche Deckakte. Die Deckakte sind dem Zuchtjahr zuzurechnen, in dem der Wurf fällt.
2. Zuchtjahr = Kalenderjahr.
3. Bei einmaliger fahrlässiger Übertretung der Bestimmung aus Absatz 1 ist ein Reugeld in Höhe einer tagesüblichen Deckgebühr an die Kasse des Zuchtbuchamts abzuführen. Darüber hinaus ist der siebente Deckakt dem folgenden Zuchtjahr zuzurechnen.
   Zuständig für die Festsetzung ist der Hauptzuchtwart.

Artikel 13
Zuführung anderer Vorstehhunde – ausländische Hunde

1. Bei Zuführung rauhhaariger Schläge ist vor dem Deckakt die schrift-

liche Zustimmung des Hauptzuchtwarts einzuholen. Er darf der Paarung nur zustimmen, wenn zu erwarten ist, daß die Einkreuzung Gewinn für die DD-Zucht bedeutet.

2. Die Einkreuzung anderer Rassen ist unzulässig.
3. Für Hunde, die in ausländischen Zuchtbüchern registriert sind, gelten bei Zuchtverwendung die Bestimmungen der Artikel 9 und 10 unverändert.

3. Teil – Zuchtausschließende Mängel

Artikel 14
Von der Zucht ausgeschlossene Hunde

1. Von der Zucht ausgeschlossen sind Hunde
   a) mit Erbkrankheiten. Die Mitgliederversammlung kann bestimmen, welche Erbkrankheiten und welcher Grad einer Erbkrankheit zum Zuchtausschluß führt,
   b) mit ungenügendem Form- oder Haarwert (über „Zuchtverbot“ siehe aber Artikel 15, Absatz 2),
   c) mit Zahnfehlern (Vorbiß, Rückbiß, Kreuzbiß, fehlende Schneide- oder Fangzähne, fehlende Molaren oder Prämolaren). Hunde mit Zangengebiß oder fehlenden P 1 gelten als noch für die Zucht zulassungsfähig. (Doppelzahnigkeit führt nicht zum Zuchtausschluß.) Über Zuchtverbot siehe aber Artikel 15, Absatz 2,
   d) mit Entropium oder Ektropium oder mit hellem Nasenschwamm (Pigmentmangel),
   e) mit Geschlechtsmißbildungen,
   f) mit angewölfter Stummel- oder Knickrute,
   g) die wesensschwach (z. B. schußscheu, wildscheu, stark schußempfindlich, schußempfindlich, leicht schußempfindlich, Angstbeißer) sind. Hunde mit diesen zuchtausschließenden Eigenschaften bleiben auch dann von der Zucht ausgeschlossen, wenn sie sich bei späteren Vorstellungen wesensfest zeigen. Bei Feststellung der Zuchttauglichkeit der Hunde sind die Zensurenblätter aller abgelegten Verbandsprüfungen vorzulegen und auf diese Mängel zu prüfen. Unberührt bleibt die Zuchttauglichkeit der Hunde, die als stark schußempfindlich, schußempfindlich und leicht schußempfindlich festgestellt wurden, wenn sie vor dem 1. Januar 1981 bereits zuchttauglich (Artikel 9) waren,
   h) schwarze Hunde (auch bei vorhandener heller Brustfärbung) und Hunde, die farbmäßig der Standardbeschreibung nicht entsprechen.

2. Die Paarung von Schwarzschimmeln mit Schwarzschimmeln sowie von Schwarzschimmeln mit braunen Hunden (auch mit Abzeichen) ist unzulässig. Die Ahnentafeln der Welpen aus solchen Verbindungen werden mit dem Stempelaufdruck „Zuchtverbot" versehen. Artikel 33 Absatz 1 Buchstabe c) ist anzuwenden. Darüber hinaus ist in einem einmaligen Fahrlässigkeitsfall die Erhebung eines Reugeldes zulässig. Im Wiederholungsfall kommt Artikel 34 in Verbindung mit §§ 22 ff der Satzung zur Anwendung.

Artikel 15
Kennzeichnung der Ahnentafeln der von der Zucht ausgeschlossenen Hunde – Wirkung des Zuchtverbots

1. Die Vorderseite der Ahnentafeln der nicht zuchttauglichen Hunde ist mit dem Stempelaufdruck „Zuchtverbot" zu versehen. Der Stempelaufdruck muß den Grund des Zuchtausschlusses, das Datum der Feststellung und die Unterschrift des Zuchtwarts der zuständigen Gruppe enthalten.
2. Bei festgestellten Form- oder Haarwertmängeln oder bei Zahnmängeln darf der Stempelaufdruck „Zuchtverbot" erst gesetzt werden, wenn der Hund achtzehn Monate alt geworden ist.
3. „Zuchtverbot" bewirkt, daß der betroffene Hund nicht für die Zucht verwendet werden darf. Sollte trotzdem eine Zuchtverwendung erfolgen, sind Gebühren in dreifacher Höhe anzusetzen. Darüber hinaus ist in einem einmaligen Fahrlässigkeitsfall die Erhebung eines Reugeldes zulässig. Im Wiederholungsfall kommt Artikel 34 in Verbindung mit §§ 22 ff der Satzung des Vereins Deutsch-Drahthaar e. V. zur Anwendung.

Artikel 16
„Zuchtverbot" nach bereits festgestellter Zuchttauglichkeit

1. Sofern nach festgestellter Zuchttauglichkeit zuchtausschließende Mängel festgestellt werden, ist die Vorderseite der Ahnentafel des betroffenen Hundes mit dem Stempelaufdruck „Zuchtverbot" zu versehen. Der Stempelaufdruck „Zuchttauglich" ist zu streichen. Das Zuchtverbot gilt ab dem Datum der Feststellung. Artikel 15 Absatz 1 Satz 2 gilt entsprechend.
2. Der über den Hund Verfügungsberechtigte hat die Ahnentafel zur Kenntlichmachung unverzüglich zur Verfügung zu stellen.
3. Dem Hauptzuchtwart obliegt es, Namen und Zuchtbuchnummer des Hundes und die Art des zuchtausschließenden Mangels im Mitteilungsorgan des VDD veröffentlichen zu lassen, wenn die Ahnentafel nicht innerhalb eines Monats nach der Auffor-

derung gekennzeichnet werden kann.

Artikel 17
Welpen nach Elterntieren mit fehlenden Zuchtvoraussetzungen

1. Die Ahnentafeln der Welpen nach Elterntieren mit fehlenden Zuchtvoraussetzungen (Artikel 9) oder mit zuchtausschließenden Mängeln (Artikel 14) sind mit dem Stempelaufdruck „Zuchtverbot" zu versehen. Artikel 15, Absatz 1, Satz 2 gilt entsprechend.
2. Die Zurücknahme des Zuchtverbots bei nachträglich erbrachtem Härtenachweis oder bei nachträglich bestandener Verbandsprüfung oder bei nachträglich nachgewiesener Schußfestigkeit im Feld und am Wasser ist nur für den ganzen Wurf und nur durch den Hauptzuchtwart zulässig. Artikel 32 ist anzuwenden.
   Im Falle der Ausfertigung neuer Ahnentafeln sind die alten Ahnentafeln entschädigungslos einzuziehen und zu vernichten.

Artikel 18
Zuchtsperre

1. Über einen Hund, der bereits für die Zucht verwendet wurde, kann vom Hauptzuchtwart nach Anhörung des Zuchtwarts der zuständigen Gruppe „Zuchtsperre" verhängt werden, wenn Welpen aus wenigstens drei Würfen und bei wenigstens zwei verschiedenen Paarungen Degenerationsmerkmale oder Wesensmängel zeigen und bei Anwendung der Erfahrungserkenntnisse auf den vererbenden Hund rückgeschlossen werden kann. Der Bescheid über die Zuchtsperre ist dem Besitzer des Hundes als „Einschreiben" zuzustellen.
2. Der mit „Zuchtsperre" belegte Hund darf nicht mehr für die Zucht verwendet werden.
3. Im Falle der Nichtzustellbarkeit des Einschreibens gilt Artikel 16 Absatz 3 sinngemäß.
4. Vorsätzliche oder fahrlässige Verstöße gegen Absatz 2 sind als zuchtschädigende Verstöße gegen diese Zuchtordnung (Artikel 34) zu behandeln.

Artikel 19
Außerplanmäßige Vorstellung von Hunden

1. Zur Abwendung von Gefahren für die DD-Zucht kann der Hauptzuchtwart Hunde zur Besichtigung vorstellen lassen. Er hat bei der Wahl der Örtlichkeit und des Prüfers auf die Verhältnisse des Besitzers des Hundes weitgehende Rücksicht zu nehmen.
2. Kommt der Besitzer des Hundes dem Vorstellungsersuchen ohne zeitgerechte und ausreichende Entschuldigung nicht nach, kann der Hauptzuchtwart über den betroffenen Hund mit sofortiger Wirkung

„Zuchtsperre" (Artikel 18) verhängen. Kosten, die der Besitzer des Hundes schuldhaft verursacht hat, sind erstattungspflichtig.

4. Teil – Das Verfahren

Artikel 20
Die Deckbescheinigung

1. Der Besitzer des Deckrüden hat nach dem Deckakt den Vordruck „Deckbescheinigung" auszufüllen. Er kann die Deckbescheinigung so lange in seinem Besitz halten, bis ihm der Züchter von dem gefallenen Wurf Mitteilung gemacht hat.
2. Die Deckbescheinigung genießt urkundlichen Schutz.
3. Der Besitzer des Deckrüden kann für den Deckakt eine angemessene Entschädigung verlangen, die der Züchter spätestens nach der Wurfmitteilung an den Besitzer des Deckrüden zu überweisen hat. Sofern die Entschädigung nicht in Geld erfolgt, richtet sich die Zeit der Übergabe der Entschädigung nach der entsprechenden Vereinbarung. Die Bestimmung des Artikels 28 Absatz 4 bleibt unberührt.
4. Der Besitzer des Deckrüden hat die Deckbescheinigung innerhalb einer Woche nach Eingang der Entschädigung an den Züchter zu übersenden. Wenn die Entschädigung nicht in Geld erfolgt, ist ihm die Deckbescheinigung ebenfalls innerhalb einer Woche nach der Wurfmitteilung zu übermitteln.
5. Außerhalb dieser Bestimmung liegende Übereinkünfte sind für alle Verfahrensbereiche unerheblich.

Artikel 21
Verfahren zum Schutz der Mutterhündin

1. Aus DD-Hündinnen darf in einem Zuchtjahr (1.1. bis 31.12.) nur ein Wurf gezogen werden.
2. Werden dem Zuchtbuchamt mehr als acht lebende Welpen aus einem Wurf zur Registrierung gemeldet, darf die Mutterhündin erst 16 Monate nach dem Wurftag wieder belegt werden.
3. Wird bei mehr als acht Welpen eine andere Hündin als Amme zur Aufzucht genommen, ist das innerhalb von drei Tagen nach dem Werfen dem Gruppenzuchtwart mitzuteilen. Der Gruppenzuchtwart oder dessen Beauftragter ist verpflichtet, sich innerhalb von drei Wochen von der ordnungsgemäßen Ammenaufzucht zu überzeugen. Die dadurch entstehenden Kosten trägt der Züchter.
4. Im Falle der ordnungsgemäßen Ammenaufzucht entfällt die aus Absatz 2 hervorgehende Schonfrist für die Hündin.
5. Bei einmaligen fahrlässigen Übertretungen der Bestimmungen aus Absatz 1 und 2 ist ein Reugeld in Höhe eines doppelten tagesübli-

chen Welpenpreises an die Kasse des Zuchtbuchamtes abzuführen. In allen übrigen Übertretungsfällen kommt Artikel 34 in Verbindung mit §§ 22 ff der Satzung zur Anwendung. Zuständig für einzuleitende Maßnahmen ist der Hauptzuchtwart.

Artikel 22
Die Wurfmeldung

1. Jeder DD-Wurf ist vom Züchter über den Zuchtwart der zuständigen Gruppe mit dem Vordruck „Wurfmeldung" beim Zuchtbuchamt anzumelden. Mit der Anmeldung ist der Antrag auf Zuteilung von Ahnentafeln untrennbar verbunden.
2. In der Wurfmeldung ist bei Aufzählung der Welpen in der Reihenfolge Rüden – Hündinnen zu verfahren.
3. Der Züchter hat der Wurfmeldung die Deckbescheinigung (Artikel 20) und ggf. den Zuchtvertrag (Artikel 5) und den Antrag auf Zwingerschutz (Artikel 6) beizugeben. Ferner ist den Wurfunterlagen immer die Ahnentafel der Mutterhündin und bei erstmaliger Verwendung des Deckrüden auch seine Ahnentafel im Original oder in Fotokopie beizugeben.

Artikel 23
Frist der Anmeldung der Wurfes
Die vollständigen Wurfunterlagen sollen binnen drei Wochen nach dem Wurftag beim zuständigen Gruppenzuchtwart eingegangen sein. Bei Fristüberschreitung ist Artikel 33 Absatz 1 Buchstabe b) anzuwenden.

Artikel 24
Die Ahnentafeln der Welpen

1. Die Ahnentafel genießt urkundlichen Schutz. Hund und Ahnentafel bilden eine Einheit.
2. Ahnentafeln werden vom Zuchtbuchamt auf Antrag des Züchters (Artikel 22) nur nach Vorlage der vollständigen Wurfunterlagen ausgefertigt. Bei Antrag auf Zuteilung von Ahnentafeln steht das Nichtmitglied einem Vereinsmitglied gleich, wenn es die Mitgliedschaft beantragt hat und der Mitgliedschaft keine erkennbaren Hindernisgründe entgegenstehen.
3. Nach Vorliegen der ausländischen Ahnentafel wird ein „Anhang zur Ahnentafel" mit der Bestätigung, daß der in der ausländischen Ahnentafel unter Nr. ... im ausländischen Zuchtbuch eingetragene Hund nach den Zuchtrichtlinien des VDD gezüchtet ist und unter Nr. ... beim VDD geführt wird, ausgestellt und der ausländischen Ahnentafel beigefügt.

Artikel 25
Stempelaufdruck „HD-frei"

1. Die Ahnentafeln der DD-Hunde, die durch eine vom VDD anerkannte Auswertungsstelle als frei von Er-

scheinungen der Hüftgelenksdysplasie beurteilt worden sind, werden auf der Vorderseite mit dem Stempelaufdruck „HD-frei" versehen. Grenzfälle gelten als HD-frei.

2. Die Gruppenzuchtwarte sind beauftragt, den Stempelaufdruck „HD-frei" nach Prüfung des Untersuchungsgutachtens zu setzen.

Artikel 26
Hindernisse bei der Zuteilung von Ahnentafeln

1. Der Hauptzuchtwart kann die Zuteilung von Ahnentafeln von der Vorlage eines Röntgenbildes oder Untersuchungsgutachtens abhängig machen, wenn die Zuchttauglichkeit (Artikel 9) eines Hundes zweifelhaft ist.
2. Über die Zuteilung von Ahnentafeln für einen Wurf ohne Möglichkeit der Beibringung der vollständigen Wurfunterlagen entscheidet der Hauptzuchtwart nach Anhörung des Zuchtwarts der für den Antragsteller zuständigen DD-Gruppe. Er darf dem Antrag nur stattgeben, wenn
   a) der Züchter schuldlos an der Anmeldung des Wurfes gehindert war,
   b) die lückenlose Ahnenreihe der Elterntiere mindestens in dem in der Ahnentafel vorgesehenen Umfang nachgewiesen wird oder festgestellt werden kann,
   c) der Verbleib aller Wurfgeschwister nachgewiesen wird und
   d) zu erwarten ist, daß die Nachzucht Gewinn für die DD-Zucht bedeutet.

Artikel 27
Eigentumswechsel

1. Jeder Eigentumswechsel ist auf der Rückseite der Ahnentafel mit Namen und Anschrift des Erwerbers zu vermerken.
2. Die Ahnentafel geht mit dem Hund in das Eigentum des Erwerbers über.

Artikel 28
Die Tätowierung

1. Alle DD-Welpen werden tätowiert.
2. Etwa in der siebenten bis achten Lebenswoche ist die zugeteilte Zuchtbuchnummer des Welpen von dem Zuchtwart der zuständigen DD-Gruppe oder einem Beauftragten in den rechten Behang des Hundes und in die rechte untere Ecke der Ahnentafel mit der Tätowierzange einzudrücken.
3. Die Kosten der Tätowierung hat der Züchter zu tragen
4. Vor der Tätowierung darf kein Welpe des Wurfes abgegeben werden.

5. Teil – Zuchtschauen – Zuchtregister – Leistungszucht

Artikel 29
Zuchtschauen

1. Zuchtschauen werden von den VDD-Gruppen in eigener Zuständigkeit ausgerichtet und veranstaltet. Sie sollen spätestens sechs Wochen vor dem Termin dem Hauptzuchtwart gemeldet werden, der nach Möglichkeit für die Entsendung eines Formwertrichters aus einer unbeteiligten VDD-Gruppe Sorge trägt.
2. Die Kosten für den entsandten Formwertrichter trägt die Kasse des Zuchtbuchamtes in Höhe der geltenden Richtsätze.
3. Ein Richter darf an der Beurteilung eines Hundes nicht teilnehmen, wenn
   a) der zu beurteilende Hund oder die Elterntiere oder ein Elternteil aus der Zucht des Richters stammt oder
   b) durch Eigentums- oder Besitzwechsel oder auf andere Art Besorgnis der Befangenheit besteht.

Artikel 30
Zuchtregister

1. Zuchttaugliche Hunde (Art. 9) mit Bart, mit einem Mindestalter von 18 Monaten, die bei einer Zuchtschau im Form- und Haarwert die Mindestnote „gut" erhalten, den Härtenachweis erbracht, wenigstens eine HZP oder VGP bestanden haben und HD-frei sind werden bei Vorlage des Begutachtungsurteils in das Zuchtregister eingetragen.
2. Von der Eintragung sind jedoch ausgeschlossen
   a) Hunde, die kurzhaarig oder glatt sind,
   b) Hunde, die in Abweichung von der Standardbeschreibung Über- oder Untermaß aufweisen, und
   c) Hunde mit leichten Wesensschwächen (z. B. ängstliches Verhalten bei Gebißüberprüfung, gegenüber Fremden, bei Waffenhandhabung, Scheue bei lebendem Wild, Nervosität usw.).

Artikel 31
Leistungszucht

Die Ahnentafeln der Welpen werden auf der Vorderseite mit dem Stempelaufdruck „Aus auf Form und Leistung geprüften Eltern" versehen, wenn beide Elterntiere

a) eine Verbandsjugendprüfung und Verbandsherbstzuchtprüfung bestanden haben,
b) auf einer Verbandsgebrauchsprüfung mit Erfolg gelaufen und
c) im Zuchtregister des VDD (Artikel 30) eingetragen sind.

6. Teil – Gebühren des Zuchtbuchamtes

Artikel 32
Einfache Gebühren
Für Zwingerschutz, Übertragung des Zwingerschutzes, für Ahnentafeln, für Änderungen von Ahnentafeln sind vom Zuchtbuchamt Gebühren zu erheben, die vor abschließender Erledigung des Antrags beim Zuchtbuchamt eingegangen sein müssen. Kostenschuldner ist der Antragsteller.

Artikel 33
Doppelte und dreifache Gebühren
1. Doppelte Gebühren sind zu erheben
   a) für Ahnentafeln der Welpen, von denen ein Elternteil oder beide Elternteile nicht den Nachweis der Zuchttauglichkeit (Artikel 9) erbracht haben,
   b) wenn die vollständigen Wurfunterlagen nicht spätestens drei Wochen nach dem Wurftag bei dem Zuchtwart der zuständigen VDD-Gruppe eingegangen sind,
   c) bei nicht zulässigen Paarungen (Artikel 14 Absatz 2).
2. Dreifache Gebühren sind zu erheben, wenn in einem einmaligen Fahrlässigkeitsfall ein mit Zuchtverbot belegter Hund für die Zucht verwendet wird (Artikel 15 Absatz 3).
   Erhöhte Gebühren dürfen in einem in sich geschlossenen Verfahrensgang nur einmal erhoben werden, auch wenn die Voraussetzungen der Verdoppelung oder Verdreifachung mehrfach vorliegen. Die Gebühren müssen vor abschließender Erledigung des Antrags beim Zuchtbuchamt eingegangen sein. Kostenschuldner ist der Antragsteller.

7. Teil – Verstöße – Beschwerden

Artikel 34
Verstöße gegen die Zuchtordnung
Schuldhafte Verstöße gegen diese Zuchtordnung können nach §§ 22 ff der Satzung des Vereins Deutsch-Drahthaar e. V. oder in nicht ausdrücklich angeführten anderen Fahrlässigkeitsfällen vom Hauptzuchtwart durch Erhebung eines Reugeldes entschieden werden. Die während der Prüfungsverfahren entstandenen Kosten sind erstattungspflichtig.

Artikel 35
Beschwerden
Beschwerden über verhängte Maßnahmen und über das Verhalten der Verantwortlichen hat in erster Instanz der geschäftsführende Vorstand und in letzter Instanz der Gesamtvorstand des VDD zu entscheiden. Eine Beschwerde über Maßnahmen nach dieser Zuchtordnung hat keine aufschiebende Wirkung.

8. Teil – Der Versuchszwinger

Artikel 36

1. Der Versuchszwinger „vom Drahthaar“ ist von den Bestimmungen dieser Zuchtordnung ausgenommen.
2. Näheres bestimmen die „Richtlinien des Vereins Deutsch-Drahthaar e. V. über die Unterhaltung eines Versuchszwingers.

Chronik der Hegewald-Zuchtprüfungen

	Ort	Jahr	gemeldet	Prüfungsleiter
1.	Lübbenau	1920	33	Dorff
2.	Dutenhofen	1921	112	Pascoe
3.	Magdeburg	1922	76	Feuchter
4.	Leipzig	1923	36	Munkelt
5.	Dutenhofen	1924	85	Pascoe
6.	Alt-Landsberg	1925	60	Dorff
7.	Waldniel	1926	63	Schirmer
8.	Celle	1927	90	Wulf
9.	Aschaffenburg	1928	66	Dr. Winterhelt
10.	Dutenhofen	1929	103	Pascoe
11.	Halle/Saale	1930	121	Ostermann
12.	Güstrow	1931	68	v. Böhl
13.	Magdeburg	1932	95	Feuchter
14.	Lenzen	1933	84	Wendt
15.	Freiburg i.B.	1934	90	Kotthoff
16.	Breslau	1935	102	Dorff
17.	Hildesheim	1936	136	Bödewig
18.	Magdeburg	1937	143	Feuchter
19.	Breslau	1938	156	Dorff
20.	Bingen	(1939)	(223)	(Reidel, ausgefallen)
20.	Hamm	1949	83	Albert
21.	Dinkelsbühl	1950	79	Dr. Küßwetter
22.	Hamm	1951	164	Albert
23.	Peine	1952	136	Stölter
24.	Düren	1953	139	Hergarden
25.	Gießen	1954	200	Hartmann
26.	Dinkelsbühl	1955	128	Dr. Küßwetter
27.	Peine	1956	184	Stölter
28.	Alzey	1957	177	Dr. Tabel
29.	Verden	1958	157	Windels
30.	Erlangen	1959	165	Dr. Summa
31.	Alzey	1960	177	Armbruster
32.	Rhynern	1961	173	Bertelsmeyer
33.	Kitzingen	1962	196	Kühnlenz
34.	Kehl	1964	189	Fischer
35.	Gießen	1965	212	Möller
36.	Grevenbroich	1966	202	Schieffer
37.	Peine	1967	107	Loos
38.	Straubing	1968	132	Ecker
39.	Vechta	1969	119	Schnepper
40.	Hamm	1970	126	Hedtmann

Chronik der Hegewald-Zuchtprüfungen				
	Ort	Jahr	gemeldet	Prüfungsleiter
41.	Weiden	1971	183	Karsten
42.	Butzbach	1972	261	Möller
43.	Heiligenhafen	1974	200	Dr. Steffens
44.	Landau	1975	205	U. Tabel
45.	Weinheim	1976	166	Hohenstatt
46.	Mönchengladbach	1977	248	van Bracht
47.	Bremen	1978	299	Terveen
48.	Bosen	1980	82	Dr. Kreuter
49.	Hollabrunn/NÖ	1981	106	Greller/Zrost
50.	Schifferstadt	1982	140	Thelen
51.	Hamm	1983	131	Mohaupt
52.	Wiesmoor	1984	150	Hey
53.	Straubing	1985	175	Blüml
54.	Husum	1986	200	Schwarten
55.	Seefeld-Kadolz	1987	175	Zrost
56.	Soester Börde	1988	183	Hoff
57.	Nettetal	1989	203	Theelen
58.	Holdorf	1990	158	Alberty
59.	Wesel	1991	172	Petermann
60.	Neustadt/Aisch	1992	171	Greller

		Die Hegewaldsieger, ihre Züchter und Führer
1.	1920	Pan vom Galgenberg, reg. Bd. VI 1342; Z. u. E.: W. Helmingk, Pinnow in der Neumark; F.: Bragulla, Pinnow i.d. Neumark
2.	1921	Tanna II vom Müllerhof, PP 401; Z. u. E. u. F: Ernst Hasenclever, Leichlingen/Rhein
3.	1922	Stropp von der Voßkuhle, 2417, 1571; Z.: J. Christgen, Dortmund; E. u. F.: Blödom, Haus Reck in Westfalen
4.	1923	Freischütz vom Waldbruch, 2628; Z. u. E.: C.W. König, Rostock; F.: Pfannenstiel, Schönfeld in Mecklenburg
5.	1924	Benn II am Hünenwall, 3328, 1994; Z. u. E.: Frau Vidal, Clausdorf in Mecklenburg
6.	1925	Treff Bigge, 3770, 2252; Z.: Wolf, Bigge in Westfalen; E.: Schulte-Wiese, Velmede in Westfalen; F.: Schulte, Hallenberg in Westfalen
7.	1926	Regent II Auenheim, 4025, 2305 Vbr; Z., E. u. F.: Caspar Siepen, Auenheim in der Erft
8.	1927	Tipp Auenheim, 4656, 2666; Z.: Caspar Siepen, Auenheim in der Erft; E. u. F.: Franz Heder, Drossen i.d. Neumark
9.	1928	Mars vom Höhscheid, 5207; Z.: R. Kronenberg, München; E.: K. Lang, Köln; F.: J. Lücke, Waldniel
10.	1929	Arco von der Wildnis, 5533, 3277; Z. u. E.: L. von Kalckstein, Siede i.d. Neumark; F.: Frau Marlene Karbe, Holle b. Hildesheim
11.	1930	Flatt vom Lauchatal, 5782, 3470 Vbr; Z.: Henning, Laucha in Thüringen; E. u. F.: C. Biemann, Heidberg b. Voorde/Holstein
12.	1931	Benno vom Saarforst, reg. Bd. XI 3553; Z. u. E.: Schmidt, Bisten; F.: Erich Schmidt, Bisten
13.	1932	Klaus II von Haina, 7093, 3892 Vbr; Z.: Frau Barbara Engert, Magdeburg; E. u. F.: Manß, Krodorf
14.	1933	Teja vom Saarforst, 8106, 4395; Z.: H. Schmidt, Bisten; E. u. F.: Erich Schmidt, Bisten
15.	1934	Bub vom Walsheim, 8744, 4450 o.S.; Z. u. E.: Poitiers, Saarbrücken; F.: Lieser, Walsheim a. d. Saar
16.	1935	Firn vom Emmental, 8972, 5280 Vbr; Z. u. E.: Rudolf Sommer, Langenthalt/Schweiz; F.: P.F. Köhn, Perniek bei Neukloster
17.	1936	Asta vom Grederhof, 10025, 5281 o.S.; Z.: A. Greder, Solothurn, Schweiz; E. u. F.: P.F. Köhn, Perniek bei Neukloster
18.	1937	Rolf vom Sachsenhof, 11072, 6311; Z.: A. Sachse, Delmenhorst; E. u. F.: H. Hauptmann, Bruchhausen/Vilsen
19.	1938	Arco von der Farm, 11942, 6346; Z.: Siegfried Purschke, Liegnitz; E. u. F.: Franz Bauch, Schöneiche in Schlesien
20.	1949	Mentor II vom Geierstein, 18083; Z.: A. Hartmann, Beilstein; E.: Fritz Kilian, Wisbaden; A. u. F.: Rfö. Gundlach, Niedernhausen
21.	1950	Edda von der Uitschenburg, 18978, 8047; Z.: Ernst Munzel, Rosenthal bei Peine; E. u. F.: W. Stölter, Peine

Die Hegewaldsieger, ihre Züchter und Führer		
22.	1951	Baron vom Schwingetal, 19876, 8023; z. u. E.: W. Habermann, Stade; F.: K. Ahlgrimm, Hittbergen bei Lüneburg
23.	1952	Elli von der Wulfesstrut, 21454; Z.: W. Köhne, Bakum; E. u. F.: R. Augustin, Haustette
24.	1953	Panther vom Ostpreußenland, 25243; Z., E. u. F.: W. Gilde, Kirchhellen
25.	1954	Itta von der Röntgenstadt, 28741; Z.: P. Schaffert, Remsch.-Lennep; E.: H.-G. vom Edt, Neviges; A. u. F.: R. Augustin, Haustette
26.	1955	Elch vom Hamstrup, 31008; Z.: C. Uptmoor, Fhs. Bellerhof/Selters; E., A. u. F.: W. Dillmann, Fhs. Wahlrod/Hachenburg
27.	1956	Axel vom Lindenhof, 33205; Z.: J. Riedhammer, Fronberg/Schwandorf; E., A. u. F.: H. Ellmann, Schwandorf
28.	1957	Treff vom Sachsenhof, 34911; Z.: A. Sachse, Delmenhorst/Bremen; E.: Dr. Späh; A. u. F.: G. Lillie, Düshorn/Fallingbostel
29.	1958	Corl a. d. Brinke, 36729; Z.: R. Holz, Schale/Tecklenburg; E., A. u. F.: A. Janssen, Nortrup
30.	1959	Astor von der Stellheide, 39194; Z.: G. Meyer, Hamburg-Lockstedt; E.: E. Rehm, Ihringshausen; A. u. F.: Dr. R. Kellermann, Ihringshausen/Kassel
31.	1960	Cent v. d. Treuen, 43632; Z.: O. Springer, Friedrichsthal/Saar; E.: M. Lembert, Fechingen; A. u. F.: Colling, Höchen/Saar
32.	1961	Dieter vom Klümkenhof, 45947; Z.: H. Klümke, Nortrup-Artland; E., A. u. F.: A. Janssen, Nortrup
33.	1962	Dorn vom Valkenhus, 48903; Z.: G. Hch. Heeschen, Lübeck; E.: Wilh. Hansen, Ahrensburg; A. u. F.: Heeschen
34.	1964	Hatz von der Prinzenburg, 54038; Z.: H. Meiwes, Anreppen; E., A. u. F.: Wilh. Meyer, Bad Driburg
35.	1965	Antje vom Beckbusch, 55075; Z., E., A. u. F.: Joachim Engels, Hagen
36.	1966	Benn von der Haselriede, 58588; Z.: B. Schindler, Eltze; E., A. u. F.: H. Theune, Burgdorf/Hann.
37.	1967	Alf v. d. Scheelenhorst, 61888; Z., E., A. u. F.: H. Gutzmer, Scheelenhorst/Damme (Oldenbg.)
38.	1968	Gall von der Prims, 63779; Z.: E. Koch, Limbach, Saar; E., A. u. F.: W. Weismann, Limbach/Saar
39.	1969	Dix von der Rehwiese, 66592; Z.: Horst Wenzel, Mitwitz/Ofr.; E., A. u. F.: Dr. K. J. Müller, Bergen bei Celle
40.	1970	Ero von der Mönchheide, 71921; Z.: J. Brosen, Willich/Krefeld; E., A. u. F.: A. Wagner, Garbenheim
41.	1971	Hussa vom Teufelsacher, 73582; Z., E., A. u. F.: Ernst Zimmermann, Hahnstätten
42.	1972	Frigga v. Niederzier, 78531; Z.: Peter Müller, Niederzier-Eckhof; E.: Joh. Hes, Gronau; A. u. F.: Herbert Schonert, Gildehaus
43.	1974	Dixi v. d. Heinrichsbürg, 86492; Z.: Karl Kall, Weiherhaus; E., A. u. F.: Alfons Schambeck, Wald

Die Hegewaldsieger, ihre Züchter und Führer		
44.	1975	Dax von der Nordsaar, 89727; Z.: Willi Backes, Hasborn; E., A. u. F.: Wolfgang Peterhänsel, Frankenthal
45.	1976	Arno von Arenritt, 94953; Z.: Wolfgang Schmidt, Schlaks-mühle; E., A. u. F.: Helmut Sievers, Tarmstedt
46.	1977	Harro v. d. Quittenburg, 98866; Z., E., A. u. F.: Werner Nestl, Nidda 21
47.	1978	Darko vom Donaueck, 101221; E.: Josef Börner, Ingolstadt; Z., A. u. F.: Max Steinberger, Großmehring
48.	1980	Quirl vom Richthof, 109273; Z., E., A. u. F.: Hugo Bremauer, Teublitz
49.	1981	Cora vom Bonesend, 112433; Z.: Georg Schulz, Viersen 11; E., A. u. F.: Guido Proost, Beerse (Belgien)
50.	1982	Nick vom Donaueck, 116551; Z.: Max Steinberger; F.: Albert Hofstetter, Hohenbachern
51.	1983	Ello van de Jaaggragg, 1214934; F.: G. Tennissen, Aalten (Niederlande)
52.	1984	Eike vom Herrensitz, 124210; Z.: A. Tretter, Kastl/Opf.; E., A. u. F.: Peter Loos, Kirchensittenbach
53.	1985	Jago vom Donaueck, 128213; Z., E., A. u. F.: Max Steinberger, Großmehring
54.	1986	Basko vom Spanger Forst, 129539; Z., A. u. F.: Hermann Hellwinkel, Langwedel
55.	1987	Cisco vom Donaueck, 133390; Z.: Max Steinberger, Großmehring; F.: Werner Kreillinger
56.	1988	Heiko vom Lohwied, 136818; Z., E., A. u. F.: Manfred Graßl, Loham
57.	1989	Quitte II von der Wupperaue, 140393; Z.: Dr. Carlhermann Schürer, Leichlingen; E., A. u. F.: Hermann Rotterdam, Langefeld
58.	1990	Axel Bavaria, 144009; Z.: August Baumgartner, Reichertsheim; E., A. u. F.: Frieder Meidert, Soyen
59.	1991	Ira III vom Donaueck, 147901; Z., A., E. u. F.: Max Steinberger, Großmehring
60.	1992	Gauner vom Spanger-Forst; Z.: Hermann Hellwinkel, Langwedel; E., A. u. F.: Johann Hofstetter, Freising-Hohenbachern

Sachregister

A
Abdocken 139
Ablegen 100, 122
Ablegen, bleib 123
Abrichtefächer 180
Abrichtung 100
Abtragen 143
Afterklauen 90
Afterkrallen 90
AH *siehe* Armbruster-Haltabzeichen
Ahnentafel 64, 218
Aktive Mutterlinien im VDD 66 f.
Albert, Franz 29
Allergien 194
Alter 199
– der Zuchthunde 218
Amman, Jost 3
Ammenaufzucht 85, 222
Andreas, Konrad 30
Angeborene Knickrute 58
Ankörung 33
Anlagen 26
Anlagenfächer 180
Anschneiden 108, 170
Anteil der einzelnen Rassen 22
Anzahl der Deckakte 218
Appell 26
Apportierbock 126
Apportieren 100, 103, 124
Arbeit im Feld 26
– Wald 26
– Wasser 26
Armbruster-Haltabzeichen (A.H.) 27, 178
Arrian 1
Artgerechte Ernährung 189
Artland-Südoldenburg 205
Atlas 56
Auenheim 23, 68
Aufdocken 139
Auflagerungen 193
Aufzucht 90
Augenbrauen 71
Aujeszkysche Krankheit 192
Ausdauer 26, 33
Ausscheiden 178

B
Baden 205
Barbets 2, 4
Bart 71
Bauch 16
Becken 56
Beckenbrüche 196
Behang 56
Belegtag 78
Berkhan 12
Berlin-Brandenburg 206
Bert von Tannig 72
Beschaffenheit des Haares 57
Beschwerden 226
Beutegreifer 100
Bindung zum Stück 40
Biotonus 83
Bissiger Deutsch-Drahthaar 173
Bißverletzungen 197
Bogen schlagen 150
Borch 7

Bracken 1
Braschoss, J. 23
Braunschimmel 58
Bremen 206
Bringbock 106
Bringelust 102
Bringen 183
Bringfreudigkeit 33
Bringtreue 27
Bringtreue bestanden (Btr) 27
Bringtreueprüfung (Btr) 184
Brsch *siehe* Braunschimmel
Brust 16, 56
Brustbeinspitze 57
Brustfleck 58
Brustrippen 56
Btr. *siehe* Bringtreue-Prüfung bestanden
Bürstenrute 8
Buschieren 155

C

CACIB *siehe* Internationales Schönheits-Championat
CACIT *siehe* Internationales Arbeits-Championat
Canada 206
Canis aquaticus aviarius 2
Carpalballen 57
celeres 1
Chorina vom Unkeler Rabenhorst 23
Chronik 38
Chronik der Hegewald-Zuchtprüfungen 228
Club Deutsch-Drahthaar e. V. 51
Coronavirus-Infektion 193
Curschmann 33
cynegeticos 1

D

Darmpech 83
DD *siehe* Deutsch-Drahthaar
DD-Zucht 53
Deckakt 75, 222
Deckbereitschaft 74
Deckbescheinigung 222
Deckrüden 222
Decktermin 74
Delegierten-Commission (D.C.) 8
Derby 26
Dermatomykosen 194
Deutsch-Drahthaar (DD) 12
Deutsch-Drahthaar-Blätter 12
Deutsch-Drahthaar-Weltverband 52
Deutsch-Englischer-Flitzer 8
Deutsch-Kurzhaar 11
Deutsch-Stichelhaar (DSt) 10
Deutsches Gebrauchshund-Stammbuch 22
DGStB *siehe* Deutsches Gebrauchshund-Stammbuch
DGStB 29767 *siehe* Verbands-Gebrauchsprüfung bestanden
DK Ali Altenau 23
Döbel 6, 7
Down 100, 112
DSt. Lola v. Schloßgrund 23
DSt *siehe* Deutsch-Stichelhaar

E

E. A. F. *siehe* Eigentümer, Ausbilder, Führer
Eigentumswechsel 224
Eihülle 81

Einweisen 116
– des Hundes zur Riemenarbeit 147
Ejakulat 76
Ektropium 58
Ekzeme 194
Ellbogengelenk 56 f.
Ellbogenhöcker 57
Ellenbogen 57
– gedrehte 58
Enge Inzucht 68
Enghessig 58
Entenstrich 160
Entfernen der Wolfskrallen 87
Entropium 58
Entschädigung 222
Entwurmung 189
Entzündung 87, 193
– der Gebärmutter 87
Erkrankungen 191
Erscheinungsbild 54, 64
Essen-Ruhr 207

F

Fachwertziffer 26
Fährtenkreuz 141
Fährtenwille 136
Falsche Suche 118
Fang 54
Fangzähne 57
Farbe 58
Farbvererbung 69
FCI *siehe* Internationaler Kynologischer Verband
F.C.I.-Standard 53
Federwild 121
Fehlende Unterwolle 58
Fehlende Zähne 58
Fehler 58
– ausschließende 58
Fehlrippen 56
Feldarbeit 161, 183
Feldprüfung 26
Fellbohren 83
Fertige Suche 118
Feuerbach 64
Fischer, Bernd 45
Flemming 5
Flöhe 194
Fluchtverhalten 151
Forrer, Conrad 4
fortes 1
Frei-bei-Fuß-Gehen 110
Freistaat Sachsen 207
Fremdeiweißreflex 69
Fremdzucht 64
Fruchtwasser 82
Frühjahrswurf 92
Frühreife 26
Füße 16, 102, 110
Führerfährte 27
Führerspur 129
Führigkeit 178
Funk-Impuls-Gerät 107
Furunkulose der Ballen 195
– der Zwischenzehenhaut 195
Fw *siehe* Formwert

G

Gangwerk 57
Gauzuchtwarte 21
Gebärmuttervereiterung 194
Gebiß 55 ff.
Gebißformen 56
Gebrkl *siehe* Gebrauchshundklasse (Ausstellung)

Gebühren 226
Geburt 80
Geburtsgewicht 83
Geburtshindernis 81
Gehörgangsentzündung 194
Gehorsam 183
gen *siehe* genügend (Form bzw. Haarwert)
Genossenmachen 153
Gesamterscheinung 15
Geschäftsführender Vorstand 205
Geschlechtsreife 74
Gesellschaft für Sport und Technik 32
Gesichtsschädel 54
Gesner 2
gew. *siehe* geworfen oder gewölft
Gewässer 105
Gliedmaßen 57
Götz 7
Gr *siehe* Griffon
Grashey 10
Greiferwille 103
Griffon (Gr) 9
Griffon-Klub 9
Griffon-Stammbuch 9
Größe 58
Grund des Kupierens 88
Grundlagen der Ausbildung 100
Grundsatz 25
Gruppenzuchtwart 93, 215
Gülpen, P. van 13
Güte der Suche 26
Gutenberg 2

H

Haar 15
– dünnes 58
Haarausfall 193
Haarkleid 57
Haarlinge 194
Haarvererbung 70
Hängen 76
Härtenachweis (HN) 27, 184
Haken 150
Hakenwürmer 189
Hals 16, 56
Halsung 102
Halswirbel 56
Halt 112
Haltung 98
Hamburg 207
Handscheuer Deutsch-Drahthaar 114, 170
Harras Bigge 68
Harras-Typ 68
Harthörigkeit 168
Hasenspur 114, 177
Haß-Birkbusch 12
Haushuhnhetzer 109
Hauptzuchtwart 215
Haut 57, 15
Hautkrankheiten 193
HD *siehe* Hüftgelenkdysplasie
HD-Untersuchungen 49
Hegewald 9
Hegewald *siehe* Bundes-Herbst-Zuchtprüfung des VDD
Hegewaldsieger 230
Hegewald-Zuchtbuch 24
Hegewald-Zuchtprüfung 64, 181
Hepatitis contagiosa canis 193
Herankommen 101
Herbstwurf 92
Herpesvirus canis-Infektion 193
Hessen 207

Heterozygotie 69
Hetze 150
Hetzen 122
Hiebverletzungen 197
Hinlegen 100
Hinterhand 57
Hintermittelfuß 56 f.
Hinterpfoten 57
Hitze 74
HN *siehe* Härtenachweis
Hoden 58
Hodenfehler 58
Hödicke, Clito 45
Hörzeichen 102, 109, 123
Homozygotie 68
Hormonhaushaltsstörungen 194
Hüftgelenk 56 f.
Hüftgelenksdysplasie (HD) 48, 195
Hüfthöcker 56
Hüftrand 57
Hühnerhunde 6
Hühnerjagd 161
Hüther 3, 6
Hundejahre 199
Hundesorten 8
Hw *siehe* Haarwert
HZP *siehe* Verbands-Herbstzuchtprüfung
HZP o.Sp. 176 *siehe* HZP ohne Hasenspur mit 176 Punkten bestanden
HZP m.Sp. 206 *siehe* HZP mit Hasenspur mit 206 Punkten bestanden

I

Infektiöse Leberentzündung 193
– Welpensterben 193
Infektionstheorie 77
Inzestzucht 68
Inzucht 68
– mäßige 68
Inzuchtkoeffizient 68

J

Jagdlichen Anlagen 175
JEP *siehe* Jagdeignungsprüfung
JGHV *siehe* Jagdgebrauchshundverband
Jgkl *siehe* Jugendklasse (Ausstellung)
Juckreiz 193

K

Kadich 3
Kaj, John 2
Kaninchenschleppe 27
Karpfenrücken 58
Kiefer 56
Kleemann 7
Kleidung 139
Klub „Stichelhaar" 10
Knautschen 168
Knie 57
Kniegelenk 56 f.
Kniescheibe 57
Knochenbruch 190
Knochenweiche 194
Koch, C. 13
Kohlhase, J. 13
Kolostralmilch 83
Kontrollierte Heterosis 69
Körperbau 54, 56
Körperformen 16
Körpermaße 15
Körpertemperatur 190
Kopf 16, 54

Kopfrichtung 120
Korthals, Karl-Edvard 9
Krankheiten 189
Kreuzbein 56
Kreuzbiß 58
Kruppe 16, 56
Kühne, Paul 5, 45
Künstliche Schweißfährte 135
Kugelschuß 196
Kuhhessig 58
Kupieren der Rute 87
Kurzes Brustbein 58
Kynologisches Zeitalter 8

L
Läufe 16
Läuse 194
Lauffs, A. 13
Lauffs-Unkel 12
Lauftraining 103
Lautgeben 100, 105
Lautjagen 26
Lautjager-Nachweis 27
Lautjagerstrich (\) 184
Lautlose Führerleine 122
Lederbehänge 71
Lefzen 57
Legen der Schweißfährte 143
Leine 102
Leinenführigkeit 110
Leistungszucht 225
Lende 56
Leptospirose 193
Lidbindehäute 195
Linienzucht 64
Lola v. Empelde 23
Lüneburger Heide 208
Lump-Typ 68
Lump vom Berge 10, 68
LZ *siehe* Leistungszucht

M
m *siehe* mangelhaft (Form bzw. Haarwert)
m. b. Pl. *siehe* mit braunen Platten
Märkische Heide 208
Mannfestigkeit 27
Mecklenburg-Vorpommern 208
Meier, G. 13
Meier-Kurzwalde, G. 13, 26
Menschenjahr 199
Merkel, Bruno 29
Milben 194
Mitgliederstärke 44
Mittellang 56
Mittelrhein 209
m. M. *siehe* mit Mantel
Molaren 57
Müller-Liebenwalde, Dr. J. 13
Muttertier 87

N
Nabelschnur 82
Nachgeburt 82
Nachgeburtsperiode 87
Nachsuche 148
Nase 26, 33, 54, 178
Nasenleistung 136
Natürliche Wundfährte 146
Natürliche Wundspur 141
Nekrosen 193
Niederlausitz 209
Niederrhein 209
Niedersachsen 209
Nordamerika 210
Nordbayern 210

Notwendige Hilfsmittel 137

O
O-beinig 58
Oberarm 56 f.
Oberarmleiste 57
Oberkiefer 57
Oberkopf 54
Oberländer 9
Oberländer Apportierbock 127
Oberschenkel 56 f.
Oberschwaben 210
Odin vom Saarforst 23, 68
Odin-Typ 68
Ohrenzwang 194
Osnabrück 211
Ostermann 17, 23
Ostfriesland-Nordoldenburg 211

P
Palpation 79
Parasitenbefall 194
Partielle Zange 58
Parvovirose 192
Paßgang 58
Phänotyp 64
Pigmentfehler 58
Pirschzeichen 146
Platten 58
Pointerknochen 8
Pointerlinge 8
Porta Westfalica 211
PP *siehe* Pudelpointer
Prägungsphase 91
Prämolaren 57
Prüfungsordnung 26
Prüfungswesen 175
Prüfungswiederholung 178
Pseudowut 192
Pudelpointer (PP) 10
Pudelpointer-Verein 10
Pyometra 194

Q
Quersuchen 118, 168

R
Rachitis 194
Randschrote 196
Rappo 12
Rauhhaarige Jacke 12
Rauhhaariger Hühnerhund 3
Rauhhaariger Stöberhund 3
Rauhhaariger Wasserhund 3
Rd *siehe* Rüde
Regent
Regent-Typ 68
Reichsbund für das Deutsche Hundewesen 28
Reinzucht 9, 64
Reizen 174
Reovirus-Infektion 193
Rhein-Maas 211
Rhein-Neckar 212
Richerts, Gustav 16
Ridinger, Elias 6
Rindfleisch, Dr. C. 13
Rißverletzungen 197
Röntgendiagnose 79
Rotfährte 140
Rückbiß 56, 58
Rücken 16, 56 f.
Rückspur 134
Ruf 101
Rute 16, 56

S

Saarland 212
Sachsen-Anhalt 212
sagaces 1
Salzwedel 13
Sarkoptesräude 194
Saugatter 164
Schärfe 33
Schafpudel 5
Scheintäter 174
Scheinträchtigkeit 80
Schere 56
Schieffer, Hubert 45
Schleppe 134
Schleswig-Holstein 213
Schmidt, H. 23
Schnallen 149
Schneid am Raubzeug 26
Schneidezähne 57
Schnelligkeit 26
Schnitthaar 147
Schnitthaarbuch 140
Schrotschuß 196
Schuldbewußtsein 100
Schulterblatt 56
Schulterblattgräte 56 f.
Schultergelenk 56 f.
Schultern 57
Schußhitzigkeit 166
Schußruhe 166
Schußscheuer Hund 168
Schutz der Mutterhündin 222
Schutzhund 174
Schwarzschimmel 58, 65
Schwarzwildgatter 40
Schwarzwild-Natur-Zusatzprüfung 40
Schwarzwildschärfe 40
Schweißhalsung 137
Schweißriemen 137
Schweißzeigen 143
Schwellkörper 76
Schwere Fehler 58
Schwimmen 103
Schwsch *siehe* Schwarzschimmel
Senkrücken 58
Setz 109
Setzen 100
Sichthetze 116
Sichtzeichen 110
Siepen, K. 23
sil *siehe* Sichtlaut (Hase oder Fuchs)
Sitz 109
Sitzbeinhöcker 56 f.
Sitzen 109
Skelettzeichnung 55, 57
Sperling, H. 11
Spieltage 96
Spitzer Fang 58
spl *siehe* Spurlaut (Hase oder Fuchs)
Sprungbeinhöcker 56 f.
Sprunggelenk 56 f.
Spulwurminfektionen 189
Spurlaut 33
Spursicherheit 26, 33
Spurwillen 33
Stammbuch Deutsch-Drahthaar 14
Stammbuch für drahthaarige Vorstehhunde 9
Stark lose Augenlider 58
Staupe 192
Stechen 122
Stellen 152
Stempelaufdruck „HD-frei“ 223
Stichverletzungen 197
Stille Wut 192

Stöbern 153
Stop 54
Storchschnabel 6
Strafmittel 114
Strebel 2
Ströse, Dr. 23
Strohbock 124
Stubenhaltung 99
Stubenreinheit 100
Stummel 40
Stummelrute 58
Suche 117
Südbayern 213
SwI/*siehe* VSwP
SwI/II *siehe* VSwP

T

Tabel, Dr. Carl 30
Tätowierung 224
Tätowierzange 93
Teleboc 106
Teletakt 107
Temperatur 80
Tessa von der Grumpenburg 31
Thüringen 213
Tollwut 191
Totengräber 108, 171
Totverbellen 105, 145
Totverweisen 145
Trächtigkeit 77
Trächtigkeitstabelle 78
Tragen 100
Tropfverfahren 140
Trumler 83
Tupfverfahren 140

U

Uckermark 213
Überjagen 153
Übungsangel 103
Uelzen 214
Ultraschalluntersuchung 79
Unterarm 56 f.
Unterkiefer 57
Unterordnungsübungen 173
Unterschenkel 56 f.
Unterschiedliche Augenfarbe 58
Untugenden 165
Uter, Dr. 30

V

Vagina 76
Vbr. *siehe* Verlorenbringer
VDH *siehe* Verband für das Deutsche Hundewesen
Verbands-Herbstzuchtprüfung (HZP) 178
Verbandsgebrauchsprüfung (VGP) 181
Verbands-Jugendprüfung (VJP) 176
Verbandsschweißprüfung (VSwP) 27, 185
Verbellen 152
Verdickungen 193
Verein Deutsch-Drahthaar e.V. 44
Verein Drahthaar 12
Vereinsabzeichen 13
Verfärbungen 193
Verfolgen 100
Vergiftungen 194
Verhalten auf dem Stand 123
Verharren 100
Verkehrsunfall 196
Verleitfährten 140
– nach Eiserhardt 142
Verleitspur 132

Verlorenbringen 27, 184
Verlorensuchen 130
Verstöße 226
Versuchszwinger 227
Vertrauensmann 16
Verwandtschaftskoeffizient 68
Vielfrüchtigkeit 77
VGP *siehe* Verbands-Gebrauchsprüfung
VGP I.P. *siehe* VGP mit I. Preis bestanden
VGPO *siehe* Verbands-Gebrauchsprüfungsordnung (VGP)
Vitamin 194
VJP *siehe* Verbands-Jugendprüfung
VJP 68 P *siehe* Verbands-Jugendprüfung
vom Freikorps 23
vom Saarforst 23
vom Unstruttal 23
von der schwarzen Chorina 23
Vorbiß 56, 58
Vorderfußwurzelgelenk 57
Vorderhand 57
Vordermittelfuß 56 f.
Vorderpfoten 57
Vornamen 217
Vorstehen 26, 100, 103, 117, 121, 178, 194
Vorübung 105
Vorwärtskriechen 114
VSwP *siehe* Verbands-Schweißprüfung
VZPO *siehe* Verbands-Zuchtprüfungsordnung (VJP und HZP)

W

Waldarbeit 182
Walther 7
Warzecha 23
Wasserarbeit 156, 183
Wasserfreudigkeit 33
Wasservogelhund 2
Waterspagnelle 2
wdl *siehe* Waidlaut
Wehen 81
Wehenmittel 81
Weilsche Krankheit 193
Welpenerwerb 95
Wesen 33
Wesensfestigkeit 50
Wesensschwäche 58
Westfalen 214
Widergänge 150
Widerrist 16, 56
Winckells 8
Witboi 68
Witboi vom Rüdenhof 68
Witboi-Typ 68
Wittmann, Dr. 33
Wölfen 80
Wolfsklauen 90
Wolfskrallen 90
WT *siehe* Wurftag
Württemberg 214
Wundspur 27
Wurfaufzeichnungen 84
Wurflager 81
Wurfmeldung 223
Wurftag 78

X

Xenophon 1
Xot von der Grumpenburg 31

Z

Zähne 56
Zange 56
Zangengebiß 58
Zb 156194 *siehe* Zuchtbuch
Zentrale Zuchtbuchstelle 32
Zitze 83
Zottelhaariger Hirtenhund 3
ZR *siehe* Zuchtregister
ZR 187/91 *siehe* Zuchtregistereintragung
Zucht auf Mutterlinie 65
Zuchtausschließende Mängel 219
Zuchtbuchamt 226
Zuchtgrundsätze 14
Zuchtjahr 222
Zuchtordnung 215
Zuchtregister (ZR) 225
Zuchtrüdenprüfungen 38
Zuchtschau 64, 225
Zuchtsperre 221
Zuchttauglichkeit 64, 217
Zuchtverbot 71, 220
Zuchtvertrag 215
Zuchtziel 71
Züchter 215
Zwingeranlage 98
Zwingerhusten 193
Zwinger 216
Zwingername 217
Zwingerschutz 216
Zwinger vom Unkeler Rabenhorst 23
Zwinger Wolfsmühle 9
Zyklus 76